"十四五"职业教育国家规划教材

金属工艺学

（第3版）

主　编　张兆隆　李彩风
副主编　孙振杰　刘小凡
主　审　孙志平

北京理工大学出版社
BEIJING INSTITUTE OF TECHNOLOGY PRESS

内 容 简 介

本书是机械类专业教材,共有三篇内容:第一篇材料性能与选择,主要介绍各种材料的性能、特点及应用;第二篇毛坯成型及其选择,主要内容是金属热加工基础知识;第三篇综合性训练与实验,加强了实践教学环节。本书较全面、系统地介绍了金属工艺学相关知识,在内容的安排上既注意本领域内基础理论和基本技术的阐述,也考虑了本领域内一些先进技术的简要介绍;既讲解基本原理,又注意强调实用性和针对性。本书在行文叙述方面力求由浅入深、循序渐进,内容选择恰当、理论联系实际。

本书可作为高等职业院校机械类和机电类各专业的教学用书,也可作为从事机械制造等工作的工程技术人员参考用书。

版权专有 侵权必究

图书在版编目(CIP)数据

金属工艺学 / 张兆隆,李彩风主编. -- 3 版. -- 北京:北京理工大学出版社,2019.9(2024.1 重印)
ISBN 978-7-5682-7663-4

Ⅰ. ①金… Ⅱ. ①张… ②李… Ⅲ. ①金属加工-工艺学 Ⅳ. ①TG

中国版本图书馆 CIP 数据核字(2019)第 222778 号

责任编辑: 多海鹏	**文案编辑:** 多海鹏
责任校对: 周瑞红	**责任印制:** 李志强

出版发行 / 北京理工大学出版社有限责任公司
社　　址 / 北京市丰台区四合庄路 6 号
邮　　编 / 100070
电　　话 /(010)68914026(教材售后服务热线)
　　　　　　 (010)68944437(课件资源服务热线)
网　　址 / http://www.bitpress.com.cn

版 印 次 / 2024 年 1 月第 3 版第 5 次印刷
印　　刷 / 三河市天利华印刷装订有限公司
开　　本 / 787 mm×1092 mm 1/16
印　　张 / 18.25
字　　数 / 435 千字
定　　价 / 54.00 元

图书出现印装质量问题,请拨打售后服务热线,负责调换

前　言

本书贯彻落实党的二十大精神，在编写过程中以高等职业教育理念为基本思路，遵循"以就业为导向，工学结合"的原则。在全面推行职业资格证书与教学内容相结合的情况下，根据企业的实际需求进行课程体系设置和相应教材内容的选取。在我国推进新型工业化、加快建设制造强国、质量强国、航天强国、交通强国、网络强国、数字中国，以及加快发展方式绿色转型的战略背景下，工程材料尤其新材料将成为重要的增长引擎。本教材以立德树人为根本宗旨，突出对社会主义核心价值观的践行，强化学生综合素质的培养。

本书是高等职业院校机械类、近机械类专业的通用教材，也可供相关工程技术人员、企业管理人员选用或参考。

本书在编写过程中以高等职业教育理念为基本思路，以立德树人为根本目的，将社会主义核心价值观融入到课程内容中。根据企业的实际需求和职业资格证书的要求进行课程体系设置和相应教材内容的选取。本书具有如下特点：

1. 以任务为引领，注重培养工匠精神，既讲解基本原理，又强调实用性和针对性，形成理实一体的教材体系。

2. 本书针对机械类专业的培养目标和岗位需求（包括知识结构、能力结构）来编写内容，专业针对性强，在内容的安排上注意本领域内基础理论和基本技术的阐述，融入了本领域内先进制造业技术发展相关内容。

3. 本教材采用最新的国家标准，充分体现了制造业的发展趋势。

本书是高等职业院校机械类、近机械类专业的通用教材，也可供相关工程技术人员、企业管理人员选用或参考。

参加本书编写的有河北机电职业技术学院张兆隆（绪论、学习单元一）、李彩风（学习单元四、学习单元十一、学习单元十三、学习单元十四）、杜海彬（学习单元五）、张长军（学习单元六）、孙振杰（学习单元二、学习单元三、学习单元八、学习单元十）、董建荣（学习单元七）、刘小凡（学习单元九），郑州技师学院陈新飚（学习单元十二）。

本书由张兆隆、李彩风主编，孙振杰、刘小凡任副主编，全书由张兆隆、李彩风统稿，孙志平主审。

本书在编写过程中，得到了武汉华中数控股份有限公司侯冉的大力支持，为本书提供了大量企业产品案例，为教材内容的组织提出了许多宝贵意见，同时也得到了马丽霞教授的大力支持和帮助，在此致以诚挚的谢意。

由于编者水平有限，书中难免存在不少缺点和错误，恳请读者批评指正。

编　者

目 录

绪论 ··· 1

第一篇　材料性能与选择

第一章　金属的力学性能 ··· 5
第一节　强度和塑性 ·· 5
第二节　硬度 ·· 11
第三节　韧性与疲劳强度 ·· 15

第二章　金属的晶体结构与结晶 ··· 18
第一节　纯金属的晶体结构 ··· 18
第二节　纯金属的结晶 ··· 20
第三节　合金的晶体结构 ·· 26
第四节　二元合金相图 ··· 28
第五节　金属的塑性变形与再结晶 ·· 31
习题 ·· 38

第三章　铁碳合金 ·· 39
第一节　铁碳合金的基本组织 ·· 39
第二节　铁碳合金相图 ··· 41
第三节　碳素钢 ··· 47
习题 ·· 52

第四章　钢的热处理 ·· 54
第一节　概述 ·· 54
第二节　钢在加热时的组织转变 ··· 55
第三节　钢在冷却时的组织转变 ··· 57
第四节　退火与正火 ·· 60
第五节　淬火与回火 ·· 62
第六节　化学热处理与表面热处理 ·· 67
第七节　零件结构的热处理工艺性 ·· 71
习题 ·· 71

第五章　合金钢 ·· 73
第一节　合金钢概述 ·· 73

第二节	合金结构钢	76
第三节	合金工具钢	82
第四节	特殊性能钢	88
习题		91

第六章　铸铁　92

第一节	铸铁的分类及石墨化	92
第二节	常用铸铁	95
习题		101

第七章　非铁金属材料　102

第一节	铝及其合金	102
第二节	铜及其合金	107
第三节	滑动轴承合金与硬质合金	110
习题		115

第八章　非金属材料　117

第一节	高分子材料	117
第二节	无机非金属材料	122
第三节	复合材料	124
习题		127

第二篇　毛坯成型及其选择

第九章　铸造成型　131

第一节	铸造概述	131
第二节	金属的铸造性能	132
第三节	砂型铸造	138
第四节	零件结构的铸造工艺性	146
第五节	铸造工艺设计简介	149
第六节	特种铸造	153
习题		157

第十章　锻压成型　159

第一节	锻造概述	160
第二节	金属的锻造性能	160
第三节	锻造工艺过程	163
第四节	自由锻造工艺设计简介	174
第五节	零件结构的锻造工艺性	178
第六节	板料冲压成型	180
习题		185

第十一章　焊接与胶接成型 ········· 186
第一节　焊接概述 ········· 186
第二节　金属的焊接性能 ········· 187
第三节　焊条电弧焊 ········· 189
第四节　焊条电弧焊工艺设计简介 ········· 193
第五节　其他焊接方法 ········· 203
第六节　焊接结构工艺性 ········· 211
第七节　胶接成型 ········· 214
习题 ········· 217

第十二章　毛坯分析与选择 ········· 218
第一节　毛坯分析 ········· 218
第二节　毛坯选择 ········· 220
习题 ········· 227

第三篇　综合性训练与实验

第十三章　工程材料部分综合性训练与实验 ········· 231
第一节　金属的力学性能 ········· 231
第二节　铁碳合金 ········· 240
第三节　钢的热处理 ········· 245
第四节　合金钢、铸铁与非铁金属 ········· 253

第十四章　毛坯成型综合性训练与实验 ········· 261
第一节　铸造成型 ········· 261
第二节　锻造成型 ········· 265
第三节　焊接成型 ········· 270
第四节　毛坯分析与选择 ········· 275

参考文献 ········· 284

绪　　论

材料是用于制造生产工具、生活设施及生活用品等一类物质的总称，主要有金属材料和非金属材料两大类。工艺过程是指在机械制造过程中，将原材料变为产品的直接有关过程，如利用铸造、锻造或焊接等方法制造毛坯的过程、机械切削加工过程、热处理和其他处理过程、装配和维修过程等。研究机械零件的加工工艺过程和结构工艺性、各种材料的力学性能和工艺性能、各种工艺方法本身的规律性等是金属工艺学的主要内容。

一、机械制造在国民经济中的地位和作用

机械制造业是国家工业体系的重要基础和国民经济各部门的装备部。机械制造技术水平的提高与进步对整个国民经济的发展以及科技、国防实力的提高有着直接的重要影响，是衡量一个国家经济发展水平和综合国力的重要标志。无论对于哪个行业，现代化的生产手段都是以机械化和自动化为标志的，而自动化也要以机械化为基础，机械是进行一切现代化生产的基本手段。

二、机械制造生产过程

机械制造是将设计输出的指令和信息输入机械制造系统，加工出合乎设计要求的产品的过程。机械制造的过程首先是设计图纸，再根据图纸制定工艺文件和准备工艺设备，然后进行产品制造，最后是市场营销，再将各个阶段的信息反馈回来，使产品不断完善。

机械制造的具体过程为将原材料用铸造、压力加工、焊接等方法制成零件的毛坯（或半成品、成品），再经过切削加工、特种加工等制成零件，最后将零件和电子元器件装配成合格的机电产品。原材料包括生铁、钢锭、各种金属型材与非金属材料。

三、本课程的性质、内容和任务

金属工艺学是一门有关金属零件制造工艺方法的综合技术基础课，主要内容包括：各种工艺方法本身的规律性及其在机械制造中的应用和相互联系；金属零件的加工工艺过程和结构工艺性；常用金属材料性能对加工工艺的影响；工艺方法的综合比较等。通过本课程的学习，能够获得常用金属材料及零件加工方面的工艺知识，培养工艺分析的初步能力，并为学习其他有关课程以及以后从事机械设计和加工制造工作奠定必要的基础。

课程主要的任务：熟悉常用金属材料的组织、性能，具有选用工程材料的初步能力；掌握各种主要毛坯加工方法的实质、基本原理和工艺特点，具有选择毛坯、零件加工方法及工艺的初步能力；具有综合运用工艺知识、分析零件结构工艺性的初步能力；初步了解与本课程有关的新材料、新工艺和新技术。

四、课程的特点和教学方法

1. 加强实践性教学环节

金属工艺学具有较强的技术性和实践性,其内容与生产和生活实际密切相关。

在教学过程中要注意理论联系实际,对实习和实验教学中观察到的现象及实验的数据进行分析,以加深对课程基本理论的理解;要注意把教学过程中涉及的设备特点、工艺特点和产生的现象与课程的基本理论联系起来,以加深对课程实用性的认识。

实习教学是课堂教学的实践基础,要求在课堂教学之前安排学生进行金工实习。

2. 加强综合训练

金属工艺学课程具有知识面宽和综合性强的特点。本书中安排了综合性训练章节,每学完一个章节的内容,都可以根据综合性训练提纲对基础内容进行训练,加深学生对课程内容内在联系的认识。学生也可根据所学内容,自行进行训练,加强知识的综合应用能力。

五、课程的学习要求

通过课程的学习,要求学生掌握以下内容:
1) 掌握金属材料的成分、组织和性能之间的关系;
2) 了解强化材料的基本方法;
3) 初步掌握钢的热处理原理及基本工艺;
4) 熟悉常用钢的牌号、性能和用途;
5) 掌握毛坯的制造方法与特点;
6) 掌握正确选择和使用零件的毛坯材料。

六、金属工艺学发展概况

材料是在生产实践中发展起来的,我国的金属材料发展可追溯到史前,早在4 000年前我们就开始使用青铜,例如1939年在河南武官村出土的殷商祭器司母戊大方鼎,其体积庞大,鼎的质量为875 kg,花纹精巧,造型精美。这充分说明远在商代(公元前1562—公元前1066年),我国就有了高度发达的青铜技术。在春秋战国时期,我国发明了冶铁技术,开始使用铸铁作农具,这比欧洲国家早1 800年。明朝宋应星著《天工开物》一书,内有冶铁、炼钢、铸钟、锻铁和淬火等各种金属加工方法,它是世界上有关金属加工工艺最早的科学著作之一,这充分反映了我国人民在金属加工工艺方面的卓越成就。

上述事实说明,我国古代在材料及其加工工艺方面的科学技术曾远远超过同时代的欧洲国家,在世界上占有遥遥领先的地位,对世界文明和人类进步做出过巨大的贡献。但是,由于封建制度的长期统治,我国工农业生产和科学技术等在中华人民共和国成立前处于落后、停滞状态。

新中国成立后,经过几十年的建设和发展,目前我国已经建立了机械制造、矿山冶金、交通运输、石油化工、电子仪表和航空航天等许多现代化工业,为国民经济进一步高速发展奠定了牢固的基础。

所以,在生产过程中合理选用材料和热处理方法、正确制定工艺路线,对充分发挥材料本身的性能潜力、保证材料具有良好的加工性能、获得理想的使用性能、提高产品质量、节约材料和降低成本等都起着重大的作用。

第一篇

材料性能与选择

材料是人类生产和生活所必需的物质基础。从日常生活用的器具到高技术产品，从简单的手工工具到复杂的航天器、机器人，都是用各种材料制作或由其加工的零件组装而成的。材料的发展水平和利用程度已成为人类文明进步的重要标志。机械工程材料指在机械、船舶、化工、建筑、车辆、仪表和航空航天等工程领域中用于制造工程构件和机械零件的材料。工程材料主要包括金属材料和非金属材料两大类。

金属材料具有很高的强度、硬度以及足够的塑性和韧性，力学性能良好，广泛用于制造机械结构、设备和生产工具；此外，还可以利用某些金属材料的耐高温、耐腐蚀等特殊的物理性能制造石油、化工、航天航海及电力电子等工业用零件。

非金属材料是指金属材料以外的材料，主要有高分子材料、陶瓷和复合材料三大类。一些非金属材料具有优良的特性，可以替代某些金属，已在工业中占有重要的地位。

第一章

金属的力学性能

机械零件或其他结构件在使用过程中会受到各种外力的作用。金属材料在外力作用下所表现出来的性能称为力学性能，它是保证零件和构件正常工作应具备的主要性能。金属材料的力学性能主要包括强度、塑性、硬度、冲击韧性和疲劳强度等。力学性能不仅是机械零件设计、选材、验收及鉴定的主要依据，也是对产品加工过程实行质量控制的重要参数，故学习金属材料的力学性能对今后学习各种金属材料具有重要的意义。

第一节 强度和塑性

机械零件在正常使用过程中，有时会出现变形甚至断裂的情况，这是因为机械零件的强度较低或塑性较差。强度是指金属材料在静载荷作用下抵抗塑性变形和断裂的能力，金属材料的强度越高，所能承受的载荷就越大。塑性是指金属材料在外力作用下产生塑性变形而不断裂的能力。为避免机械零件在使用过程中出现断裂或者变形的情况，在使用前首先要确定机械零件的强度和塑性是否能够满足使用要求。

一、金属材料承受的载荷与应力

1. 金属材料承受的载荷

金属材料在加工和使用过程中所受到的外力称为载荷。按外力的作用性质，载荷常分为以下三种。

（1）静载荷

大小不变或变化很慢的载荷。如机床的床头箱对机床床身的压力。

（2）冲击载荷

在短时间内以较高速度作用于零件上的载荷。例如：空气锤锤头下落时锤杆所承受的载荷；冲压时冲床对冲模的冲击作用等。

（3）交变载荷

大小、方向或大小和方向随时间发生周期性变化的载荷。如机床主轴就是在交变载荷的作用下工作的。

根据作用形式不同，载荷又可分为拉伸载荷、压缩载荷、弯曲载荷、剪切载荷和扭转载荷等，如图1-1所示。

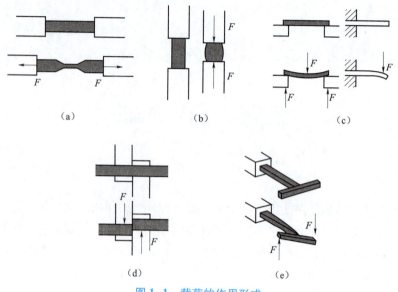

图 1-1 载荷的作用形式

(a) 拉伸载荷；(b) 压缩载荷；(c) 弯曲载荷；(d) 剪切载荷；(e) 扭转载荷

2. 内力与内应力

材料受外力作用时，为保持自身形状尺寸不变，在材料内部作用着与外力相对抗的力，称为内力。内力的大小与外力相等，方向则与外力相反，并与外力保持平衡。单位面积上的内力称为应力。金属材料受拉伸载荷或压缩载荷时，其横截面积上的应力可按下式计算：

$$R = \frac{F}{S}$$

式中，R——应力，单位 MPa；

F——外力，单位 N；

S——横截面积，单位 mm^2。

二、拉伸试验与拉伸曲线

1. 拉伸试验方法

生产实际中通常使用拉伸试验来测定机械零件的强度和塑性。拉伸试验是一种破坏性试验，所以拉伸试验时通常不直接采用机械零件做试验，而是用与制造机械零件的相同材料制成的标准试样进行试验。为了使测定出来的强度和塑性指标具有可比性，拉伸试样必须按照国家标准制作。拉伸试样一般有圆形和矩形两类，图 1-2 所示为圆形拉伸试样。

拉伸试验方法如下：

（1）将试样两端部位分别夹持在如图 1-3 所示拉伸试验机的上下夹头中。

（2）对试样缓慢施加轴向拉伸力 F，使试样沿其轴向伸长。如图 1-4（a）所示。

（3）随着拉伸力 F 的缓慢增大，试样的有效伸长量 ΔL 不断增加，直至试样断裂。如图 1-4（b）、（c）所示。

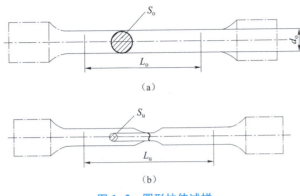

图 1-2 圆形拉伸试样
(a) 拉伸前；(b) 拉断后
d_o—圆试样原始直径；L_o—原始标距；L_u—断后标距；
S_o—原始横截面积；S_u—断后最小横截面积

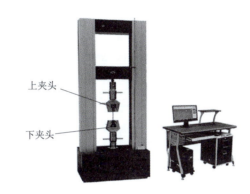

图 1-3 拉伸试验机

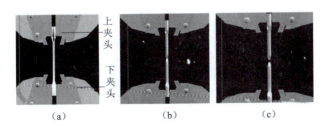

图 1-4 拉伸试验过程示意图
(a) 装夹试样；(b) 试样变形；(c) 试样拉断

(4) 观察、记录实验结果，并对实验结果进行分析。

从图 1-4 所示的试验过程中可以看出：在试验中，试样变形和断裂时的拉伸力 F 越大，说明材料的强度越高；试样断裂时的伸长量 ΔL 越大，则说明材料的塑性越好。由此可以得到评定材料的强度和塑性的指标：屈服强度（R_e）、抗拉强度（R_m）、断后伸长率（A）和断面收缩率（Z）。

2. 拉伸曲线

衡量强度的指标是在拉伸试验过程中测得拉伸曲线，再由拉伸曲线通过计算来获得。

在拉伸试验过程中，试验机自动以拉伸力 F 为纵坐标，以伸长量 ΔL 为横坐标，画出一条拉伸力 F 与伸长量 ΔL 的关系曲线，称为拉伸曲线。图 1-5 所示为低碳钢的拉伸曲线示意图。

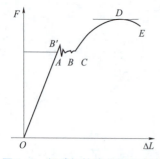

图 1-5 低碳钢拉伸曲线示意图

根据拉伸曲线，低碳钢试样的拉伸过程可分为以下几个阶段：

（1）弹性变形阶段（OA）

在拉伸试验时，若载荷不超过 A 点对应的载荷，则卸载后试样立即恢复原状，这种随载荷的作用而产生、随载荷的去除而消失的变形称为弹性变形。其中在 OA 阶段，拉力与伸长成正比。该载荷为试样能恢复到原始形状和尺寸的最大拉伸力。

（2）屈服阶段（$B'B$）

若载荷超过 A 点载荷，则卸载后试样的变形不能完全消失，保留一部分残余变形，这种不能恢复的残余变形称为塑性变形，也称为永久变形。当载荷增加到 B' 点时，测力计指针停留不动或突然下降到 B 点，然后在小的范围内摆动，这时变形增加很快，载荷增加很慢，在曲线上出现了水平线段（或水平的锯齿形线段），即表示外力不增加试样仍继续发生塑性伸长，这种现象称为屈服，B 点对应的载荷为屈服载荷。

（3）强化阶段（CD）

当载荷超过屈服载荷后，材料开始出现明显的塑性变形，同时欲使试样继续伸长，载荷也必须不断增加。随着塑性变形增加，试样变形抗力也逐渐增加，这种现象称为形变强化（或称加工硬化）。此阶段变形是均匀发生的，D 点对应载荷为拉伸试验时的最大载荷。

（4）颈缩阶段（DE）

当载荷增加到最大值时，试样开始局部截面积缩小，出现"颈缩"现象，变形主要集中在颈部。由于试样截面积逐渐减小，故载荷也逐步降低，试样在"颈缩"处断裂。

屈服现象在低碳钢、中碳钢、低合金高强度结构钢和一些有色金属材料中可以观察到。但有些金属材料没有明显的屈服现象，不同材料的拉伸曲线有很大的差别。

三、强度指标

根据外力作用方式的不同，强度有多种指标，如抗拉强度、抗压强度、抗弯强度、抗剪强度和抗扭强度等，常用的强度指标有屈服强度和抗拉强度。

1. 屈服强度与规定残余延伸强度

金属材料产生屈服时的应力称为屈服强度，用符号 R_e 表示。其大小可由下式求得，单位是 MPa。

$$R_e = \frac{F_e}{S_o}$$

式中，F_e——试样产生屈服时的载荷，单位 N。

　　　　S_o——试样原始横截面积，单位 mm^2。

屈服强度分为上屈服强度和下屈服强度，图1-6所示为不同类型曲线上的上屈服强度和下屈服强度。

1) 上屈服强度。试样发生屈服而力首次下降前的最大应力，用符号 R_{eH} 表示。

2) 下屈服强度。在屈服期间，不计初始瞬时效应时的最小应力，用符号 R_{eL} 表示。

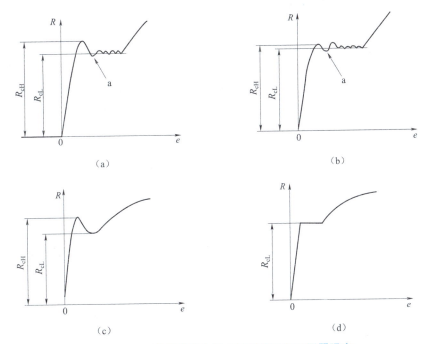

图1-6　不同类型曲线上的上屈服强度和下屈服强度

e—延伸率；R—应力；R_{eH}—上屈服强度；R_{eL}—下屈服强度；a—初始瞬时效应

对于没有明显屈服现象的脆性材料，可用规定残余延伸强度表示，符号为 R_r。规定残余延伸强度是指卸除应力后残余延伸率等于规定的原始标距 L_o 百分率时对应的应力。如 $R_{r0.2}$ 表示规定残余的延伸率为0.2%时的应力。

屈服强度或规定残余延伸强度是材料开始产生微量塑性变形时的应力。对于大多数零件而言，过量的塑性变形就意味着零件的尺寸精度下降或与其他零件的相互配合精度受到影响，因而会造成零件失效。当零件工作时所受到的应力低于材料的屈服强度或规定残余延伸强度时，则不会产生过量的塑性变形。材料的屈服强度或规定残余延伸强度越高，表示其抵抗微量塑性变形的能力越大，允许的工作应力也越高，因此零件的截面尺寸及自身质量就可以相应减小。所以屈服强度或规定残余延伸强度指标是设计机械零件时的重要依据，同时也是评定金属材料强度的重要指标。

2. 抗拉强度

材料在断裂前所能承受的最大应力，称为抗拉强度或强度极限，用符号 R_m 表示。其值大小可由下式求得，单位是 MPa。

$$R_m = \frac{F_m}{S_o}$$

式中，F_m——试样拉断前承受的最大载荷，单位 N。

零件在工作中所承受的应力不允许超过抗拉强度，否则会产生断裂。可见抗拉强度指标也是机械零件设计时的重要依据之一，同时也是评定金属材料强度的重要指标。通常把屈服强度和抗拉强度的比值称为屈强比，其值越高，则强度的利用率越高。屈强比越小，工程构件的可靠性越高，也就是万一超载也不至于马上断裂。但屈强比小，材料强度有效利用率也低。一般以 0.75 为宜。

四、塑性指标

塑性也是在拉伸试验中测定的，常用的塑性指标是断后伸长率和断面收缩率。

1. 断后伸长率

断后伸长率是指试样拉断后，标距的伸长量与原始标距的比率，用符号 A 表示。

$$A = \frac{L_u - L_o}{L_o} \times 100\%$$

式中，L_o——试样的原始标距长度；

L_u——试样拉断后的标距长度。

材料的断后伸长率是随标距的增加而减小的，所以试样必须按照国家标准制作。国家标准规定，比例试样是指拉伸试样的原始标距与原始横截面积的平方根的比值 k 为常数的拉伸试样。$k = 5.65$ 的试样称为短比例试样，其断后伸长率为 A，$k = 11.3$ 的试样称为长比例试样，其断后伸长率为 $A_{11.3}$。试验时，一般优先选用短比例试样，但要保证原始标距不小于 15 mm，否则建议选用长比例试样或选用非比例试样。非比例试样是指试样的标距与截面不存在比例关系的试样。对于非比例试样，符号 A 应附下脚注说明所使用的原始标距，以毫米（mm）表示，例如，$A_{80\,mm}$ 表示原始标距为 80 mm 的断后伸长率。

2. 断面收缩率

断面收缩率是指断裂后试样横截面积的最大缩减量（$S_o - S_u$）与原始横截面积 S_o 之比的百分率，用符号 Z 表示。

$$Z = \frac{S_o - S_u}{S_o} \times 100\%$$

伸长率和断面收缩率越大，表明材料的塑性越好，一般认为 $Z<5\%$ 的材料为脆性材料。

材料具备一定的塑性才能进行各种成型加工，如冷冲压、锻造、轧制等。钢的塑性较好，能通过锻造成型。铸铁的伸长率几乎为零，塑性很差，所以不能进行塑性变形加工。另外，具有一定塑性的零件，偶尔过载时由于能发生一定量的塑性变形而不至于立即断裂，在一定程度上保证了零件的工作安全性，因此对于重要的结构零件要求必须具备一定的塑性。塑性并不是越大越好，一般来说，各种零件对塑性的要求有一定的限度。例如，钢材的塑性过大，一般它的强度会降低，这不但会降低钢制零件的使用寿命，而且在同样受力的情况下会加大零件的自身重量，浪费材料。

第二节 硬　　度

一、硬度概念

硬度通常是指金属材料抵抗其他更硬物体压入其表面的能力，是金属抵抗其表面局部变形和破坏的能力，是衡量金属材料软硬的指标。一般材料越硬，其耐磨性就越好。机械制造业所用的刀具、模具和机械零件等，都应具备一定的硬度，才能保证其使用性能和寿命。

金属材料的硬度是在硬度试验设备上测定的。硬度试验设备简单，操作迅速方便，可直接在零件或工具上进行试验而不破坏工件，并且还可根据测得的硬度值估计出材料的近似抗拉强度和耐磨性。此外，硬度与材料的冷成型性、切削加工性、可焊性等工艺性能之间也存在着一定联系，可作为制定加工工艺时的参考。因此，硬度试验在实际生产中是最常用的试验方法。

生产中常用的硬度测定方法有布氏硬度测试法、洛氏硬度测试法和维氏硬度测试法等。

二、布氏硬度

布氏硬度试验法是用直径为 D 的硬质合金球，在规定试验力 F 的作用下压入被测试金属的表面，停留一定时间（试验力保持时间为 10~15 s）后卸除载荷，然后测量被测试金属表面上所形成的压痕平均直径 d（如图 1-7 所示），由此计算压痕的表面积，进而求出压痕在单位面积上所承受的平均压力值，以此作为被测试金属的布氏硬度值，即

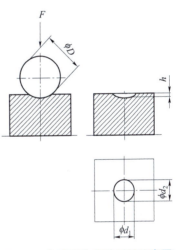

图 1-7　布氏硬度实验原理示意图

$$布氏硬度 = 常数 \times \frac{试验力}{压痕表面积} = 0.102 \frac{2F}{\pi D(D - \sqrt{D^2 - d^2})}$$

式中，D——硬质合金球直径，单位 mm；

　　　F——试验力，单位 N；

　　　d——压痕平均直径，$d = (d_1 + d_2)/2$，单位 mm；

　　　d_1，d_2——在两相互垂直方向测量的压痕直径，单位 mm；

　　　常数——$1/g_n = 1/0.8665 \approx 0.102$；

　　　g_n——标准重力加速度。

当试验力 F 与球体直径 D 一定时，硬度值只与压痕直径 d 的大小有关。D 越大，压痕面积越大，则布氏硬度值越小；反之，d 越小，硬度值越大。测得的布氏硬度值用 HBW 表示。

布氏硬度 HBW 表达方法举例：

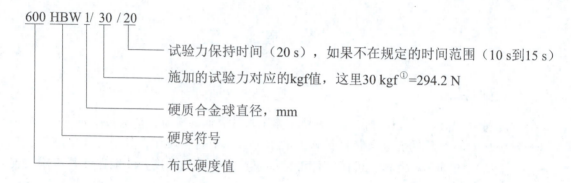

1. 布氏硬度试验条件的选择

由于金属材料有软有硬，被测工件有薄有厚，尺寸有大有小，如果只采用一种标准的试验力 F 和压头直径 D，就会出现对某些材料和工件不适应的现象。因此，国标规定了常用布氏硬度试验规范。在进行布氏硬度试验时，可根据被测试金属材料的种类、硬度范围和试样厚度，选用不同的压头直径 D 和试验力 F，建立 F 和 D 的某种选配关系，以保证布氏硬度的可比性，如表 1-1 所示不同条件下的试验力。 ①

表 1-1 不同条件下的试验力

硬度符号	硬质合金球直径 D/mm	试验力-球直径平方的比率 $0.102 \times F/D^2$ /（N·mm^{-2}）	试验力的标称值 F
HBW 10/3000	10	30	29.42 kN
HBW 10/1500	10	15	14.71 kN
HBW 10/1000	10	10	9.807 kN
HBW 10/500	10	5	4.903 kN
HBW 10/250	10	2.5	2.452 kN
HBW 10/100	10	1	980.7 N
HBW 5/750	5	30	7.355 kN
HBW 5/250	5	10	2.452 kN
HBW 5/125	5	5	1.226 kN
HBW 5/62.5	5	2.5	612.9 N
HBW 5/25	5	1	245.2 N
HBW 2.5/187.5	2.5	30	1.839 kN
HBW 2.5/62.5	2.5	10	612.9 N
HBW 2.5/31.25	2.5	5	306.5 N
HBW 2.5/15.625	2.5	2.5	153.2 N
HBW 2.5/6.25	2.5	1	61.29 N
HBW 1/30	1	30	294.2 N
HBW 1/10	1	10	98.07 N

---

① 1 kgf=9.8067 N。

续表

硬度符号	硬质合金球直径 D/mm	试验力-球直径平方的比率 $0.102 \times F/D^2$ / (N·mm^{-2})	试验力的标称值 F
HBW 1/5	1	5	49.03 N
HBW 1/2.5	1	2.5	24.52 N
HBW 1/1	1	1	9.807 N

试验力的选择应保证压痕直径在 $0.24D \sim 0.6D$。

试验力-压头直径平方的比率（$0.102F/D^2$ 比值）应根据材料和硬度值选择，见表1-2。为了保证在尽可能大的有代表性的试样区域试验，应尽可能地选取大直径压头。当试样尺寸允许时，应优先选用直径 10mm 的球压头进行试验。

表1-2 不同材料的试验力-压头球直径平方的比率

材料	布氏硬度 HBW	试验力-球直径平方的比率 $0.102 \times F/D^2$ / (N·mm^{-2})
钢、镍基合金、钛合金		30
铸铁*	<140	10
	≥140	30
铜和铜合金	<35	5
	35～200	10
	>200	30
轻金属及其合金	<35	2.5
	35～80	5
		10
		15
	>80	10
		15
铝、锡		1

* 对于铸铁试验，压头的名义直径应为 2.5 mm、5 mm 或 10 mm。

2. 布氏硬度特点与应用

布氏硬度测试因压痕面积较大，能反映出较大范围内被测试金属的平均硬度，测量数据稳定；可测量组织粗大或组织不均匀材料（如铸铁）的硬度值；布氏硬度与抗拉强度之间存在一定的关系，可根据其值估计出材料的强度值。布氏硬度测试主要用于原材料或半成品的硬度测量，如测量铸铁、非铁金属（有色金属）、硬度较低的钢（如退火、正火、调质处理的钢）。但是不宜测量较高硬度的材料（布氏硬度测量时，材料的硬度值必须 <650 HBW）；因压痕较大，则不宜测试成品或薄片金属的硬度。

三、洛氏硬度

1. 洛氏硬度试验原理

洛氏硬度试验法是目前工厂中应用最广泛的试验方法。它是用一个金刚石圆锥体或钢球作为压头，在初始试验力和主试验力的先后作用下，压入被测试金属表面，经规定时间后卸除主试验力，由压头在金属表面所形成的压痕深度来确定其硬度值。图1-8所示为洛氏硬度试验原理。

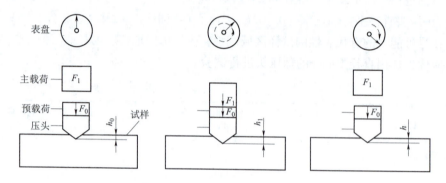

图1-8 洛氏硬度试验原理示意图

h_0—在初始试验力作用下的压入深度，施加初始试验力的目的是使压头与试样表面紧密接触，避免由于试样表面不平整而影响试验结果的精密性；h_1—在总试验力（初始试验力+主试验力）作用下的压入深度，h—卸除主试验力后的压入深度

在实际测试时，可从硬度计的指示盘上直接读出洛氏硬度值的大小，用符号 HR 表示。用金刚石压头测试时读指示盘外圈上的数值，用钢球压头测试时读指示盘里圈上的数值，数值越大表示金属材料越硬。

为了能用同一硬度计测定从软到硬材料的硬度，可采用不同的压头和载荷，组成不同的洛氏硬度标尺，其中最常用的是 HRA、HRB、HRC 三种标尺。表1-3所示为这三种标尺的试验条件和应用范围。

表1-3 常用洛氏硬度标尺的试验条件和应用范围

硬度	压头类型	总载荷/N	测量范围	应用举例
HRA	120°金刚石圆锥	588.4	20～88 HRA	碳化物、硬质合金、表面淬火钢
HRB	φ1.588 mm 钢球	980.7	20～100 HRB	软钢、退火钢、有色金属
HRC	120°金刚石圆锥体	1 471	20～70 HRC	淬火钢、调质钢

2. 洛氏硬度的特点

洛氏硬度试验法操作迅速、简便；由于压痕较小，可用于成品的检验；采用不同标尺，可测出从极软到极硬材料的硬度，为测试准确，多点测量，取平均值。但由于压痕较小，对组织比较粗大且不均匀的材料，测得的硬度值不够准确。

四、维氏硬度

洛氏硬度试验虽可采用不同的标尺来测定由软到硬金属材料的硬度,但不同标尺的硬度值是不连续的,没有直接的可比性,使用上很不方便。为了能在同一种硬度标尺上测定由极软到极硬金属材料的硬度值,特制定了维氏硬度试验法。

1. 维氏硬度的试验原理

维氏硬度的试验原理基本上和布氏硬度试验相同,但所用的压头形状和材料不同。它是用一个相对面夹角为136°的金刚石正四棱锥体压头,以选定试验力 F 作用下压入被测试金属的表面,保持一定时间后卸除试验力,如图1-9所示。然后再测量压痕的两对角线的平均长度 d,进而计算出压痕的表面积 S,最后求出压痕表面积上平均压力（F/S）,以此作为被测试金属的硬度,用符号 HV 表示。

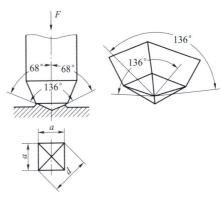

图 1-9 维氏硬度试验原理示意图

在实际测试时,维氏硬度值也不需要计算,根据压痕的两对角线的平均长度 d 查表,即可求得硬度值。维氏硬度试验法可根据试样的硬度、大小、厚度等情况选择试验力,试验力 F 的取值范围为 49.03~980.7 N。在零件厚度允许的情况下尽可能选用较大试验力,以获得较大压痕,提高测量精度。

2. 维氏硬度试验法的特点

维氏硬度试验法的优点是试验时所加试验力小,压入深度浅,故适用于测试零件表面淬硬层及化学热处理的表面层（如渗碳层、渗氮层等）的硬度;同时维氏硬度是一个连续一致的标尺,试验时可任意选择试验力,而不影响其硬度值的大小,因此可测定较薄的、从极软到极硬的各种金属材料的硬度值,并可直接比较它们的硬度大小。维氏硬度试验法的缺点是其硬度值的测定较麻烦,并且压痕小,所以对试件的表面质量要求较高。

第三节 韧性与疲劳强度

强度、塑性和硬度都属于金属材料在静载荷作用下的力学性能。而在生产实际中,许多机械零件和工具是在冲击载荷（或交变载荷）的作用下工作的。机械零件如活塞销、锤杆、冲模和锻模等,除在静载荷下工作外,还经常承受具有更大破坏作用的冲击载荷和交变载荷的作用。因此,这些零件不仅要满足静载荷作用下的强度、塑性、硬度等性能指标,还必须具备足够的韧性和疲劳强度。

一、韧性

1. 韧性试验

金属材料抵抗冲击载荷作用而不被破坏的能力称为冲击韧性,简称韧性。

为了评定金属材料的冲击韧性,需在规定条件下对其进行冲击试验,以测定其衡量指标，其中应用最普遍的是夏比摆锤冲击试验。图 1-10 所示为冲击试验机和摆锤冲击试验过程示意图。

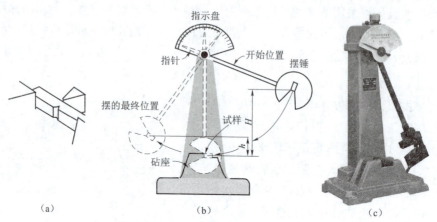

图 1-10　夏比摆锤冲击试验过程示意图
（a）试样局部放大；（b）冲击试验原理；（c）冲击试验机

2. 冲击吸收功

试验时，将标准冲击试样放置在摆锤冲击试验机的支座上，把重量为 G 的摆锤提高到距试样高度为 H 的位置，如图 1-9 所示。此时摆锤势能为 GH，然后使其下落，将试样冲断，冲断试样后摆锤又上升到距原试样的高度为 h 处，摆锤剩余势能为 Gh。故冲断试样所消耗掉的能量为 $GH-Gh$，称为冲击吸收能量 K，即

$$K=G(H-h)$$

冲击吸收能量 K 值越高，表示材料的冲击韧性越好。一般把冲击吸收能量 K 值高的材料称作韧性材料，K 值低的材料称为脆性材料。标准冲击试样有两种，根据试样缺口形状不同，分 U 形缺口和 V 形缺口，冲击吸收能量分为 KU 和 KV 两种表示方法。摆锤刀刃半径有 2 mm 和 8 mm 两种，分别用符号的下标数字表示，即 KU_2 或 KU_8、KV_2 或 KV_8。冲击吸收能量单位为焦耳（J）。

对于像冲头、空气锤锤杆等承受冲击的零件，需具有一定的韧性才能满足其使用性能要求。但也不能要求过高，因为冲击吸收能量 K 升高，往往其硬度值和强度值会降低，耐磨性能和承载能力下降，零件的使用寿命也会降低。

二、疲劳强度

1. 疲劳现象

实际生产中有许多机器零件，如轴、齿轮、弹簧和叶片等都是在交变载荷下工作的。承受交变载荷的金属零件，在工作应力低于其屈服强度时，经过较长时间的工作也会发生突然断裂，这种现象称为金属的疲劳。金属疲劳断裂是在事先无明显塑性变形的情况下突然发生的，故具有很大的危险性，往往引发重大事故。所以在设计零件选材时，要考虑金属材料对疲劳断裂的抗力。

疲劳断裂一般产生在零件应力集中部位或材料本身强度较低的部位，如原有微裂纹、软

点、脱碳、夹杂或刀痕等，这些地方的局部应力大于屈服强度 R_e（$R_{r0.2}$），形成裂纹的核心，进而在交变应力或重复应力的反复作用下产生疲劳裂纹，并随着应力循环周次的增加，疲劳裂纹不断扩展，使零件的有效承载面逐渐减小，最后当减小到不能承受外加载荷时，零件即发生突然断裂。

2. 疲劳曲线与疲劳强度

疲劳曲线是材料固有的动态力学特性之一，该曲线通常是对某种材料加工成的标准试样施加循环特性 $r = -1$ 的对称交变应力，并以循环的最大应力 σ_{max}（或 S_{max}）表征材料疲劳强度，通过实验，记录出在不同 σ_{max} 下引起试样疲劳破坏所经历的应力循环次数 N，即得到如图 1-11 所示疲劳曲线，通常称其为 S-N 曲线（应力寿命曲线）。

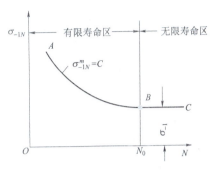

图 1-11 疲劳曲线

金属材料在无数次交变载荷的作用下而不发生断裂的最大应力，称为疲劳强度，用 σ_{-1} 表示。

疲劳强度是通过试验所得到的，疲劳曲线示意图（疲劳曲线是指交变应力与循环次数的关系曲线）表明，金属承受的交变应力越小，则断裂前的应力循环次数 N 越多；反之，则 N 越少。显然疲劳强度的数值越大，材料抵抗疲劳破坏的能力越强。实际上，金属材料不可能作无数次交变载荷试验。对于黑色金属，一般规定应力循环 10^7 周次而不断裂的最大应力为疲劳强度，有色金属、不锈钢等取 10^8 周次。

第二章

金属的晶体结构与结晶

金属材料是现代机械制造工业中应用最广泛的工程材料。不同的金属材料具有不同的力学性能,即使是相同的金属材料,在不同的条件下其力学性能也是不同的。如用高碳钢制造的锉刀,没有淬火时硬度不高,经淬火后可以使锉刀具有很高的硬度和耐磨性。金属材料力学性能的这种差异是由其化学成分和组织结构所决定的。为了合理应用金属材料,必须首先了解金属的成分、组织结构和性能之间的关系。

第一节 纯金属的晶体结构

一、晶体与非晶体

物质是由原子构成的。根据原子在物质内部的排列方式不同,可将固态物质分为晶体和非晶体两大类。

1. 非晶体

非晶体是指组成物质的原子不呈空间有规则周期性排列的固体,如松香、玻璃、沥青、石蜡等都属于非晶体。非晶体材料往往没有固定的熔点,随着温度的升高,固态非晶体将逐渐变软,最终成为有流动性的液体,而其液体冷却时逐渐稠化,最终变成固体。非晶体在各个方向的性能是相同的,即所谓的各向同性。

2. 晶体

晶体是指组成物质的原子在空间按一定规律周期重复排列的固体,如纯铝、纯铁、纯铜等都属于晶体。绝大多数金属和合金在固态下都属于晶体,晶体通常具有固定的熔点和各向异性等特性。晶体和非晶体在一定条件下可以互相转化。例如,通常是晶态的金属,加热到液态后急冷,若冷却速度足够大,也可获得非晶态金属。非晶态金属与晶态金属相比,具有高的强度、硬度、韧性和耐腐蚀性等一系列优良性能,而玻璃经高温长时间加热可以变为晶态玻璃。

二、晶体结构的基本概念

1. 晶格

晶体内部原子是按一定的几何规律排列的,为了便于理解,把金属内部的原子近似地看成是刚性小球,则金属晶体就可看成是由刚性小球按一定几何规则紧密堆积而成的物体,如

图 2-1（a）所示。

为形象地描述晶体内部原子的排列规律,可以将原子抽象为一个个的几何点,用假想的线条将这些点连接起来,构成有明显规律性的空间格架。这种表示原子在晶体中排列规律的空间格架称为晶格,如图 2-1（b）所示。

2. 晶胞

由图 2-1（b）可知,晶格是由许多形状、大小相同的最小几何单元重复堆积而成的。能够完整地反映晶格特征的最小几何单元称为晶胞,如图 2-1（c）所示。

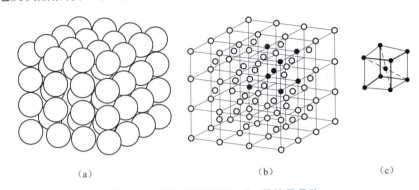

图 2-1 晶体内部原子排列、晶格及晶胞

(a) 晶体内部原子排列；(b) 晶格；(c) 晶胞

三、金属晶格的类型

由于金属中原子之间的结合力较强,且无方向性,所以在金属晶体中,原子有总是趋于结合得最紧密的特性。工业上常用的金属中,除少数具有复杂晶体结构外,室温下有 85%~90% 金属的晶体结构都属于比较简单的三种类型:体心立方晶格、面心立方晶格和密排六方晶格。

1. 体心立方晶格

体心立方晶格的晶胞是一个立方体,在立方体中心有一个原子,八个顶角各排列一个原子,因每个顶角上的原子同属于周围八个晶胞所共有,故晶胞中实际原子数为 $\frac{1}{8} \times 8 + 1 = 2$（个）,如图 2-2 所示。属于这种晶格类型的金属有铬（Cr）、钒（V）、钨（W）、钼（Mo）及 α-铁（α-Fe）等金属。晶体结构为体心立方晶格的金属材料,其强度较大而塑性相对较差一些。

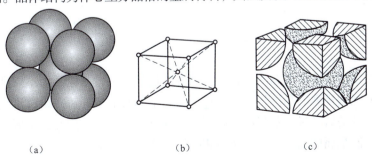

(a)　　　　　　(b)　　　　　　(c)

图 2-2 体心立方晶格晶胞示意图

2. 面心立方晶格

面心立方体晶格的晶胞也是一个立方体，在立方体六个面的中心和八个顶角各有一个原子，因每个面中心的原子同属于两个晶胞所共有，故晶胞中实际原子数为 $\frac{1}{8}\times8+\frac{1}{2}\times6=4$（个），如图 2-3 所示。属于这种晶格类型的金属有铝（Al）、铜（Cu）、铅（Pb）、镍（Ni）及 γ-铁（γ-Fe）等金属。晶体结构为面心立方晶格的金属材料，其强度较低而塑性很好。

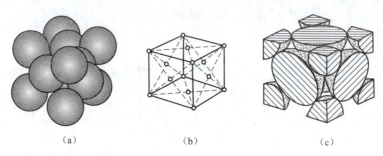

图 2-3 面心立方晶格晶胞示意图

3. 密排六方晶格

密排六方晶格晶胞如图 2-4 所示，该晶胞是一个六方柱体，在六方柱体的十二角和上下底面中心各有一个原子，在顶面和底面之间还有 3 个原子。其晶胞中实际原子数为 $\frac{1}{6}\times12+\frac{1}{2}\times2+3=6$（个），属于这种晶格类型的金属有镁（Mg）、铍（Be）及锌（Zn）等。这类金属强度和塑性都不好，脆性较大。

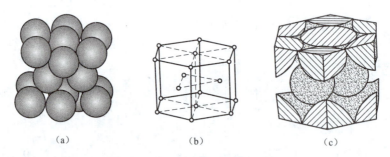

图 2-4 密排六方晶格晶胞示意图

第二节 纯金属的结晶

金属的结晶是指金属自液态冷却转变为固态的过程，也就是原子由不规则排列的液体状态逐步过渡到呈规则排列的晶体状态的过程。金属结晶时形成的铸态组织不仅影响其铸态性能，而且也影响其随后经过一系列加工后所形成的材料的性能。因此，掌握结晶规律可以帮助我们有效地控制金属的结晶过程，从而获得性能优良的金属材料。

一、纯金属的结晶过程

金属材料的成型通常需要经过熔炼和铸造,即经历由液态变成晶体状态的结晶过程。下面以纯金属为例,说明金属的结晶过程。

1. 金属结晶的条件

金属结晶的温度和结晶过程的规律可以通过热分析法进行研究,热分析法装置如图2-5所示。将熔化为液体的纯金属缓慢冷却下来,在冷却过程中,每隔一定的时间测量一次温度,将记录下来的数据描绘在温度—时间的坐标图中,绘制成表示金属结晶过程的曲线,称为金属的冷却曲线,如图2-6所示。

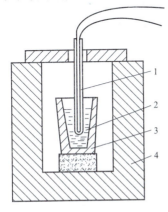

图 2-5 热分析法装置示意图

1—热电偶;2—金属液;3—坩埚;4—电炉

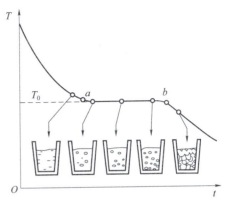

图 2-6 纯金属冷却曲线

由冷却曲线可见,当液体金属缓慢冷却到 a 点时,液体金属开始结晶,到 b 点结晶终了,$a\sim b$ 两点之间的水平线即为结晶阶段,它所对应的温度就是纯金属的结晶温度。纯金属在缓慢冷却条件下(即平衡条件)的结晶温度与缓慢加热条件下的熔化温度是同一温度,称为理论结晶温度,用 T_0 表示。

在实际生产中,金属结晶时的冷却速度较快,液态金属总是冷却到理论结晶温度以下的某一温度 T_1 才开始结晶,如图2-7所示。金属实际结晶温度(T_1)低于理论结晶温度(T_0)的现象称为"过冷"现象。理论结晶温度和实际结晶温度之差(ΔT),称为过冷度($\Delta T=T_0-T_1$)。过冷是金属能够自动进行结晶的必要条件,金属结晶时过冷度的大小与冷却速度有关,冷却速度越快,金属的实际结晶温度越低,过冷度也就越大。

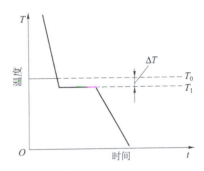

图 2-7 纯金属实际结晶时的冷却曲线

2. 纯金属的结晶过程

实验证明,纯金属的结晶是晶体在液体中从无到有、由小变大的过程,即晶核的形成与长大的过程。

(1)形核

当液态金属的温度下降到接近 T_1 时,从液体中首先形成一些按一定晶格类型排列的微小晶体，这些小晶体很不稳定，遇到热流和振动就会立即消失。但是，在过冷度存在的条件下，一些稍大一点的细微小晶体的稳定性较好，有可能进一步长大成为结晶的核心，称为晶核。晶核的形成过程称为形核，而这种只依靠液体本身在一定过冷度条件下形成晶核的过程叫作自发形核。在实际生产中，金属液体内常存在各种固态的杂质微粒，金属结晶时，液态金属依附于这些杂质的表面形成晶核比较容易。这种依附于杂质表面而形成晶核的过程称为非自发形核。非自发形核在生产中所起的作用更为重要。

（2）长大

晶核形成之后，会吸附其周围液态中的原子不断长大，这时，形核与长大两个过程是同时在进行着的。晶核长大会使液态金属的相对量逐渐减少。开始时各个晶核自由生长，并保持着规则的外形，当各个生长着的小晶体彼此接触后，接触处的生长过程自然停止。因此，晶体的规则外形遭到破坏。当每个晶核长大到互相接触、液态金属耗尽时，结晶过程结束。纯金属的结晶过程如图2-8所示。每个长大了的晶核就成为一个晶粒，晶粒与晶粒之间自然形成的界层称为晶界。金属中的夹杂物往往聚集在晶界上，晶界处的金属原子由于受相邻晶粒的影响，原子排列不是很规则。

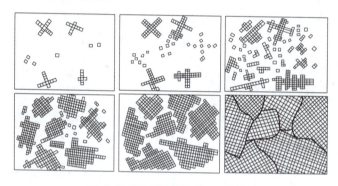

图2-8 纯金属结晶过程示意图

为了观察金属内部晶体或晶粒的大小、方向、形状和排列状况等组成关系，通常需要把金属材料制成试样，经处理后借助于金相显微镜进行观察，即观察金属的显微组织。

二、纯铁的同素异晶转变

大多数金属结晶后，其晶格不再发生变化，但也有少数金属（如铁、铬、锡、钴、钛等）在固态时会发生晶格类型的转变，这种在固态下随温度的变化由一种晶格转变为另一种晶格的现象称为同素异晶转变。同素异晶转变也是形核长大的过程。

图2-9所示为纯铁的冷却曲线，其表示了纯铁的结晶和同素异晶转变过程。由图可见，液态纯铁在1538℃进行结晶，得到具有体心立方晶格的δ-Fe，继续冷却到1394℃时发生同素异晶转变，体心立方晶格δ-Fe转变为面心立方晶格γ-Fe，再继续冷却到912℃时又发生同素异晶转变，面心立方晶格γ-Fe转变为体心立方晶格α-Fe，如继续冷却到室温，则晶格的类型不再发生变化。

纯铁的同素异晶转变是钢铁材料通过热处理改变其组织并获得所需性能的理论依据。纯铁发生同素异晶转变时，金属的体积也发生变化，转变时会产生较大的内应力。例如γ-Fe转变为α-Fe时，铁的体积会膨胀约1%，这是钢热处理时引起应力，导致工件变形和开裂的重要原因。

三、实际金属的晶体结构与晶体缺陷

1. 实际金属的晶体结构

金属内部的晶格位向完全一致的晶体称为单晶体，如图2-10（a）所示。单晶体在自然界几乎不存在，但可用人工方法制成某些单晶体（如单晶硅、冰糖）。单晶体具有各向异性的特点，但工业上实际使用的金属材料，一般不具有各向异性，这是因为实际应用的金属材料通常是多晶体材料。多晶体材料是指一块金属材料中包含着许多小晶体，每个小晶体内的晶格位向是一致的，而各小晶体之间彼此方位不同。这种由许多小晶体组成的晶体结构称为多晶体结构，如图2-10（b）所示。

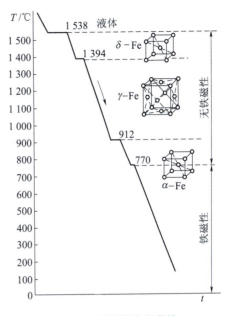

图2-9 纯铁的冷却曲线

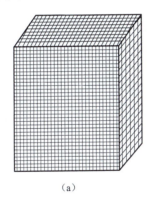 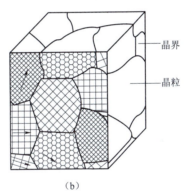

（a） （b）

图2-10 金属的晶体结构示意图
（a）单晶体；（b）多晶体

在多晶体中，由于每个晶粒的晶格位向不同，所以晶界上原子的排列总是不规则的。多晶体金属之所以测不出各向异性，就是因为其每个晶粒虽然具有各向异性的特点，但由于多晶体内各晶粒的晶格位向互不一致，它们自身的各向异性相互抵消，故表现出各向同性，称为"伪各向同性"。

2. 晶体缺陷

在实际金属晶体中，由于结晶条件不理想以及晶体受到外力的作用等，原子的排列情况并不是绝对规则的。晶体中原子排列不规则的区域，称为晶体缺陷。按缺陷的几何形态，晶体缺陷分为点缺陷、线缺陷和面缺陷三种。三种晶体缺陷都会造成晶格畸变，使变形抗力增大，从而提高材料的强度和硬度。

（1）点缺陷（空位、间隙原子、置换原子）

晶格中某个原子脱离了平衡位置，形成空结点，称为空位；某个晶格间隙挤进了原子，

则此原子称为间隙原子；当异类原子占据晶格的位置时，则此异类原子称为置换原子。空位、间隙原子和置换原子使周围的晶格偏离了理想晶格，即发生了"晶格畸变"，点缺陷的存在，提高了材料的硬度和强度。点缺陷是动态变化着的，它是造成金属中物质扩散的原因，如图 2-11 所示。

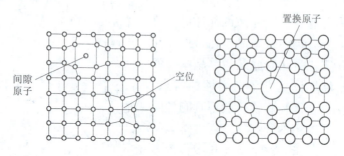

图 2-11　点缺陷

（2）线缺陷（位错）

线缺陷是在晶体中某处有一列或若干列原子发生了有规律的错排现象。晶体中最普通的线缺陷就是位错，位错的主要类型有螺型位错和刃型位错。

图 2-12 所示为刃型位错的几何模型，在这个晶体的某一水平面（ABCD）的上方多出一个原子面（EFGH），中断于 ABCD 面上的 EF 处，这个原子面如同刀刃一样插入晶体，使晶体中以 EF 为中心线附近一定区域内原子位置都发生错动。位错线中心的原子错动最大，晶格畸变严重，离位错线越远，晶格畸变越小，直至恢复正常。

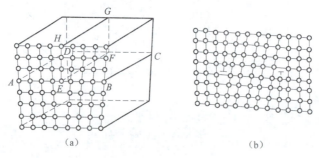

图 2-12　刃型位错的几何模型
（a）立体；（b）平面

位错很容易在晶体中移动，对金属的塑性变形、强度、扩散和相变等力学性能和物理化学性能都起着重要的作用。位错的产生会使金属的强度提高，但塑性和韧性下降。实际晶体中往往含有大量位错，生产中还可通过冷变形使金属位错增多，能有效地提高金属强度。

（3）面缺陷（晶界、亚晶界）

实际上金属多是由大量外形不规则的晶粒组成的多晶体。晶界可以被看成是两个邻近晶粒间具有一定宽度的过渡地带，晶界处的原子排列是不规则的，处于不稳定的状态，如图 2-13（a）所示。在电子显微镜下观察晶粒可以看出，每个晶粒都是由一些小晶块组成的，这些小晶块称为亚晶粒。两个亚晶粒的边界是由一系列刃型位错构成的角度特别小的晶界，称为亚晶界，如图 2-13（b）所示。

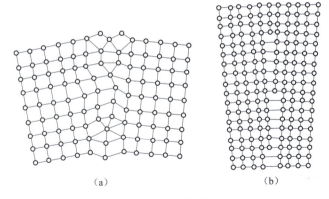

图 2-13　面缺陷示意图

（a）晶界；（b）亚晶界

面缺陷主要是指晶界与亚晶界。面缺陷同样会使晶格产生畸变，能提高金属材料的强度。通过细化晶粒可增加晶界的数量，是强化金属的有效手段，同时，细化晶粒也可以使金属的塑性和韧性得到改善。

综上所述，纯金属的晶体结构不仅是多晶体的，而且还存在许多晶体缺陷，尽管从晶体的整体性来看，这些缺陷是局部的、少量的，但对金属的性能却有重大的影响。例如，由于晶体缺陷引起的晶格畸变，可提高常温下金属材料的强度和硬度；同时晶体缺陷也能对金属的塑性变形和热处理产生影响。

四、晶粒大小与细化晶粒的方法

晶粒大小对力学性能的影响很大，在室温下，一般情况是金属的晶粒越细，其强度、硬度越高，塑性、韧性越好，这种现象称为细晶强化。因此，细化晶粒是改善材料力学性能的重要措施。由结晶过程可知，金属结晶后的晶粒大小取决于结晶时的形核率（单位时间、单位体积所形成的晶核数目）与晶核的长大速度，形核率越高、晶核长大速度越小，则结晶后的晶粒越细小。因此，细化晶粒的根本途径是提高形核率和降低晶核长大速度。常用细化晶粒的方法有以下几种。

1. 增加过冷度

金属的形核率和晶核长大速度均随过冷度而发生变化，如图 2-14 所示，但两者变化速度并不相同，在很大范围内形核率比晶核长大速度增长更快，因此，增加过冷度能使晶粒细化。在铸造生产时用金属型浇注的铸件比用砂型浇注得到的铸件晶粒细小，就是金属型浇注散热快、过冷度大的缘故。这种方法只适用于小型铸件，因为大型铸件冷却速度较慢，不易获得较大的过冷度，而且冷却速度过大时容易造成铸件开裂，对于大型铸件可采用其他方法使晶粒细化。

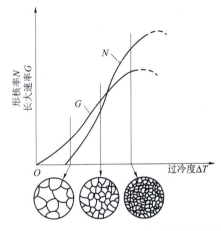

图 2-14　形核率和长大速度与过冷度的关系

2. 变质处理

在浇注前向液态金属中加入一些细小的变质剂（又称孕育剂），以增加形核率或降低晶核长大速度，获得细小的晶粒，这种方法称为变质处理（或孕育处理）。例如，在钢中加入钛、硼、铝，在铸铁中加入硅铁、硅钙等变质剂，均能起到细化晶粒的作用。变质处理是生产中最常用的细化晶粒的方法。

3. 振动处理

金属在结晶时，对液态金属加以机械振动、超声波振动和电磁振动等措施，使生长中的枝晶破碎，破碎的枝晶又可作为结晶核心，增加形核率，达到细化晶粒的目的。

第三节　合金的晶体结构

纯金属一般具有良好的导电性、导热性和金属光泽，但其种类有限，生产成本高，力学性能低。因此，通过配制各种不同成分的合金，可以有效地改变金属材料的结构、组织和性能，满足了人们对金属材料更高的力学性能和某些特殊的物理、化学性能的要求。

一、概念

1. 合金

合金是由一种金属元素为主导，加入其他金属或非金属元素，经过熔炼或其他方法结合而成的具有金属特性的材料。同纯金属相比，合金材料具有优良的综合性能，应用比纯金属要广泛得多。例如，工业上广泛使用的普通钢铁就是由铁和碳组成的铁碳合金。

2. 组元

组元是组成合金的最基本的独立物质，简称元。组元可以是金属或非金属元素，如铁、碳、铜和锌等。有时较稳定的化合物也可以构成组元，如 Fe_3C、Al_2O_3 等。普通黄铜是由铜和锌两种金属元素组成的二元合金。

3. 相

合金中具有同一种化学成分且其晶体结构及性能相同的均匀组成部分称为相，相与相之间有明显的界面。液态物质称液相，固态物质称固相。若合金是由成分、结构都相同的同一种晶粒构成的，各晶粒之间虽有界面分开，但它们仍属于同一种相；若合金是由成分、结构都不相同的几种晶粒构成的，则它们属于不同的几种相。金属与合金的一种相在一定条件下可以变为另一种相，叫作相变。例如，金属结晶是液相变为固相的一种相变；金属在固态下的"同素异晶转变"是一种固态相变。

4. 合金组织

数量、形态、大小和分布方式不同的各种相组成合金组织，组织可由单相组成，也可由多相组成。合金的性能一般由组成合金各相的成分、结构、形态、性能及各相的组合形式共同决定，组织是决定材料性能的关键因素。

二、合金的相结构

根据合金中晶体结构特征，合金的基本相结构分为固溶体、金属化合物和机械混合物。

1. 固溶体

合金由液态结晶为固态时，一种组元的原子溶入另一种组元的晶格中所形成的均匀固相称为固溶体，其中，溶入的元素称为溶质，而基体元素（占主要地位）称为溶剂。固溶体的晶格类型仍然保持溶剂的晶格类型。例如，铜镍合金就是以铜（溶剂）和镍（溶质）形成的固溶体，固溶体具有与溶剂金属同样的晶体结构。

根据固溶体晶格中溶质原子在溶剂晶格中占据的位置不同，固溶体可分为置换固溶体和间隙固溶体两种。

（1）间隙固溶体

溶质原子溶入溶剂晶格原子间隙之中而形成的固溶体，称为间隙固溶体，如图 2-15（a）所示。间隙固溶体的溶质都是些原子半径很小的非金属元素，如碳、硼、氢等。由于溶剂晶格本身的间隙有限，所以间隙固溶体只能是有限的固溶体。

（2）置换固溶体

溶质原子置换溶剂晶格结点上的部分原子而形成的固溶体，称为置换固溶体，如图 2-15（b）所示。置换固溶体中溶质与溶剂元素的原子半径相差越小，则溶解度越大。

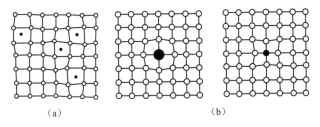

图 2-15　固溶体类型及晶格畸变
（a）间隙固溶体；（b）置换固溶体

无论是间隙固溶体还是置换固溶体，由于溶质原子的溶入，都使晶体的晶格发生了畸变。晶格畸变使位错运动阻力增大，从而提高了合金的强度和硬度，但塑性下降，此现象称为固溶强化。固溶强化是提高金属材料力学性能的重要途径之一。例如，在低合金钢中利用 Mn、Si 等元素来强化铁素体。

2. 金属化合物

金属化合物是指合金各组元的原子按一定的整数比化合而成的一种新相，其晶体结构不同于组成元素的晶体结构，而且其晶格一般都比较复杂。金属化合物的熔点高、硬度高、脆性大，例如铁碳合金中的 Fe_3C（渗碳体）。当合金中出现金属化合物时，能提高其强度、硬度和耐磨性，但会降低其塑性和韧性。

3. 机械混合物

若组成合金的各组元在固态下既互不溶解，又不形成化合物，而是按一定的重量比例以混合方式存在，则形成各组元晶体的机械混合物。组成机械混合物的物质可能是纯组元、固溶体或者是化合物各自的混合物，也可以是它们之间的混合物。

混合物中的各组成相既不溶解，也不化合，它们仍然保持各自的晶格结构，其力学性能取决于各组成相的性能，并由其各自形状、大小、数量及分布而定。它比单一的固溶体或金属化合物具有更高的综合性能。通过调整混合物中各组成相的数量、大小、形态和分布状况，可以使合金的力学性能在较大范围内变化，以满足工程上对材料的多种需要。

第四节 二元合金相图

为全面了解合金的组织随成分、温度变化的规律，常对合金系中不同成分的合金进行实验，观察和分析其在极其缓慢加热、冷却过程中内部组织的变化，并绘制成图。这种表示在平衡条件下给定合金系中合金的成分、温度与其相和组织状态之间关系的坐标图形，称为合金相图。合金相图是了解合金中各种组织的形成与变化规律的有效工具。

一、二元合金相图的建立

在常压下，二元合金的相状态决定于温度和成分，因此二元合金相图可用温度—成分坐标系的平面图来表示。合金发生相变时，必然伴随有物理、化学性能的变化，因此测定合金系中各种成分合金的相变的温度，可以确定不同相存在的温度和成分界限，从而建立相图。

建立相图最常用的实验方法是热分析法、膨胀法和射线分析法等。下面以铜镍合金系为例，简单介绍用热分析法建立相图的过程。

1）配制系列成分的铜镍合金，如：合金Ⅰ，100% Cu；合金Ⅱ，75% Cu +25% Ni；合金Ⅲ，50% Cu +50% Ni；合金Ⅳ，25% Cu +75% Ni；合金Ⅴ，100% Ni。

2）合金熔化后缓慢冷却，测出每种合金的冷却曲线，找出各冷却曲线上的临界点（转折点或平台）的温度，如图2-16所示。

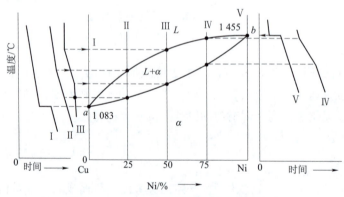

图2-16 Cu-Ni合金冷却曲线及相图建立

3）画出温度—成分坐标系，在各合金成分垂线上标出临界点温度。

4）把具有相同意义的点连接成线，标明各区域内所存在的相，即得到Cu-Ni合金相图。

铜镍合金相图比较简单，实际上多数合金的相图都很复杂。但是，任何复杂的相图都是由一些简单的基本相图组成的，如匀晶相图、共晶相图和包晶相图等。

二、匀晶相图

两组元在液态无限互溶，在固态也无限互溶，冷却时发生匀晶反应的合金系，称为匀晶系并构成匀晶相图。例如，Cu-Ni、Fe-Cr、Au-Ag 合金相图等。现以 Cu-Ni 合金相图为例，对匀晶相图及其合金的结晶过程进行分析。

Cu-Ni 相图（图 2-17）为典型的匀晶相图。图 2-17 中 *acb* 线为液相线，该线以上合金处于液相；*adb* 线为固相线，该线以下合金处于固相。液相线和固相线表示合金系在平衡状态下冷却时结晶的始点和终点以及加热时熔化的终点和始点。L 为液相，是 Cu 和 Ni 形成的液溶体；α 为固相，是 Cu 和 Ni 组成的无限固溶体。图 2-17 中有两个单相区：液相线以上的 L 相区和固相线以下的 α 相区。图 2-17 中还有一个两相区：液相线和固相线之间的 L+α 相区。

三、共晶相图

两组元在液态无限互溶，在固态有限互溶，冷却时发生共晶反应的合金系，称为共晶系并构成共晶相图。例如 Pb-Sn、Al-Si、Ag-Cu 合金相图等。现以 Pb-Sn 合金相图为例，对共晶相图进行分析。

Pb-Sn 合金相图（图 2-18）中，*adb* 为液相线，*acdeb* 为固相线。合金系有三种相：Pb 与 Sn 形成的液溶体 L 相，Sn 溶于 Pb 中的有限固溶体 α 相，Pb 溶于 Sn 中的有限固溶体 β 相。相图中有三个单相区（L、α、β 相区）；三个两相区（L+α、L+β、α+β 相区）；一条 L+α+β 的三相并存线（水平线 *cde*）。

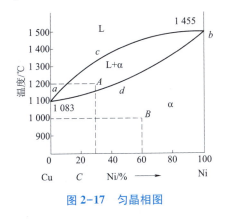

图 2-17 匀晶相图

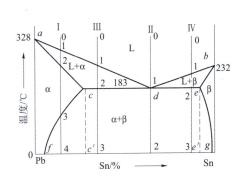

图 2-18 Pb-Sn 合金相图及成分线

d 点为共晶点，表示此点成分（共晶成分）的合金冷却到此点所对应的温度（共晶温度）时，共同结晶出 *c* 点成分的 α 相和 *e* 点成分的 β 相：

$$L_d \xrightarrow{恒温} \alpha_c + \beta_e$$

这种由一种液相在恒温下同时结晶出两种固相的反应叫作共晶反应，所生成的两相混合物（层片相间）叫共晶体。发生共晶反应时有三相共存，它们各自的成分是确定的，反应在恒温下平衡地进行着。水平线 *cde* 为共晶反应线，成分在 *ce* 之间的合金平衡结晶时都会发生共晶反应。

cf 线为 Sn 在 Pb 中的溶解度线（或 α 相的固溶线）。温度降低，固溶体的溶解度下降，Sn 含量大于 *f* 点的合金从高温冷却到室温时，从 α 相中析出 β 相以降低其 Sn 含量。从固态 α 相中析出的 β 相称为二次 β，常写作 β_{II}。这种二次结晶可表达为：

$$\alpha \rightarrow \beta_{II}$$

eg 线为 Pb 在 Sn 中的溶解度线（或 β 相的固溶线）。Sn 含量小于 *g* 点的合金，冷却过

程中同样发生二次结晶，析出二次 α，常写作 α_{II}。这种二次结晶可表达为：

$$\beta \rightarrow \alpha_{II}$$

四、包晶相图

两组元在液态无限互溶，在固态有限互溶，冷却时发生包晶反应的合金系，称为包晶系并构成包晶相图。例如 Pt-Ag、Ag-Sn、Sn-Sb 合金相图等。现以 Pt-Ag 合金相图为例，对包晶相图进行分析。

Pt-Ag 合金相图（图 2-19）中存在三种相：Pt 与 Ag 形成的液溶体 L 相；Ag 溶于 Pt 中的有限固溶体 α 相；Pt 溶于 Ag 中的有限固溶体 β 相。e 点为包晶点，e 点成分的合金冷却到 e 点所对应的温度（包晶温度）时发生以下反应：

$$\alpha_e + L_d \xrightarrow{恒温} \beta_e$$

这种由一种液相与一种固相在恒温下相互作用而转变为另一种固相的反应叫作包晶反应。发生包晶反应时三相共存，它们的成分确定，反应在恒温下平衡地进行。水平线 ced 为包晶反应线，cf 为 Ag 在 α 中的溶解度线，eg 为 Pt 在 β 中的溶解度线。

五、共析相图

除了上述三个基本相图以外，还经常用到一些特殊相图，如共析相图。

如图 2-20 所示，其下半部分为共析相图，形状与共晶相图相似。d 点成分（共析成分）的合金（共析合金）从液相经匀晶反应生成 γ 相后，继续冷却到 d 点温度（共析温度）时，发生共析反应，共析反应的形式类似于共晶反应，其区别在于它是由一个固相（γ 相）在恒温下同时析出两个固相（c 点成分的 α 相和 e 点成分的 β 相），反应式为 $\gamma_d \xrightarrow{恒温} \alpha_c + \beta_e$，此两相的混合物称为共析体（层片相间）。各种成分的合金的结晶过程的分析同于共晶相图。但因共析反应是在固态下进行的，所以共析产物比共晶产物要细密得多。

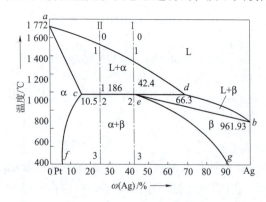

图 2-19 Pt-Ag 合金相图

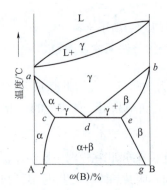

图 2-20 共析相图

六、合金的性能与相图的关系

1. 合金的力学性能和物理性能

相图能够反映出不同成分合金室温时的组成相和平衡组织，而组成相的本质及其相对含量、分布状况又将影响合金的性能。如图 2-21 所示表明了相图与合金力学性能及物理性能的关系。如图 2-21 所示表明，合金组织为两相混合物时，若两相的大小与分布都比较均匀，合金的性能大致是两相性能的算术平均值，即合金的性能与成分呈直线关系。此外，当共晶组织十分细密时，其强度、硬度会偏离直线关系而出现峰值。单相固溶体的性能与合金成分呈曲线关系，能够反映出固溶强化的规律，而在对应化合物的曲线上则出现奇异点。

2. 合金的铸造性能

图 2-22 所示为合金铸造性能与相图的关系。其中，液相线与固相线间隔越大，其流动性越差，越易形成分散的孔洞（称分散缩孔，也称缩松）。共晶合金熔点低，流动性最好，易形成集中缩孔，不易形成分散缩孔。因此，铸造合金宜选择共晶或近共晶成分，有利于获得优质铸件。

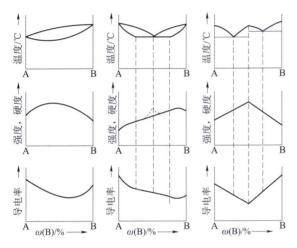

图 2-21　合金的使用性能与相图关系

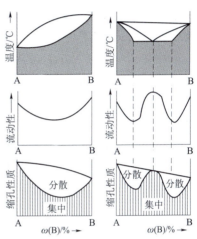

图 2-22　合金的铸造性能与相图关系

3. 相图的局限性

1）相图只给出了平衡状态的情况，平衡状态只有在很缓慢冷却和加热或者在给定温度长时间保温的条件下才能满足，而实际生产条件下合金很少能达到平衡状态。因此，用相图分析合金的相和组织时，必须注意该合金非平衡结晶条件下可能出现的相和组织以及与相图反映的相和组织状况的差异。

2）相图只能给出合金在平衡条件下存在的相、相的成分和其相对量，并不能反映相的形状、大小和分布，即不能给出合金组织的形貌状态。此外要说明的是，二元相图只反映二元系合金的相平衡关系，实际使用的金属材料往往不只限于两个组元，必须注意其他元素加入对相图的影响，尤其是其他元素含量较高时，二元相图中的相平衡关系可能完全不同。

第五节　金属的塑性变形与再结晶

在机械制造业中，许多金属制品都是通过对金属铸锭进行压力加工获得的。常见的金属压力加工方法有锻造、轧制、挤压、拉拔和冷冲压等。压力加工不仅改变了金属的外形和尺寸，而且其内部的组织和性能也发生了变化。因此，研究金属塑性变形的过程，了解金属变形时组织与性能的变化规律,以及加热对变形金属的影响,对金属的加工工艺、加工质量和使用有很重要的意义。

一、金属的塑性变形

金属在外力作用下产生变形,其变形过程包括弹性变形和塑性变形两个阶段。弹性变形在外力去除后能够完全恢复,其组织和性能不发生改变,所以不能用于成型加工。只有塑性变形才是永久变形,才能用于成型加工。金属的塑性变形过程比弹性变形复杂,而且塑性变形后金属的组织及性能发生了改变。

1. 单晶体的塑性变形

工业用金属材料大多是由多晶体构成的,要说明多晶体的塑性变形,必须首先了解单晶体的塑性变形。实验证明,晶体在正应力作用下只能产生弹性变形,并直接过渡到脆性断裂;只有在切应力作用下才会产生塑性变形。单晶体金属塑性变形的基本方式有两种,即滑移和孪生。

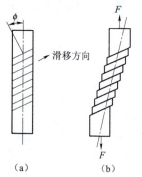

图 2-23　单晶体拉伸示意图

(1) 滑移

单晶体的塑性变形主要是以滑移的方式进行的,即晶体的一部分沿一定的晶面和晶向相对于另一部分发生滑动,如图 2-23 所示。要使晶体产生滑移,作用在晶体上的切应力必须达到一定的数值。当原子移动到新的平衡位置时,晶体就产生了微量的塑性变形,大量晶面上滑移的总和,就形成了宏观上的塑性变形。

一般来说,滑移是沿原子排列最密集的晶面及原子排列最密集的方向进行的,分别称为滑移面和滑移方向。金属因晶体结构不同,其滑移面和滑移方向的数量是不同的,所以金属的塑性存在着差异。滑移面和滑移方向的数量越多,金属的塑性就越好。

研究表明,晶体滑移时,并不是一部分相对于另一部分沿滑移面做整体移动。实际上滑移是借助于晶体中位错的移动来进行的,如图 2-24 所示。在切应力的作用下,通过一条位错线从滑移面的一侧移动到另一侧,便产生了一个原子间距的滑移,这只需要位错线附近少数原子做微量移动,而且移动的距离小于一个原子间距。大量的位错移出晶体表面,就产生了宏观上的塑性变形。因此,通过位错移动来实现滑移,所需克服的滑移阻力很小,滑移容易进行,这与实际测量的结果是一致的。

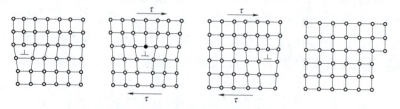

图 2-24　通过位错实现滑移示意图

(2) 孪生

单晶体的另一种塑性变形方式是孪生。孪生是指在切应力作用下,晶体的一部分相对于另一部分沿一定的晶面（孪晶面）及晶向（孪生方向）产生剪切变形，如图 2-25 所示。孪生与滑移的区别主要有：孪生变形使一部分晶体发生均匀的切应变，滑移变形则集中在一些滑移面上；孪生使晶体变形部分的位向发生了改变，滑移变形后晶体各部分的位向不发生改变；孪生变形时原子沿孪生方向的位移量是原子间距的分数值，滑移变形时原子沿滑移方向的位移量则是原子间距的整数倍；孪生变形所需切应力的数值比滑移变形的大，只有在滑移很难进行的情况下才发生孪生变形。

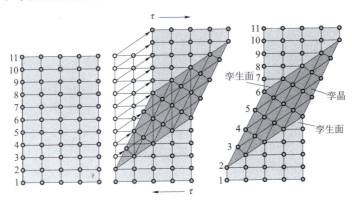

图 2-25 孪生过程示意图

2. 多晶体的塑性变形

常用金属都是多晶体，多晶体是由许许多多的晶粒组成的。由于各个晶粒的晶格位向不同，又有晶界存在，各个晶粒的塑性变形互相影响，因此，多晶体塑性变形的过程比单晶体复杂，并有以下特点。

（1）晶格位向的影响

由于多晶体中各个晶粒的晶格位向不同，在外力作用下，有的晶粒处于有利于滑移的位置，有的晶粒处于不利于滑移的位置，如图 2-26 所示。当处于有利于滑移位置的晶粒要进行滑移时，必然受到周围不同位向晶粒的阻碍，使滑移阻力增加，金属的塑性变形抗力增大。

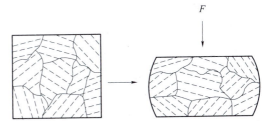

图 2-26 多晶体塑性变形示意图

（2）晶界的作用

在多晶体中，晶界处原子排列混乱，晶格畸变程度大，位错移动时的阻力增大，宏观上表现为塑性变形抗力增大，强度提高。由于晶界的作用，多晶体往往表现出竹节状变形，如图 2-27 所示。

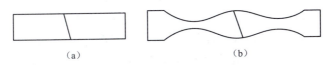

图 2-27 两个晶粒试样在拉伸时的变形

(a) 变形前；(b) 变形后

综上所述，多晶体的塑性变形抗力不仅与金属的晶体结构有关，而且与晶粒大小有关。在一定体积的晶体内，晶粒的数目越多，晶界的数量也越多，晶粒越细小，位错移动时的阻力越大，金属的塑性变形抗力越大，因此，金属的强度越高。在同样的变形条件下，晶粒越细小，变形可分散到更多的晶粒内进行，不易产生集中变形。另外，晶界多，裂纹不易扩展，从而使金属在断裂前能产生较大的塑性变形，可表现出金属具有较高的塑性和韧性。

二、冷塑性变形对金属组织和性能的影响

1. 冷塑性变形对金属组织的影响

冷塑性变形不但改变了金属的形状和尺寸，而且还使其组织与性能发生了重大变化。金属发生塑性变形时，随着外形的改变，其内部晶粒的形状也发生了变化。当变形程度很大时，晶粒会沿变形方向伸长，形成细条状，这种呈纤维状的组织称为冷加工纤维组织，如图 2-28 所示。

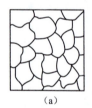
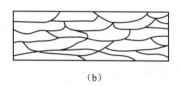

(a) (b)

图 2-28　冷加工纤维组织
(a) 变形前晶体组织；(b) 变形后晶体组织

形成纤维组织后，金属的性能会具有明显的方向性，其纵向（沿纤维方向）的力学性能高于横向（垂直于纤维方向）的性能。同时，由于各个晶粒的变形不均匀，使金属在冷塑性变形后其内部存在着残留应力。

冷塑性变形除了使晶粒的形状发生变化外，还会使晶粒内部的亚晶粒细化，亚晶界数量增多，位错密度增加。由于塑性变形时晶格畸变加剧以及位错间的相互干扰，会阻止位错的运动，增加了金属的塑性变形抗力，使金属的力学性能发生了改变。

2. 冷塑性变形对金属性能的影响

冷塑性变形改变了金属内部的组织结构，引起了金属力学性能的变化。随着冷塑性变形程度的增加，金属材料的强度、硬度提高，而塑性、韧性下降，这种现象称为冷变形强化。

3. 冷塑性变形使金属产生残余应力

残余应力是指作用于金属上的外力除去后，仍存在于金属内部的应力。残余应力是由于金属塑性变形不均匀而造成的。根据残留应力的作用范围，残余应力可分为宏观残余应力、微观残余应力和晶格畸变应力三类。宏观残余应力是指金属各部分塑性变形不均匀所造成的残余应力；微观残余应力是指晶体中各晶粒或亚晶粒塑性变形不均匀所造成的残余应力；晶格畸变应力是指金属塑性变形时，晶体中一部分原子偏离其平衡位置造成晶格畸变而产生的残余应力。

一般地，残余应力的存在对金属将产生一些影响，例如降低工件的承载能力、使工件的形状和尺寸发生改变、降低工件的耐蚀性等，但残余应力可使金属的疲劳强度提高。热处理

可以消除冷塑性变形后金属内部的残余应力。

4. 冷变形强化在生产中的影响

冷变形强化（又称冷作硬化）可以提高金属的强度、硬度和耐磨性，是强化金属材料的一种工艺方法，特别是对那些不能用热处理强化的金属材料更为重要。例如纯金属、多数铜合金、奥氏体不锈钢等，在出厂前，都要经过冷轧或冷拉加工。另外，冷变形强化还可以使金属材料具有瞬时抗超载能力。在构件使用过程中，不可避免地会在某些部位出现应力集中或偶然过载的现象，过载部位出现微量塑性变形，引起冷变形强化，使变形自行终止，从而在一定程度上提高了构件的使用安全性。

冷变形强化虽然使金属材料的强度、硬度提高，但会使金属材料的塑性降低，继续变形困难，甚至出现破裂。为了使金属材料能继续进行压力加工，必须施行中间热处理，以消除冷变形强化，这就增加了生产成本，降低了生产率。

冷塑性变形除了影响金属的力学性能外，还会使金属的某些物理、化学性能发生改变，如电阻增加、化学活性增大、耐蚀性下降等。

三、冷塑性变形金属在加热时组织和性能的变化

冷塑性变形后的金属，其组织结构发生了改变，使金属处于不稳定状态，具有自发地恢复到原来稳定状态的趋势。常温下，原子活动能力比较弱，这种不稳定状态要经过很长时间才能逐渐过渡到稳定状态。对冷塑性变形后的金属加热（如进行退火处理），由于原子活动能力增强就会迅速发生一系列组织与性能的变化，使金属恢复到变形前的稳定状态，如图 2-29 所示。

冷塑性变形后的金属在加热过程中，随加热温度的升高，要经历回复、再结晶、晶粒长大三个阶段的变化。

1. 回复

当加热温度较低时，金属中的原子有一定的活动能力。通过原子短距离的移动，

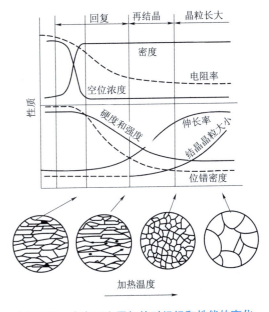

图 2-29　冷变形金属加热时组织和性能的变化

可以使变形金属内部晶体缺陷的数量减少，晶格畸变程度减轻，残余应力降低，但造成冷变形强化的主要原因尚未消除，因而，冷加工纤维组织无明显变化，金属的力学性能也无明显变化，这一阶段称为回复。在回复阶段，金属的一些物理、化学性能部分地恢复到了变形前的状态。

工业生产中，常利用回复现象对冷塑性变形金属进行低温退火处理（又称为去应力退火），目的是在保持冷变形强化的情况下，消除残余应力，提高塑性。例如，用冷拉弹簧钢丝制成的弹簧，在卷制后要进行一次 250 ℃～300 ℃ 的低温退火处理，以消除残余应力并使弹簧定形；冷拉黄铜制件，为了消除残余应力，避免应力腐蚀破坏，也需要进行 280 ℃ 的低

温退火处理。

2. 再结晶

随着加热温度的升高,原子的活动能力增强,当加热到一定温度(如纯铁加热到450 ℃以上)时,变形金属中的纤维状晶粒将重新变为等轴晶粒,这一阶段称为再结晶。

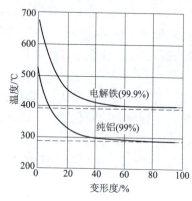

图2-30 金属再结晶温度与其变形程度的关系

再结晶也是通过晶核形成和长大的方式进行的。新晶粒的核心首先在金属中晶粒变形最严重的区域形成,然后晶核吞并旧晶粒,向周围长大形成新的等轴晶粒。当变形晶粒全部转化为新的等轴晶粒时,再结晶过程就完成了。再结晶前后的晶格类型完全相同,因此,再结晶过程不是相变过程,只是改变了晶粒的形状和消除了因变形而产生的某些晶体缺陷,如位错密度下降、晶格畸变消失等。结果使冷塑性变形金属的组织与性能基本上恢复到了变形前的状态,金属的强度、硬度下降,塑性升高,冷变形强化现象完全消失。

再结晶不是在恒定温度下发生的,而是在一个温度范围内进行的过程。能进行再结晶的最低温度称为再结晶温度,用符号 $T_{再}$ 表示。实验证明,再结晶温度与金属的冷塑性变形程度有关,如图2-30所示。金属的塑性变形程度越大,再结晶温度就越低。这主要是因为变形程度越大,则晶格畸变程度越大,位错密度越高,金属的组织越不稳定,开始再结晶的温度越低。纯金属的再结晶温度可根据其熔点按下式进行计算:

$$T_{再} \approx 0.4 T_{熔}$$

式中, $T_{再}$ ——金属的再结晶温度,单位为K[①];

$T_{熔}$ ——金属的熔点,单位为K。

3. 晶粒长大

冷塑性变形金属经再结晶后,一般都得到细小均匀的等轴晶粒。如果继续升高温度或延长保温时间,则再结晶后形成的新晶粒会逐渐长大,导致晶粒变粗,金属的力学性能下降,这一阶段称为晶粒长大。

晶粒长大可以使金属内部的晶界数量减少,组织处于更稳定的状态,因此,晶粒长大是一个自发的过程。晶粒长大的实质是一个晶粒的边界向另一个晶粒中迁移,把另一个晶粒的晶格位向逐步改变成与这个晶粒相同的位向,小晶粒变小直至消失("吞并")。大晶粒长大的过程如图2-29所示。

影响晶粒长大的因素主要有加热温度、保温时间及冷塑性变形的程度。一般地,加热温度越高,保温时间越长,再结晶后的晶粒就越粗大;冷塑性变形的程度越大,再结晶后的晶粒就越细小。但冷塑性变形程度在2%~10%时,再结晶后的晶粒会异常粗大,这主要是由于变形程度不大,变形仅在一部分晶粒中发生,再结晶时形核数量少造成的。

---

① 1 K=1 ℃。

四、金属的热塑性变形

1. 热加工与冷加工的区别

金属的热塑性变形加工与冷塑性变形加工是以金属的再结晶温度来划分的。凡是在再结晶温度以上进行的塑性变形加工称为热加工,而在再结晶温度以下进行的塑性变形加工则称为冷加工。例如,钨的再结晶温度为 1 200 ℃,故钨在 1 000 ℃时进行塑性变形加工,仍属于冷加工;锡的再结晶温度为-7 ℃,在室温下对锡进行的塑性变形加工就已经属于热加工了。

金属在冷加工时,由于产生冷变形强化,使变形抗力增大,因此,对于那些要求变形量较大和截面尺寸较大的工件,冷加工将是十分困难的。热加工时,随金属温度的升高,原子间结合力减小,冷变形强化被随时消除,金属的强度、硬度降低,塑性、韧性增加,所以,热加工可用较小的能量消耗,来获得较大的变形量。一般情况下,截面尺寸较小、材料塑性较好、加工精度和表面质量要求较高的金属制品用冷加工的方法来获得;而截面尺寸较大、变形量较大、材料在室温下硬脆性较高的金属制品用热加工的方法来获得。

2. 热加工对金属组织和性能的影响

(1) 消除铸态金属的某些缺陷

通过热加工,可使铸态金属毛坯中的气孔和缩松焊合,消除部分偏析,细化晶粒,改善夹杂物和碳化物的形态、大小与分布,使金属的致密度和力学性能提高,所以工程上受力较大的工件(如齿轮、轴、刃具、模具等)大多数要通过热加工来制造。

(2) 形成热加工纤维组织

热加工时,铸态金属毛坯中的粗大枝晶偏析和各种夹杂物,都要沿变形方向伸长,逐渐形成纤维状,这些夹杂物在再结晶时不会改变其纤维形状。这样,在材料或工件的纵向宏观试样上,可见到沿变形方向的一条条细线,这就是热加工纤维组织,通常称为"流线"。

热加工纤维组织的存在,会使金属材料的力学性能呈现方向性,沿纤维方向(纵向)具有较高的强度、塑性和冲击韧度,垂直于纤维方向(横向)则具有较高的抗剪强度。因此,用热加工方法制造工件时,应保证流线有正确的分布,即流线与工件工作时所受到的最大拉应力方向一致,与切应力或冲击力方向垂直。一般地,流线如能沿工件的外形轮廓连续分布,则较为理想。

生产中广泛采用模型锻造法制造齿轮及中、小型曲轴,用局部镦粗法制造螺栓,其优点之一就是流线沿工件外形轮廓连续分布,并适应工作时的受力情况。图 2-31 所示为锻造曲轴和切削加工曲轴的流线分布示意图,通过两者流线分布比较可知,锻造曲轴的流线分布更为合理。

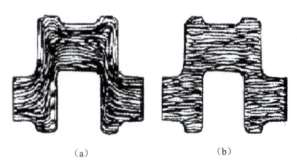

图 2-31 曲轴的流线分布
(a) 锻造;(b) 切削加工

(3) 形成带状组织

如果钢的铸态组织中存在着比较严重的偏析或热加工时温度过低,则钢中常出现沿变形方向呈带状或层状分布的显微组织，称为带状组织。带状组织是一种缺陷，它会使钢的力学性能下降。带状组织可以用热处理的方法消除。

习 题

1. 什么叫晶体？什么叫非晶体？
2. 试用晶面、晶向的知识说明晶体具有各向异性的原因。
3. 金属晶格的常见类型有哪几种？试绘出它们的晶胞示意图。
4. 金属晶体中的结构缺陷有哪几种？它们对金属的力学性能有何影响？
5. 什么叫金属的结晶？什么叫过冷现象和过冷度？过冷度与冷却速度有何关系？
6. 纯金属的结晶是由哪两个基本过程组成的？
7. 晶粒大小对金属的力学性能有何影响？细化晶粒的常用方法有哪几种？
8. 什么叫金属的同素异晶转变？说出纯铁同素异晶转变的温度及在不同温度范围内的晶体结构。
9. 什么叫固溶强化？它对金属的性能有何重大影响？
10. 合金相图反映一些什么关系？应用时要注意什么问题？
11. 金属塑性变形最基本的方式有哪些？说明滑移变形的过程。
12. 金属经冷塑性变形后组织和性能发生什么变化？
13. 列举生产和生活中实例，说明加工硬化现象及其利弊。
14. 冷塑性变形加工与热塑性变形加工后的金属能否根据其纤维组织加以区别？

第三章

铁碳合金

机械工程材料中应用最广泛的钢铁材料属于铁碳合金,其中碳钢与铸铁是以铁和碳两种元素为主组成的铁碳合金,合金钢和合金铸铁是以铁碳合金为主再加入其他合金元素所组成的。因此研究和选用钢铁材料必须从认识铁碳合金开始。

第一节　铁碳合金的基本组织

铁碳合金中的铁和碳在液态时可以互相溶解,在固态时碳能溶解于铁的晶格中,形成均匀的固相,称为间隙固溶体。当含碳量超过铁的溶解度时,多余的碳和铁会形成金属化合物 Fe_3C。另外,这些固溶体和化合物在一定条件下还可以形成混合物。因此,铁碳合金中一般有以下几种基本组织。

1. 铁素体

碳溶解在 α-Fe 中形成的间隙固溶体称为铁素体,用符号 F 表示。它仍保持 α-Fe 的体心立方晶格,其原子排列如图 3-1 所示。碳在 α-Fe 中的溶解度很小,在 727 ℃时,为 0.021 8%,随着温度的降低,α-Fe 中的溶碳量逐渐减小,在室温时,碳在 α-Fe 中的溶解度为 0.000 8%。由于铁素体的含碳量低,所以铁素体的性能与纯铁相似($R_m \approx 180 \sim 280$ MPa,$A \approx 30\% \sim 50\%$,$50 \sim 80$ HBW),具有良好的塑性,低的强度和硬度。在显微镜下观察铁素体为均匀明亮的多边形晶粒,其显微组织如图 3-2 所示。

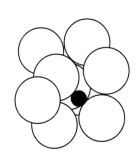

图 3-1　铁素体原子排列示意图

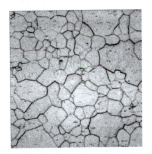

图 3-2　铁素体的显微组织

2. 奥氏体

碳溶解在 γ-Fe 中形成的间隙固溶体称为奥氏体,用符号 A 表示。由于 γ-Fe 是面心立方晶格,晶格的间隙较大,故奥氏体的溶碳能力比铁素体强。奥氏体原子排列如图 3-3 所示。在 1 148 ℃时奥氏体的溶碳量可达 2.11%，随着温度的下降，溶解度逐渐减小，在 727 ℃时溶碳量为 0.77%。

奥氏体的强度和硬度不高，但具有良好的塑性（$A≈40\%～60\%$，120～220 HBW），是绝大多数钢在高温进行锻造和轧制时所要求的组织。奥氏体是一种高温组织，冷却至一定温度时将发生组织转变；奥氏体没有磁性。其显微组织如图 3-4 所示。

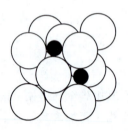

图 3-3 奥氏体原子排列示意图

图 3-4 奥氏体的显微组织

3. 渗碳体

渗碳体是铁和碳相互作用而形成的一种具有复杂斜方晶体结构的金属化合物，常用分子式 Fe_3C 表示。渗碳体中碳的质量分数为 6.69%，熔点为 1 227 ℃，硬度很高（800 HBW），塑性和韧性极低，硬而脆。渗碳体分布在钢中主要起强化作用，它以多种晶粒形态存在于钢中，其数量、形状、大小及分布状况对钢的性能影响很大。

4. 珠光体

珠光体是铁素体和渗碳体的混合物，用符号 P 表示。在缓慢冷却条件下，珠光体的含碳量为 0.77%，组织形态为渗碳体与铁素体呈片层相间、交替排列的混合物，如图 3-5 所示。其力学性能取决于铁素体和渗碳体的性能，大体上是两者性能的平均值（$R_m≈800$ MPa，$A≈20\%～35\%$，180 HBW）。

5. 莱氏体

莱氏体分高温莱氏体和低温莱氏体。高温莱氏体是奥氏体和渗碳体的混合物，含碳量为 4.3% 的液态铁碳合金冷却到 1 148 ℃时，从液相中同时结晶出的奥氏体和渗碳体的混合物称为高温莱氏体，用符号 L_d 来表示。由于奥氏体在 727 ℃时还将转变为珠光体，所以在室温下的莱氏体由珠光体和渗碳体组成，这种莱氏体叫低温莱氏体，用符号 L'_d 来表示，其显微组织如图 3-6 所示。莱氏体的力学性能和渗碳体相似，硬度（>700 HBW）很高，塑性很差。

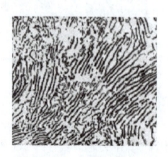

图 3-5 珠光体组织

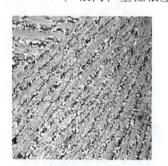

图 3-6 莱氏体的显微组织

上述五种基本组织中，铁素体、奥氏体和渗碳体都是单相组织，称为铁碳合金的基本相；珠光体、莱氏体则是由基本相混合组成的多相组织。

第二节　铁碳合金相图

铁碳合金相图是表示在平衡（缓慢冷却或缓慢加热）条件下，不同成分的铁碳合金的组织或状态随温度变化的图形。它是研究铁碳合金成分、组织和性能变化规律的基本工具，是合理选用钢铁材料、制定热加工工艺（热处理、锻造、铸造）的依据。

一、铁碳合金相图的组成

在生产中，由于碳的质量分数超过6.69%的铁碳合金脆性很大，没有实用价值，所以，对铁碳合金相图一般只研究 $Fe-Fe_3C$ 部分。为便于研究分析，可将相图上对常温组织和性能影响很小且实用意义不大的左上角很小部分以及左下角左边部分予以省略，只研究含碳量小于6.69%的铁碳合金。简化后的铁碳合金相图如图3-7所示。

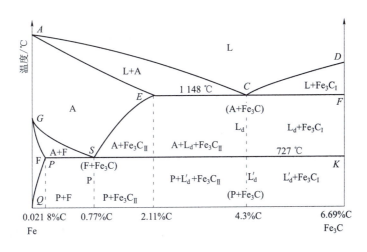

图3-7　经简化后的 $Fe-Fe_3C$ 合金相图

图3-7中纵坐标表示温度，横坐标表示含碳量的质量百分数，左端原点表示纯铁（即含碳量为0%），右端点为 Fe_3C（含碳量为6.69%）。横坐标上，任意一个固定成分均代表一种铁碳合金。图3-7中的点都有一定的物理意义，图中的线是由各铁碳合金的临界点（金属结构发生转变的温度称为临界点）连接而成。这些点和线把相图分割成多个区域，它们表示了平衡条件下铁碳合金在对应的成分和温度下所具有的相或组织状态，分别用不同的符号表示。铁碳合金相图也可认为是 $Fe-Fe_3C$ 相图。

1. 符号的含义及各组织的性能特点

在 $Fe-Fe_3C$ 相图中，各符号代表的组织名称及其性能特点见表3-1。

2. $Fe-Fe_3C$ 相图中主要特性点的含义

$Fe-Fe_3C$ 相图中主要特性点的温度、含碳量及其物理含义见表3-2。

表 3-1　铁碳合金的组织名称、符号及性能特点

符号	组织名称	性 能 特 点
F	铁素体	铁素体具有良好的塑性和韧性，而强度和硬度较低
A	奥氏体	奥氏体的强度和硬度不高，但具有良好的塑性
Fe_3C	渗碳体	渗碳体硬度很高，塑性很差，是一个硬而脆的组织
P	珠光体	珠光体的强度较高，硬度适中，具有一定的塑性
L_d（L'_d）	莱氏体	莱氏体的力学性能和渗碳体相似

表 3-2　相图中六个主要特性点

特性点	温度/℃	含碳量/%	含　　义
A	1 538	0	纯铁的熔点
C	1 148	4.3	共晶点，L_C→（A+Fe_3C）
D	1 227	6.69	渗碳体的熔点
E	1 148	2.11	碳在 γ-Fe 中的最大溶解度点
G	912	0	纯铁的同素异晶转变点，α-Fe→γ-Fe
S	727	0.77	共析点 A_S→（F+Fe_3C）

3. Fe-Fe_3C 相图中主要特性线的含义

Fe-Fe_3C 相图的特性线及其含义归纳于表 3-3。

表 3-3　Fe-Fe_3C 相图中特性线及含义

特性线	含　　义
ACD	液相线。合金在此线温度以上时，全部为液相，含碳量小于 4.3% 的合金冷却到 AC 线温度时，开始结晶出奥氏体；含碳量大于 4.3% 的合金冷却到 CD 线温度时，开始结晶出渗碳体，称为一次渗碳体，用符号 Fe_3C_I 表示
AECF	固相线。合金冷却至此线以下时，结晶终了，处于固体状态
GS	常称 A_3 线。冷却时，奥氏体转变为铁素体的开始线
ES	常称 A_{cm} 线。碳在奥氏体中的溶解度线。随温度的降低，碳在奥氏体中的溶碳量由 1 148 ℃时的 2.11% 逐渐减少到 727 ℃时的 0.77%。多余的碳以渗碳体的形式析出，称为二次渗碳体，用符号 Fe_3C_{II} 表示
ECF	共晶线。当金属液冷却到此线（1 148 ℃）时，将发生共晶转变，从金属液中同时结晶出奥氏体和渗碳体的混合物，即莱氏体，其转变式为 $L_{4.3\%S}$→(A+Fe_3C)。 一定成分的液态合金，在某一恒温下，同时结晶出两种固相的转变，称为共晶转变
PSK	共析线，常称 A_1 线。A_S→(F + Fe_3C)。当奥氏体冷却到此线（727 ℃）时将发生共析转变，从奥氏体中同时析出铁素体和渗碳体的混合物，即珠光体。其转变式为 $A_{0.77\%S}$→(F+Fe_3C)。一定成分的固溶体，在某一恒温下，同时析出两种晶体的转变，称为共析转变

二、铁碳合金的分类

由铁碳合金相图可知,不同成分的铁碳合金在室温下具有不同的组织。根据含碳量和室温平衡组织,铁碳合金的分类见表 3-4。

表 3-4 铁碳合金的分类和室温平衡组织

合金种类	钢 含碳量小于 2.11% 的铁碳合金			白口铸铁 含碳量为 2.11%~6.69% 的铁碳合金		
	亚共析钢	共析钢	过共析钢	亚共晶 白口铸铁	共晶 白口铸铁	过共晶 白口铸铁
含碳量/%	<0.77	0.77	>0.77	<4.3	4.3	>4.3
室温平衡组织	P+F	P	P+Fe$_3$C$_\mathrm{II}$	L'$_d$+P+Fe$_3$C$_\mathrm{II}$	L'$_d$	L'$_d$+Fe$_3$C$_\mathrm{I}$

三、典型铁碳合金的平衡结晶过程

根据 Fe-Fe$_3$C 相图,可以分析任意成分的铁碳合金组织在平衡条件下随温度变化的规律以及它们在室温下的平衡组织,从而可以判断其力学性能。由于白口铸铁的组织中存在大量的渗碳体和莱氏体,性能硬而脆,难以进行切削加工,在机械制造中极少直接用来制造零件。因此,只对钢的平衡结晶过程进行分析。

1. 共析钢

根据 Fe-Fe$_3$C 相图,含碳量为 0.77% 的共析钢从液态冷却到和 *AC* 线(液相线)相交的温度时,开始从液相中结晶出奥氏体。随着温度的降低,奥氏体不断增加,而剩余液相逐渐减少,当冷却到和 *AE* 线(固相线)相交的温度时,结晶终了,此时合金全部转变为单相奥氏体组织并继续保持。然后继续冷却到 *S* 点(727 ℃)时,奥氏体发生共析转变:A$_{0.77\%S}$→(F + Fe$_3$C),从奥氏体中同时析出铁素体和渗碳体的混合物,即珠光体。温度再继续下降,组织不再发生变化,室温下平衡组织为珠光体。共析钢结晶组织转变过程如图 3-8 所示。

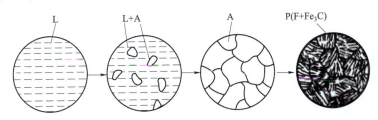

图 3-8 共析钢结晶过程组织转变示意图

2. 亚共析钢

根据 Fe-Fe$_3$C 相图,含碳量小于 0.77% 的亚共析钢从液态到结晶终了的结晶过程与共析钢相同,合金全部转变为单相奥氏体。当亚共析钢继续冷却到与 *GS* 线相交的温度时,从奥氏体中开始析出铁素体,获得铁素体和奥氏体组织。由于铁素体只能溶解很少的碳,所以合金中大部分的碳留在了奥氏体中,使剩余奥氏体的溶碳量有所增加。随着温度的不断下降，析出的铁素体逐渐增多，剩余的奥氏体量逐渐减少，而奥氏体的溶碳量沿 GS 线逐渐增加。当温度下降到与 PSK 线相交的温度（727℃）时，奥氏体的溶碳量达到 0.77%，此时剩余的奥氏体发生共析转变，转变成珠光体。再继续冷却至室温，合金的组织不再发生变化。亚共析钢结晶组织转变过程如图 3-9 所示。

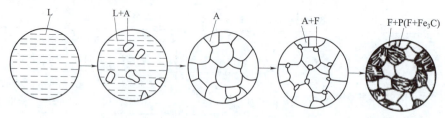

图 3-9　亚共析钢结晶过程组织转变示意图

亚共析钢的室温平衡组织由珠光体和铁素体组成。当亚共析钢中的含碳量增加时，钢中的珠光体数量增多。图 3-10 所示为含碳量分别为 0.15%、0.45% 和 0.65% 的亚共析钢的显微组织（图 3-10 中黑色为层片状的珠光体，浅色的为铁素体）。

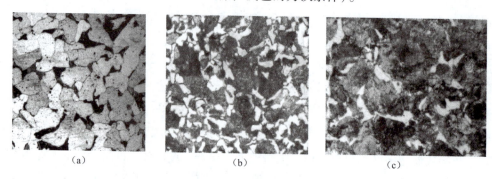

图 3-10　亚共析钢的显微组织

（a）含碳量为 0.15%；（b）含碳量为 0.45%；（c）含碳量为 0.65%

3. 过共析钢

当含碳量大于 0.77% 的过共析钢冷却到与 AE 线相交的结晶终了温度时，获得单相奥氏体组织。继续冷却到与 ES 线相交的温度时，由于温度的降低，碳在奥氏体中的溶解度降低，过剩的碳以渗碳体（这种从奥氏体中析出的渗碳体称为二次渗碳体）的形式从奥氏体中沿晶界析出，随着温度的下降，析出的 Fe_3C_{II} 不断增多，并沿晶界呈网状分布，奥氏体中的溶碳量逐渐下降，当温度降低到 727℃ 时，剩余奥氏体的溶碳量正好为 0.77%，于是发生共析转变而形成珠光体。温度再继续下降，合金的组织基本不变，最终获得珠光体和二次渗碳体组织。图 3-11 所示为过共析钢的显微组织（图 3-11 中黑色为层片状的珠光体，白色为网状的二次渗碳体）。过共析钢的室温平衡组织为珠光体和二次渗碳体，但随着含碳量的增加，钢中的二次渗碳体量也逐渐增多。过共析钢结晶组织转变

图 3-11　含碳量为 1.2% 过共析钢的显微组织

过程如图 3-12 所示。

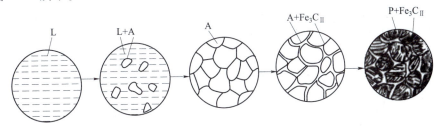

图 3-12　过共析钢结晶过程组织转变示意图

4. 含碳量对钢组织和性能的影响

由以上对钢的结晶过程分析可知，不同类型的钢其室温组织是不同的，并且在同一类的钢中，随着含碳量的增加，其组织之间的相对量也随之发生变化，因而造成钢组织和性能的差异。如图 3-13 所示，随着含碳量的增加，在亚共析钢中，铁素体的量逐渐减少，珠光体数量逐渐增多；到共析钢时，其组织全部是珠光体；对含碳量超过 0.77% 的过共析钢，则珠光体数量逐渐减少，而渗碳体量逐渐增多。

由于钢的组织随含碳量而变化，这必然引起钢性能的变化。钢的力学性能与其含碳量的关系如图 3-14 所示。从图 3-14 中的曲线可总结出钢性能随含碳量的变化规律：当钢的含碳量小于 0.9% 时，钢中含碳量越高，钢的强度、硬度越高，而塑性和韧性越低；当钢的含碳量超过 0.9% 时，由于网状二次渗碳体的存在，随着含碳量的增加，除钢的硬度继续升高外，塑性、韧性进一步降低，强度也明显降低。为了保证钢具有足够的强度，并具有一定的塑性和韧性，钢中的含碳量一般不超过 1.4%。

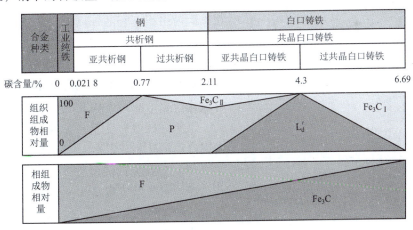

图 3-13　含碳量对钢组织的影响

四、Fe-Fe₃C 相图的应用

Fe-Fe₃C 相图在生产上有许多应用，其中主要应用在钢铁材料的选用和热加工工艺的制定这两个方面。

1. 作为选用钢铁材料的依据

铁碳合金相图总结了铁碳合金的成分、组织的变化规律，由组织可以判断出钢的力学性能，为钢材的选用提供了基本的依据。例如工程构件和各种型钢，需要具备良好的塑性和韧性，应选择以铁素体组织为主的低碳钢（含碳量一般在 0.10%～0.25%）；一般轴类、齿轮等受力大的零件，需要有良好的综合力学性能（即强度、硬度、塑性和韧性均较好），则应选用铁素体和珠光体组织搭配适中的中碳钢（含碳量 0.25%～0.60%）；各种工具及某些受磨损的零件，需要有高的硬度和耐磨性，则应选用有一定数量渗碳体组织的高碳钢。

2. 制定铸、锻、焊和热处理等热加工工艺的依据

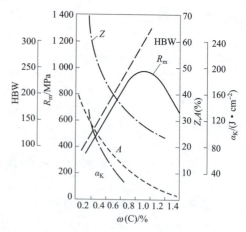

图 3-14　钢的力学性能与钢含碳量的关系

铁碳合金相图总结了铁碳合金的组织随温度变化的规律，为制定热加工工艺提供了依据。

（1）在铸造生产上的应用

根据铁碳合金相图可以找出不同成分铁碳合金的熔点，从而确定合适的熔化、浇注温度，如图 3-15 所示。此外，根据铁碳合金相图还可以看出，靠近共晶成分的铁碳合金不仅熔点低，而且凝固温度区间也较小，故具有良好的铸造性能，所以在生产上铸铁的成分总是选择在接近共晶的成分。又例如铸钢的成分一般为含碳量 0.15%～0.6%，这是因为在这个成分范围内，钢的结晶温度区间较小，铸造性能较好。

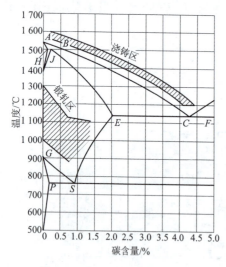

图 3-15　Fe-Fe₃C 相图与铸、锻工艺的关系

（2）在锻造工艺上的应用

由 Fe-Fe₃C 相图可知，钢在高温时可获得单相奥氏体组织，它的强度低、塑性好，便于塑性变形加工。因此，钢材的轧制或锻造，多选择在奥氏体单相区中的适当温度范围内进行，其选择原则是开始轧制或锻造的温度不得过高，以免钢材氧化严重，而终止轧制或锻造的温度又不能过低，以免钢材塑性变差，导致裂纹产生。各种碳素钢合适的轧制或锻造温度范围如图 3-15 所示。

（3）焊接方面的应用

焊接时从焊缝到基体金属各位置上的加热温度是不相同的。由铁碳合金相图可知，铁碳合金在不同的加热温度下会获得不同的组织，因此在随后的冷却中，从焊缝到基体金属的各位置会出现不同的组织和性能。由此可见，根据铁碳合金相图可分析焊缝及其热影响区组织变化的部分原因，使 Fe-Fe₃C 相图为改进焊接方法或焊后热处理提供了部分理论依据。例如，由铁碳相图分析可知，钢的含碳量越高，焊接性能越差。

（4）在热处理工艺上的应用

铁碳合金在进行热处理时，更是离不开 Fe-Fe₃C 相图。对不同材料的工件所采取的退火、正火、淬火等各种热处理工艺的加热温度，都要参考 Fe-Fe₃C 相图进行确定。

第三节 碳素钢

含碳量小于 2.11%、含有少量常存元素的铁碳合金称为碳素钢，简称碳钢。碳钢容易冶炼，价格低廉，易于加工，具有良好的力学性能，因而在机械制造中应用最为广泛。

一、常存元素对碳钢性能的影响

实际使用的碳钢并不是单纯的铁碳合金，其中还含有少量的锰、硅、硫、磷等杂质元素，这些元素是在冶炼过程中由炼钢原料带入的，通常称为常存元素，它们的存在会对钢的性能产生一定的影响。

1. 锰的影响

锰在钢中是有益元素。锰主要是炼钢时用锰铁脱氧而残留在钢中的。在碳钢中大部分锰溶入铁素体，形成置换固溶体，起到固溶强化的作用，提高了钢的强度和硬度。此外，锰能与硫形成 MnS，从而减轻硫的有害作用。

锰在碳钢中含量一般为 0.25%～0.8%，对碳钢性能的影响不显著，在较高含锰量钢中，将锰的含量适当提高到 0.90%～1.20% 时，可起到一定的强化作用。

2. 硅的影响

钢中的硅也是来自生铁和脱氧剂，在钢中也是一种有益的元素。其含量一般在 0.4% 以下，硅和锰一样能溶入铁素体中，产生固溶强化，使钢的强度、硬度提高，塑性和韧性降低。当硅含量不多、在碳钢中仅作为少量杂质存在时，对钢的性能影响不显著。

3. 硫的影响

硫是由生铁和炼钢燃料带入的杂质元素，在钢中是一种有害的元素。硫在钢中不溶于铁，而与铁化合形成化合物 FeS，FeS 与 Fe 能形成低熔点共晶体，熔点仅为 985 ℃，且分布在奥氏体的晶界上。当钢材在 1 000 ℃～1 200 ℃ 进行压力加工时，由于共晶体熔化会使钢沿着奥氏体晶界开裂而变脆，这种现象称为"热脆"，为此，钢中硫的含量必须严格控制。在钢中增加锰的含量，使之与硫形成熔点为 1 620 ℃ 的 MnS，可消除硫的有害作用，避免热脆现象。

4. 磷的影响

磷是由生铁带入钢中的有害杂质元素，磷在钢中能全部溶入铁素体，使钢的强度、硬度有所提高，但却使常温下钢的塑性、韧性急剧降低，使钢变脆，这种情况在低温时更为严重，称为冷脆。一般希望冷脆转变温度低于工件的工作温度，以免发生冷脆。而磷在结晶过程中，由于容易产生晶内偏析，使局部区域含磷量偏高，导致冷脆转变温度升高，从而发生冷脆。冷脆对在高寒地带和其他低温条件下工作的结构件具有严重的危害性，此外，磷的偏析还会使钢材在热轧后形成带状组织。

在钢中要严格控制磷的含量，一般钢中含磷量应小于 0.045%。但含磷量较多时，由于脆性较大，在制造炮弹钢以及改善钢的切削加工性方面则是有利的，例如，有利于在切削时形成断裂切屑，从而提高切削效率和减少对刀具的磨损，这种易切削钢主要用于在自动机床上生产批量大、受力不大的零件。

二、碳钢的分类

常用的碳钢分类方法主要有以下三种。

1. 按钢的含碳量分类

1) 低碳钢：含碳量≤0.25%；
2) 中碳钢：含碳量为0.25%～0.60%；
3) 高碳钢：含碳量≥0.60%。

2. 按钢的质量分类

根据钢中所含有害元素硫、磷的多少来分，碳钢可分为：

1) 普通钢：含硫量≤0.05%，含磷量≤0.045%。
2) 优质钢：含硫量≤0.035%，含磷量≤0.035%。
3) 高级优质钢：含硫量≤0.025%，含磷量≤0.025%。

3. 按钢的用途分类

1) 结构钢，用于制造各种工程构件（如桥梁、船舶、建筑用钢）和机器零件（如齿轮、轴、螺栓、连杆等）。这类钢的含碳量一般小于0.7%。
2) 工具钢，主要用于制造各种刀具、量具、模具。含碳量较高，一般大于0.7%。

三、碳素钢的牌号表示方法

我国钢的牌号是用化学元素符号、汉语拼音字母和阿拉伯数字相结合的方法来表示。

1. 碳素结构钢

碳素结构钢分为普通碳素结构钢和优质碳素结构钢两类。

（1）普通碳素结构钢

碳素结构钢的牌号由屈服强度的第一个汉语拼音字母"Q"、屈服强度数值、质量等级和脱氧方法四部分组成。

质量等级用符号A、B、C、D表示，按字母顺序，钢的质量由低到高，其中A、B、C级为普通质量钢，A级质量最低；D级的碳素结构钢为优质钢。

脱氧方法用符号F、Z、TZ表示，沸腾钢（钢在冶炼后期脱氧程度不完全的钢）用符号F表示；镇静钢（脱氧程度完全的钢）用符号Z表示；TZ是特殊镇静钢。Z与TZ符号在钢牌号中可予以省略，例如Q235AF。常用的碳素结构钢的牌号、化学成分、应用举例及力学性能见表3-5和表3-6。

表3-5 碳素结构钢的牌号、化学成分及应用举例

牌号	等级	脱氧方法	化学成分（质量分数）/%，不大于					应用举例
			C	Si	Mn	P	S	
Q195	—	F、Z	0.12	0.30	0.50	0.035	0.040	具有高的塑性、韧性和焊接性，但强度较低。用于承受载荷不大的桥梁、建筑等金属结构件，也在机械制造中用作铆钉、螺钉、垫圈、地脚螺栓、冲压件及焊接件等
Q215	A	F、Z	0.15	0.35	1.20	0.045	0.050	
	B						0.045	

续表

牌号	等级	脱氧方法	化学成分（质量分数）/%，不大于					应用举例
			C	Si	Mn	P	S	
Q235	A	F、Z	0.22	0.35	1.40	0.045	0.050	具有一定的强度及良好的塑性、韧性和焊接性，广泛用于一般要求的金属结构件，如桥梁、吊钩。也可制作受力不大的转轴、心轴、拉杆、摇杆、吊钩、螺母、螺栓等。Q235C、Q235D也用于制造重要的焊接结构件
	B	Z	0.20			0.040	0.045	
	C		0.17			0.040	0.040	
	D	TZ				0.035	0.035	
Q275	A	F、Z	0.24	0.35	1.50	0.045	0.050	用于强度要求较高的零件，如轴、链轮、轧辊等承受中等载荷的零件
	B		0.22			0.045	0.045	
	C	Z	0.20			0.040	0.040	
	D	TZ				0.035	0.035	

表 3-6 碳素结构钢的力学性能

牌号	等级	屈服强度$^a R_{eH}$/(N·mm^{-2})，不小于					抗拉强度^b R_m/(N·mm^{-2})	断后伸长率 A/%，不小于					冲击试验（V形缺口）	
		厚度（或直径）/mm						厚度（或直径）/mm					温度/℃	冲击吸收功（纵向）/J 不小于
		≤16	16~40	40~60	60~100	100~150	150~200		≤40	40~60	60~100	100~150	150~200		
Q195	—	195	185	—	—	—	—	315~430	33	—	—	—	—		
Q215	A	215	205	195	185	175	165	335~450	31	30	29	27	26		
	B													+20	27
Q235	A	235	225	215	215	195	185	370~500	26	25	24	22	21		
	B													+20	
	C													0	27°
	D													-20	
Q275	A	275	265	255	245	225	215	410~540	22	21	20	18	17		
	B													+20	
	C													0	27
	D													-20	

（2）优质碳素结构钢

优质碳素结构钢的牌号用两位数字表示，这两位数字表示该钢平均含碳量的万分数。例如：08，60，分别表示平均含碳量为0.08%、0.6%的优质碳素结构钢。

优质碳素结构钢根据钢中含锰（Mn）量的不同，分为普通含锰量钢（Mn含量0.35%~0.80%）和较高含锰量钢（Mn含量0.7%~1.2%）两组。较高含锰量钢在牌号后面标出元素符号"Mn"或汉字"锰"，例如50Mn（或50锰）就表示平均含碳量为0.5%、较高含锰量的优质碳素结构钢；若为沸腾钢或为了适应各种专门用途的某些专用钢，则在表示含碳量的数字后面标出规定的符号。例如"10F"表示属于沸腾钢；"20 g"表示锅炉用钢。优质碳素结构钢的牌号、化学成分、力学性能及应用举例见表3-7。

表 3-7 优质碳素结构钢的牌号、化学成分、力学性能及应用举例

牌号	化学成分 w_C/%	力学性能（≥）					特性及应用举例
		R_{eL} /MPa	R_m /MPa	A /%	Z /%	HBW 热轧 (≤)	
08F	0.05～0.11	175	295	35	60	131	由于钢的含碳量很低，故强度低、塑性好，大多用作薄板、薄带、冲压件，如仪器仪表外壳、深冲器件等
8	0.05～0.11	195	325	33	60	131	
10 F	0.07～0.13	185	315	33	55	137	
10	0.07～0.13	205	335	31	55	137	
15 F	0.12～0.18	205	355	29	55	143	属低碳钢，强度、硬度较低，塑性、韧性及焊接性良好。易轧制成薄板、薄带及各种型材。用于制作冲压件、焊接结构件及强度要求不高的零件及渗碳件，如冷冲压件、压力容器、冷拉钢丝、小轴、销、法兰盘、拉杆、渗碳齿轮、螺栓等
15	0.12～0.18	225	375	27	55	143	
20	0.17～0.23	245	410	25	55	156	
25	0.22～0.29	275	450	23	50	170	
30	0.27～0.34	295	490	21	50	179	
35	0.32～0.39	315	530	20	45	197	属中碳钢，具有较高的强度和硬度，其塑性和韧性随含碳量的增加而逐渐降低，切削性良好。经调质后，能获得较好的综合性能。主要制作受力较大的机械零件，如连杆、蜗杆、传动轴、曲轴、齿轮和联轴节、受力较小的弹簧等
40	0.37～0.44	335	570	19	45	217	
45	0.42～0.50	355	600	16	40	229	
50	0.47～0.55	375	630	14	40	241	
55	0.52～0.60	380	645	13	35	255	
60	0.57～0.65	400	675	12	35	255	
65	0.62～0.70	410	695	10	30	255	60 钢以上牌号属高碳钢。这类钢具有较高的强度、硬度和弹性，但焊接性不好，切削性较差，冷变形塑性低。主要用来制造具有较高强度、耐磨性和弹性的零件，如气门弹簧、弹簧垫圈、板簧、螺旋弹簧、钢丝绳、曲轴、凸轮、轧辊等
70	0.67～0.75	420	715	9	30	269	
75	0.72～0.80	880	1 080	7	30	285	
80	0.77～0.85	930	1 080	6	30	285	
85	0.82～0.90	980	1 130	6	30	302	
15 Mn	0.12～0.18	245	410	26	55	163	含锰量较高的优质碳素结构钢，其用途和上述相同牌号普通含锰量钢的基本相同，但淬透性稍好，可制作截面稍大或要求力学性能稍高的零件
20 Mn	0.17～0.23	275	450	24	50	197	
25 Mn	0.22～0.29	295	490	22	50	207	
30 Mn	0.27～0.34	315	540	20	45	217	
35 Mn	0.32～0.39	335	560	18	45	229	
40 Mn	0.37～0.44	355	590	17	45	229	
45 Mn	0.42～0.50	375	620	15	40	241	
50 Mn	0.47～0.55	390	645	13	40	255	
60 Mn	0.57～0.65	410	695	11	35	269	
65 Mn	0.62～0.70	430	735	9	30	285	
70 Mn	0.67～0.75	450	785	8	30	285	

2. **碳素工具钢**

碳素工具钢的牌号以汉字"碳"的汉语拼音字母字头"T"再加数字表示。其中的

"T"表示钢属于碳素工具钢，数字表示钢平均含碳量的千分数。若为高级优质碳素工具钢，则在牌号后面标以字母"A"，例如T12A就表示平均含碳量为1.2%的高级优质碳素工具钢。碳素工具钢的牌号、化学成分、硬度及应用举例见表3-8。

表3-8 碳素工具钢的牌号、化学成分、硬度及应用举例

牌号	化学成分/%			硬度		应用举例
	C	Si	Mn	退火状态/HB	淬火后/HRC	
T7 T7A	0.65～0.74	≤0.35	≤0.40	≤187	≥62	经热处理后可得到较高的强度和较好的韧性。用于受冲击需较高硬度和耐磨性的工具，如木工用錾子、加工木材用铣刀和圆锯片、钳工工具、冲头、模具、弹簧片、弹性垫圈等。T7还可以制作大锤、瓦工用抹子等。T8Mn性能和T8相近但淬透性较好，可制造截面积较大的工具
T8 T8A	0.75～0.84			≤187		
T8Mn T8MnA	0.80～0.90		0.40～0.60	≤187		
T9 T9A	0.85～0.94		≤0.40	≤192		经热处理后耐磨性较T7、T8高，强度较高，韧性低于T7、T8。用于制造受中等冲击、要求具有一定韧性的工具和耐磨零件，如钻头、冲模、丝锥、板牙、手工锯条、量具等。但含碳量越高，淬火变形越大
T10 T10A	0.95～1.04			≤197		
T11 T11A	1.05～1.14			≤207		
T12 T12A	1.15～1.24			≤20		经热处理后具有较高的硬度和耐磨性，但韧性较低，用于制造受冲击力小和不受冲击力的要求高耐磨性的工具，如锉刀、刮刀、硬石加工工具、剪羊毛刀片、雕刻用工具、剃刀、钻头等
T13 T13A	1.25～1.35			≤217		

在碳素工具钢中，T12、T13钢的含碳量高，经热处理后具有高的硬度和很好的耐磨性，但韧性较差。而对锉刀性能的要求主要是耐磨性好，韧性要求不太高，因此锉刀应选用含碳量高的T12、T13钢来制造。

3. 铸造碳钢

（1）牌号

铸造碳钢是用"铸钢"两个汉字的汉语拼音字母字头"ZG"加两组数字组成，第一组数字代表屈服强度值，第二组数字代表抗拉强度值。如：ZG270-500表示屈服强度不小于270 MPa、抗拉强度不小于500 MPa的铸造碳钢。

（2）性能和用途

有些大型零件或形状复杂的零件，很难用锻造或机械加工的方法制造，而且力学性能要求较高，不能用铸铁来铸造。如图3-16所示的大型齿轮、连杆臂、摇臂等，这些零件一般采用铸造碳钢来制造。铸造用碳钢一般用于制造形状复杂、力学性能要求较高或尺寸较大的机械零件。不同牌号的铸造碳钢，力学性能不同，用于制造受力不同的零件。

(a)
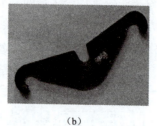
(b)

(c)

图 3-16 用铸钢制造的零件

(a) 大型齿轮；(b) 连杆臂；(c) 摇臂

铸造碳钢的牌号、化学成分、力学性能及用途见表 3-9。

表 3-9 铸造碳钢的牌号、化学成分、力学性能及用途

铸钢牌号	化学成分/%					力学性能（≥）				特性和用途举例
	C	Si	Mn	S	P	R_{eH}/MPa	R_m/MPa	A/%	KV/J	
	≤									
ZG200-400	0.2		0.8			200	400	25	30	有良好的塑性、韧性和焊接性。用于受力不大、要求具有一定韧性的零件，如机座、变速箱体等
ZG230-450	0.3	0.5	0.9	0.04		230	450	22	25	有一定的强度和较好的塑性、韧性，焊接性良好，切削性能较好。用于受力不大、要求具有一定韧性的零件，如砧座、轴承盖、外壳、阀体、底板等
ZG270-500	0.4					270	500	18	22	有较高的强度和较好的塑性，铸造性能、切削性能良好，是用途较广的铸造碳钢。用作轧钢机机架、连杆、箱体、缸体、曲轴、轴承座等
ZG310-570	0.5	0.6	0.9	0.04		310	570	15	15	强度和切削性能良好，塑性、韧性较差。用于负荷较大的零件，如大齿轮、缸体、制动轮等
ZG340-640	0.6					340	640	10	10	有高的强度、硬度和耐磨性，切削性能中等，焊接性差，裂纹敏感性大。用作齿轮、棘轮等

习 题

1. 解释下列词语

铁素体　奥氏体　渗碳体　珠光体　莱氏体

2. 为什么说硅、锰存在于钢中是有益元素而硫、磷是有害元素？

3. 为什么易切削钢中的硫、磷含量比一般碳钢高？

4. 说明下列牌号按质量、按用途划分各属于哪类钢，并说明其中符号及数字的含义。

T8　　08F　　Q235-A　　T12A　　20　　65Mn　　ZG270-500

5. 试述共析钢的结晶过程。

6. 试述含碳量对钢组织和性能的影响。

7. 试述铁碳合金相图在生产上的应用。

8. 在下面所示的牌号中，试选择适用制造深冲器件、齿轮、弹簧、螺钉、箱体的钢材。

65Mn　　45　　08F　　Q215　　ZG270-500

9. 在下面所示的牌号中，试选择适用于制造錾子、刮刀、手工锯条的钢材。

T7　　T10　　T12

第四章

钢的热处理

钢的热处理不仅可以提高钢的使用性能、改善钢的工艺性能，而且能够充分发挥钢的性能潜力，从而减轻零件的重量，延长产品使用寿命，提高加工质量，减少刀具磨损，提高产品的产量、质量和经济效益。

热处理工艺在机械制造业中应用极为广泛，据统计，在机床制造中有60%～70%的零部件要经过热处理；在汽车、拖拉机制造中有70%～90%的零部件要经过热处理；飞机配件、各种工具和滚动轴承等几乎100%需要进行热处理。总之，凡重要的零部件都必须进行热处理。因此，热处理在机械制造业中占有十分重要的地位。

第一节 概 述

一、热处理工艺

1. 热处理

热处理就是将钢在固态下通过加热、保温和不同的冷却方式，改变金属内部组织结构，从而获得所需性能的操作工艺，其工艺曲线如图4-1所示。

2. 热处理的分类

根据加热、保温和冷却工艺方法的不同，热处理工艺大致分为整体热处理、表面热处理和化学热处理。常用钢的热处理分类见表4-1。

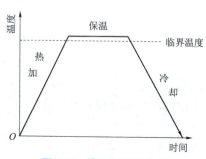

图4-1 热处理工艺曲线

表4-1 常用钢的热处理分类

分类	特点	常用方法
整体热处理	对工件整体进行穿透加热	退火、正火、淬火+回火、调质等
表面热处理	仅对工件表面进行的热处理工艺	表面淬火和回火（如感应加热淬火）、气相沉积
化学热处理	改变工件表层的化学成分、组织和性能	渗碳、渗氮、碳氮共渗、氮碳共渗、渗金属、多元共渗等

二、钢在加热和冷却时的临界点

金属发生结构改变的温度称为临界点。由 Fe-Fe$_3$C 相图可知，A_1、A_3 和 A_{cm} 是钢在极缓慢加热和冷却时的临界点。实际加热和冷却时，发生组织转变的临界点都要偏离平衡临界点，有一个滞后现象，并且加热和冷却速度越快，其偏离的程度越大。实际加热时的临界点分别用 A_{c1}、A_{c3}、A_{ccm} 表示，实际冷却时的临界点分别用 A_{r1}、A_{r3}、A_{rcm} 表示。钢在加热和冷却时相图上各相变临界点的位置如图 4-2 所示。

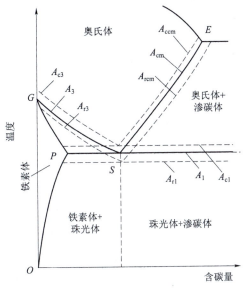

图 4-2 钢在加热和冷却时的临界温度

第二节 钢在加热时的组织转变

钢在进行热处理时，通常都要先加热到临界点以上，其目的是使钢的组织转变为奥氏体组织，通常把这个过程称为钢的奥氏体化过程。只有使钢呈奥氏体状态，才能通过不同的冷却方式转变为不同的组织，获得所需要的性能。这里以共析钢为例，来说明钢在加热时的组织转变规律。

一、共析钢的奥氏体化过程

共析钢在常温时具有珠光体组织，加热到 A_{c1} 以上温度时，珠光体开始转变为奥氏体，其转变过程是通过形核及晶核长大的过程来实现的，一般可分为四个阶段，如图 4-3 所示。

1. 奥氏体晶核的形成

当共析钢加热到 A_{c1} 以上时，在铁素体与渗碳体相界面上优先形成奥氏体晶核，这是因为相界面处成分不均匀，原子排列紊乱，晶格畸变大，具有能为产生奥氏体晶核提供成分和结构等两方面的有利条件。

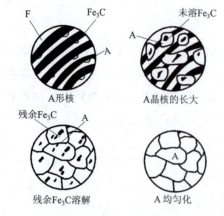

图 4-3 共析钢中奥氏体形成过程示意图

2. 奥氏体晶核的长大

奥氏体晶核形成后,依靠铁素体的晶格改组和渗碳体的不断溶解,奥氏体晶核不断向铁素体和渗碳体两个方向长大。与此同时,新的奥氏体晶核也不断形成并随之长大,直至铁素体全部转变为奥氏体为止。

3. 残余渗碳体的溶解

在奥氏体的形成过程中,当铁素体全部转变为奥氏体后,仍有部分渗碳体尚未溶解(称为残余渗碳体),随着保温时间的延长,残余渗碳体将不断溶入奥氏体中,直至完全消失。

4. 奥氏体成分均匀化

即使渗碳体全部溶解,奥氏体内的成分仍不均匀,即在原铁素体区域形成的奥氏体含碳量偏低,在原渗碳体区域形成的奥氏体含碳量偏高,则还需保温足够时间,让碳原子充分扩散,奥氏体成分才可能均匀,以便冷却后获得良好的组织和性能。

二、奥氏体的晶粒

当珠光体刚全部转变为奥氏体时,奥氏体晶粒还是很细小的,此时将奥氏体冷却后得到的组织晶粒也细小。如果在形成奥氏体后继续升温或延长保温时间,都会使奥氏体晶粒逐渐长大。晶粒的长大是依靠较大晶粒吞并较小晶粒和晶界迁移的方式进行的,保温时间越长晶粒越粗大。

1. 奥氏体晶粒大小及对钢性能的影响

奥氏体晶粒的大小对钢冷却后的组织和性能有很大影响。钢在加热时获得的奥氏体晶粒大小直接影响到冷却后转变产物的晶粒大小和力学性能。加热时获得的奥氏体晶粒细小,则冷却后转变产物的晶粒也细小,其强度、塑性和韧性较好;反之,粗大的奥氏体晶粒冷却后转变产物也粗大,其强度、塑性较差,特别是冲击韧性显著降低。表示奥氏体晶粒大小的是晶粒度,工程上将奥氏体标准晶粒度分为 00,0,1,2,⋯,10 等级,1~4 级为粗晶粒,5~8 级为细晶粒,超过 8 级为超细晶粒。

2. 奥氏体晶粒大小的控制

奥氏体晶粒尺寸过大,会导致热处理后钢的强度降低,工程上往往希望钢在加热后得到细小而成分均匀的奥氏体晶粒。控制奥氏体晶粒的大小主要有以下三个途径。

(1) 加热温度和保温时间

奥氏体刚形成时晶粒是细小的,但随着温度的升高,奥氏体晶粒将逐渐长大,温度越高,晶粒长大越明显;在一定温度下,保温时间越长,奥氏体晶粒就越粗大。因此,热处理加热时要合理选择加热温度和保温时间,以保证获得细小均匀的奥氏体组织。

(2) 钢的成分

随着奥氏体中碳含量的增加,晶粒的长大倾向也增加;若碳以未溶碳化物的形式存在时,则有阻碍晶粒长大的作用。

（3）合金元素

在钢中加入能形成稳定碳化物的元素（如钛、钒、铌、锆等）和能形成氧化物或氮化物的元素（如适量的铝等），有利于获得细晶粒，因为碳化物、氧化物、氮化物等弥散分布在奥氏体的晶界上，能阻碍晶粒长大；锰和磷是促进奥氏体晶粒长大的元素。

第三节　钢在冷却时的组织转变

钢经过加热、保温形成的奥氏体，在冷却时分解或转变。如果冷却非常缓慢，奥氏体转变按照铁碳合金相图进行，即奥氏体在低温时将转变成珠光体。当冷却方式和速度不同时，所得到的组织和性能就大不一样。

在 A_1 温度以下暂时存在的、处于不稳定的状态的奥氏体称为过冷奥氏体。下面以共析钢为例分析奥氏体冷却时的转变。

一、过冷奥氏体等温转变曲线

把用共析钢制的同样尺寸（$\phi1.5$ mm 的圆片）的试样分成若干组，使其奥氏体化后，再把各组试样分别投入 A_{r1} 点以下不同温度，如 650 ℃、600 ℃、500 ℃、350 ℃、230 ℃ 的等温盐浴炉中进行等温转变，并每隔一定时间取出其中一个放于显微镜下观察它们的组织变化。测定奥氏体在各个温度下组织转变开始与终了时间最终的组织和性能。将测定结果绘在温度—时间坐标图中，把各试样转变开始点连接起来，形成转变开始线；把各试样转变终了点连接起来，形成转变终了线。这样就得到过冷奥氏体等温转变曲线（TTT 曲线），如图 4-4 所示。因为曲线形状像英文字母"C"，所以也叫 C 曲线。

由于过冷奥氏体在不同过冷度下转变经历的时间相差很大，从不足 1s 至长达几天，在等温转变开始线的左边为过冷奥氏体区，处于尚未转变而准备转变阶段，这段时间称为"孕育期"。在不同等温温度下，孕育期的长短不同。

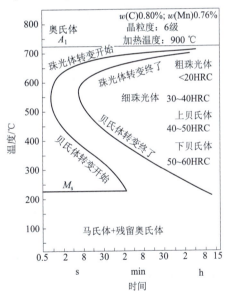

图 4-4　过冷奥氏体等温转变曲线

对共析钢来讲，过冷奥氏体在等温转变的"鼻尖"（约 550 ℃）附近等温时，孕育期最短，即说明过冷奥氏体最不稳定、易分解、转变速度最快。在高于或低于 550 ℃ 时，孕育期由短变长，即过冷奥氏体稳定性增加、转变速度较慢。转变终了线右边为转变结束区，两条 C 曲线之间为转变过渡区，在 C 曲线下面还有两条水平线：一条是马氏体开始转变线 M_s，一条是马氏体转变终了线 M_f，在两条水平线之间为马氏体转变区。

二、过冷奥氏体等温转变产物的组织及性能

根据共析钢过冷奥氏体在不同温度区域内转变产物和性能的不同，可分为高温、中温及

低温转变区，即珠光体型、贝氏体型和马氏体型的转变。

1. 高温转变区—珠光体型转变（扩散型转变）

共析钢的过冷奥氏体在 $A_{r1} \sim 550\ ℃$（鼻温）温度范围内，将发生奥氏体向珠光体转变。分为以下三类：

1) $A_{r1} \sim 650\ ℃$：转变产物为粗片状铁素体+粗片状渗碳体，即珠光体，硬度为 15~22 HRC。

2) 650 ℃~600 ℃：转变产物为层片较薄的铁素体和渗碳体交替而成的珠光体。这种组织为细珠光体，称为索氏体，用符号 S 表示，硬度为 22~27 HRC。

3) 600 ℃~550 ℃：转变产物为层片极薄的铁素体和渗碳体交替而成的珠光体，也称为屈氏体（或托氏体），用符号 T 表示，硬度为 27~43 HRC。

珠光体、索氏体和屈氏体实际上都是铁素体和渗碳体的机械混合物，仅片层粗细不同，并无本质差异，它们的电子显微组织如图 4-5 所示。

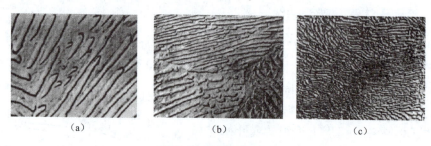

图 4-5 电子显微组织
(a) 珠光体；(b) 索氏体；(c) 屈氏体

2. 中温转变区—贝氏体型转变（半扩散型转变）

转变温度在 C 曲线鼻尖至 M_s 点之间，即 550 ℃~230 ℃。转变产物由含碳量过饱和铁素体和微小的渗碳体混合而成，这种组织称为贝氏体，用符号 B 表示。贝氏体可分为上贝氏体和下贝氏体两种。

1) 在 550 ℃~350 ℃，转变产物在光学显微镜下呈羽毛状，如图 4-6（a）所示。铁素体形成许多密集而互相平行的扁片，其间断断续续分布着渗碳体颗粒，这种组织称为上贝氏体（$B_上$），硬度为 40~45 HRC，其强度低、塑性差、脆性大，生产上很少采用。

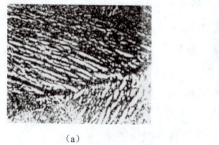 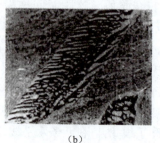

(a)　　　　　　　　　(b)

图 4-6 贝氏体的显微组织
(a) 上贝氏体；(b) 下贝氏体

2)在 350 ℃~M_s,转变产物在光学显微镜下呈黑色竹叶状,如图 4-6(b)所示。铁素体形成竹叶状,其内分布着极细小的渗碳体颗粒,称为下贝氏体($B_下$),硬度为 45~55 HRC。与上贝氏体比较,下贝氏体有较高的硬度和强度,同时塑性、韧性也较好,并有高的耐磨性。因此,生产中常采用等温淬火的方法来获得下贝氏体组织。

3. 低温转变区——马氏体型转变(非扩散型转变)

转变温度在 M_s 及 M_f 之间。转变特点是:过冷度极大,转变温度很低,碳原子和铁原子的动能很小,都不能扩散。转变产物是碳在 α-Fe 中的过饱和固溶体,称为马氏体,用符号 M 表示。

共析钢奥氏体过冷到 230 ℃(M_s)时,开始转变为马氏体,随着温度下降,马氏体逐渐增多,过冷奥氏体不断减少,直至-50 ℃(M_f)时,过冷奥氏体才全部转变成马氏体,如图 4-7 所示。

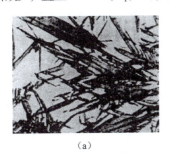
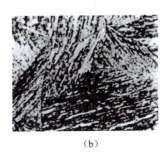

(a)　　　　　　　　　　　　　　(b)

图 4-7　马氏体的显微组织

(a)针状马氏体;(b)板条状马氏体

三、过冷奥氏体的连续冷却转变

在生产实践中,过冷奥氏体大多是在连续冷却过程中发生转变的,如在炉内、空气里、油或水槽中冷却。因此,研究过冷奥氏体连续冷却转变对制定热处理工艺具有现实意义。

共析钢过冷奥氏体连续冷却转变曲线(又称 CCT 曲线)如图 4-8 所示,图中 P_s 线是过冷奥氏体转变为珠光体型组织的开始线;P_f 线是过冷奥氏体全部转变为珠光体型组织的终了线,两线之间为转变的过渡区;v_k 线为珠光体转变的终止线,称为上临界冷却速度,它是得到全部马氏体组织的最小冷却速度,又称临界冷却速度;v_k' 称为下临界冷却速度,它是得到全部珠光体组织的最大冷却速度。当冷却速度小于 v_k' 时,连续冷却转变得到珠光体组织;当冷却速度大于 v_k' 而小于 v_k 时,连续冷却转变将得到"珠光体+马氏体组织"。

图 4-8 中分别表示出了不同冷却速度的冷却曲线。

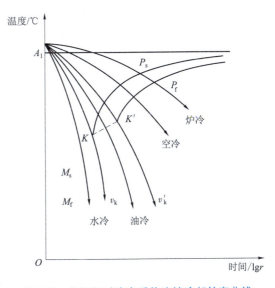

图 4-8　共析钢过冷奥氏体连续冷却转变曲线

1) 炉冷：相当于退火。它与 CCT 曲线相交于 700 ℃～650 ℃，转变产物为粗片状珠光体。

2) 空冷：相当于正火情况。它与 CCT 曲线相交于 650 ℃～600 ℃，转变后产物为细片状珠光体，即索氏体。

3) 油冷：相当于油冷淬火情况，它只与 CCT 曲线开始转变线相交于鼻尖附近，随后又与 M_s 线相交，转变产物为屈氏体和马氏体。

4) 水冷：相当于水冷淬火情况，它不与 CCT 曲线相交，而直接与 M_s 相交并继续冷却，它的组织为马氏体和残余奥氏体。

连续冷却转变由于是在一个温度范围内进行的，往往得到混合组织，如珠光体+索氏体、屈氏体+马氏体等。

第四节 退火与正火

退火和正火是应用非常广泛的热处理方法，主要用于铸、锻、焊毛坯加工前的预备热处理，以消除前一工序所带来的某些缺陷，还可改善机械零件毛坯的切削加工性能，也可用于性能要求不高的机械零件的最终热处理。

一、钢的退火

钢的退火是将工件加热到临界温度以上的适当温度，保持一定时间，然后缓慢冷却（一般随炉冷却）的热处理工艺。

1. 退火的目的

钢经退火后将获得接近于平衡状态的组织，退火的主要目的如下。

1) 降低硬度，提高塑性，以利于切削加工或继续冷变形加工；
2) 细化晶粒，消除组织缺陷，改善钢的性能，并为最终热处理做组织准备；
3) 消除内应力，稳定工作尺寸，防止变形与开裂。

2. 退火方法

退火方法很多，通常按退火目的的不同，可分为完全退火、球化退火、均匀化退火和去应力退火等。

（1）完全退火

完全退火又称重结晶退火，一般简称为退火。完全退火是一种将钢加热到 A_{c3} 以上 30 ℃～50 ℃，保温一定时间，缓慢冷却（随炉或埋入石灰和砂中冷却）至 500 ℃以下，然后在空气中冷却，以获得接近平衡状态组织的热处理工艺。

完全退火的"完全"是指工件被加热到临界点以上获得完全的奥氏体组织，通过完全重结晶，使热加工造成的粗大、不均匀的组织均匀化和细化或使中碳以上的碳钢及合金钢得到接近平衡状态的组织，并降低硬度、改善切削加工性能，还可消除残余应力。完全退火主要用于亚共析钢和中碳合金钢的铸、焊、锻、轧制件等的处理，一般常作为一些不重要工件的最终热处理或作为某些重要件的预备热处理。过共析钢不宜采用完全退火，因为当加热到 A_{ccm} 以上慢冷时，二次渗碳体会以网状形式沿奥氏体晶界析出，使钢的韧性大大下降，并可能在以后的热处理中引起裂纹。

(2) 球化退火

球化退火是使钢中碳化物球状化的热处理工艺。将钢加热到 A_{c1} 以上 20 ℃～30 ℃，充分保温后随炉冷至 600 ℃ 以下出炉空冷。球化退火后获得的组织为铁素体基体上分布的细小均匀球状渗碳体的混合物，即球状珠光体组织，如图 4-9 所示。球状珠光体与片状珠光体相比，不但硬度低，便于切削加工，而且在以后的淬火加热时，奥氏体晶粒不易粗大，冷却时工件的变形和开裂倾向小。

图 4-9　球状珠光体的显微组织

球化退火适用于共析钢及过共析钢，如碳素工具钢、合金工具钢、轴承钢等。这些钢在锻造加工以后，必须进行球化退火才适于切削加工，同时也为最后的淬火处理做好了组织准备。

(3) 去应力退火

去应力退火又称低温退火，其目的是消除由于塑性变形、焊接、机械加工、铸造等原因所造成的残余应力。

去应力退火的工艺一般是将钢加热到 A_{c1} 以下某一温度，保温一定时间后随炉缓冷到 200 ℃～300 ℃ 以下，最后出炉在空气中冷却，又称低温退火。由于去应力退火温度低于 A_1，所以钢件在去应力退火过程中组织不发生变化，只是消除内应力。

二、钢的正火

1. 工艺方法

正火是指将钢加热到 A_{c3} 或 A_{ccm} 以上 30 ℃～50 ℃，经保温后，在空气中冷却的工艺方法。正火的冷却速度比退火快，故正火后得到的珠光体组织比较细，正火后钢的强度、硬度比退火后的钢高。

2. 正火的应用

(1) 改善低碳钢和低碳合金钢的切削加工性

低碳钢和低碳合金钢退火后的硬度小于 150 HBW。由于硬度过低，切削时容易"粘刀"，使刀具发热而磨损，而且加工后工件的表面粗糙度值较高。通过正火能适当提高其硬度，改善切削加工性。

(2) 用于普通结构零件或大型结构零件的最终热处理

因为正火后晶粒细化，力学性能较退火高（见表 4-2），零件锻造或轧制后进行正火处理，既能消除内应力、细化晶粒，也可满足这些结构零件的使用性能要求。

表 4-2　45 钢正火、退火状态的力学性能

	R_m/MPa	A/%	KV/J	HBW
正火	700～800	15～20	50～80	220
退火	650～700	15～20	40～60	180

(3) 消除过共析钢中的网状渗碳体

当过共析钢的原始组织中存在明显的网状渗碳体组织时，不能直接进行球化退火，必须先

进行正火，以消除钢中的网状渗碳体组织，改善钢的力学性能，并为球化退火做好组织准备。

（4）工艺经济简便

正火与退火的目的基本相同，但正火比退火生产周期短，操作简便，成本低。因此，在满足性能要求的前提下应优先采用正火。但当零件形状较复杂时，由于正火冷却速度较快，可能会使零件产生较大的内应力和变形，甚至开裂，这时则以采用退火为宜。

第五节 淬火与回火

淬火是将钢件加热到 A_{c3} 或 A_{c1} 以上适当温度，经保温后以大于临界冷却速度的冷速冷却，以获得马氏体或下贝氏体组织的热处理工艺。淬火的目的主要是获得马氏体组织，以提高钢的强度、硬度和耐磨性。但淬火使钢脆性增加，塑性韧性降低，通过配以不同温度的回火，可调整钢的强度、硬度、耐磨性、疲劳强度及韧性，从而满足各种机械零件和工具的不同使用要求。

一、淬火

为达到淬火的目的，应选择合适的淬火加热温度和冷却介质。

1. 淬火加热温度的选择

（1）亚共析钢的淬火加热温度应选择在 A_{c3} 以上 30 ℃～50 ℃。淬火后获得细小的马氏体组织。如果加热温度过高，则会引起奥氏体晶粒粗化，淬火后马氏体的组织粗大，使钢脆化。若加热温度过低（在 A_{c1}～A_{c3}），则淬火组织中含有未熔铁素体，将降低淬火工件的强度和硬度。

（2）过共析钢的淬火加热温度选择在 A_{c1} 以上 30 ℃～50 ℃。淬火后形成的组织为在细小针状马氏体基体上均匀分布着细小颗粒状渗碳体。如果淬火加热温度选择在 A_{ccm} 以上，淬火后将得到粗大马氏体，增大钢的脆性及变形开裂倾向，而且残余奥氏体量也多，降低了钢的硬度。如图 4-10 所示。

2. 加热时间的确定

加热时间包括升温和保温时间。加热时间受工件形状尺寸、装炉方式、装炉量、加热炉类型和加热介质等影响。加热时间通常根据经验公式估算或通过实验确定，生产中往往要通过实验确定合理的加热及保温时间，以保证工件质量。

3. 淬火冷却介质的选择

钢件进行淬火冷却时所使用的介质称为淬火介质。淬火介质应具有足够的冷却能力、较宽的使用范围，同时还应具有不易老化、不腐蚀零件、不易燃、易清洗、无公害、价廉等特点。为了在淬火时得到马氏体组织，淬火冷却速度必须大于临界冷却速度。但冷却过快，工件的体积收缩及组织转变都很剧烈，从而不可避免地引起很大的内应力，容易造成工件变形及开裂。

因此，钢的理想冷却速度应如图 4-11 所示。为了抑制非马氏体转变，在 C 曲线"鼻尖"附近（550 ℃左右）快冷。而在 650 ℃以上或 400 ℃以下 M_s 线附近发生马氏体转变时的温度范围内，为了减少淬火冷却过程中工件截面上内外温差引起的热应力和减少马氏体转变时的组织应力以及减少工件的变形与开裂等,并不需要快冷。

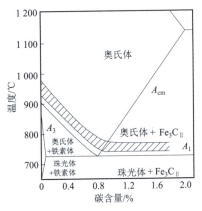

图 4-10　碳钢淬火温度范围

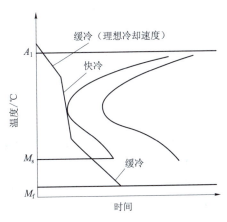

图 4-11　钢的理想淬火冷却速度

目前常用的淬火冷却介质有矿物油、水、水溶液（盐水和碱水），它们的冷却能力依次增加。其冷却特性如下。

（1）水

水在 550 ℃～650 ℃ 的冷却能力较大，但在 200 ℃～300 ℃ 的冷却能力过强，易使淬火零件变形与开裂。因此，水常用于尺寸不大、外形较简单的碳钢零件的淬火。

（2）盐碱水溶液

在水中加入一定量的盐和碱可以成倍提高其冷却能力，但使淬火工件变形与开裂的倾向增大。故常用于尺寸较大、外形简单、硬度要求较高、对淬火变形要求不高的碳钢零件。

（3）矿物油

矿物油的冷却能力较低，能减少工件的变形与开裂的现象，但是在 550 ℃～650 ℃ 的冷却能力也低，这不利于钢的淬火，尤其对截面较大的碳钢及低合金钢不易淬硬，因此，油一般作为形状复杂的中、小型合金钢零件的淬火介质。

4. 淬火方法

常用的淬火方法如图 4-12 所示。

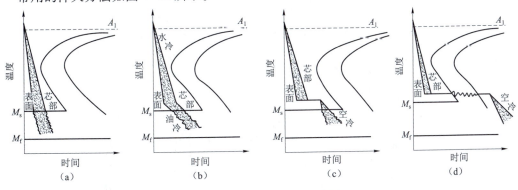

图 4-12　常用淬火方法示意图

（a）单介质淬火法；（b）双介质淬火法；（c）分级淬火法；（d）贝氏体等温淬火

(1) 单介质淬火

将钢件奥氏体化后,浸入一种淬火介质中连续冷却到室温的淬火方法称为单介质淬火,如碳钢件水冷、合金钢件油冷等。此法操作简单,易实现机械化、自动化。但易产生硬度不足、变形与裂纹,主要适用于形状较简单的钢件。

(2) 双介质淬火

将钢件奥氏体化后,先浸入一种冷却能力强的介质,在钢件还未到达该淬火介质温度之前即取出,马上浸入另一种冷却能力弱的介质中冷却的方法称为双介质淬火,例如先水后油、先水后空气等。此种方法既能保证淬硬,又能减少产生变形和裂纹的倾向,但操作起来较难掌握在两种介质中的停留时间,要求操作者具有较高的技能。双介质淬火主要用于形状较复杂易开裂的高碳钢件,如丝锥等。

(3) 马氏体分级淬火

将加热好的钢件先放入温度稍高于 M_s 点的盐浴或碱浴中,保持一定的时间,使钢件内外的温度达到均匀一致,然后取出钢件在空气中冷却,使之转变为马氏体组织。马氏体分级淬火可以减小淬火应力,防止工件变形和开裂。但由于盐浴的冷却能力较差,对碳钢零件,淬火后会出现非马氏体组织,主要应用于淬透性好的合金钢或截面不大、形状复杂的碳钢工件。

(4) 贝氏体等温淬火

贝氏体等温淬火是指将钢件加热奥氏体化后,随即快冷到贝氏体转变温度区间(260 ℃~400 ℃)等温,使奥氏体转变为贝氏体的淬火工艺。贝氏体等温淬火可使工件获得较高的硬度、耐磨性及良好的强度和韧性,显著减少工件的淬火变形,避免淬火件的开裂,但生产周期较长。因此,常用于各种中、高碳和低合金钢制作的形状复杂、尺寸较小、韧性要求较高的各种模具和成型刀具等。

5. 钢的淬透性和淬硬性

(1) 淬透性

淬透性是指钢在淬火时获得淬硬层深度的能力。在相同的条件下淬火,获得的淬硬层越深,表明钢的淬透性越好。钢的临界冷却速度越低,钢的淬透性越好。凡是能降低临界冷却速度的因素(主要是钢的化学成分)都可以提高钢的淬透性,例如,合金钢的淬透性比碳钢好。临界冷却速度与淬透性的关系如图 4-13 所示。

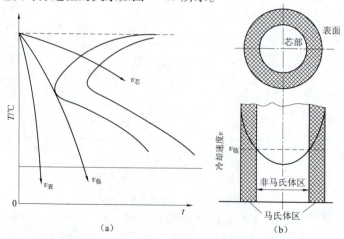

图 4-13 工件淬透性与临界冷却速度的关系

实际生产中常用临界直径 d_c 表示钢的淬透性。临界直径是指工件在某种介质中淬火后,芯部能淬透(即芯部获得全部或半马氏体组织)的最大直径,临界直径越大,钢的淬透性越好,几种常用钢的临界直径见表4-3。

表4-3 几种常用钢的临界直径

钢 号	$d_{c水}$/mm	$d_{c油}$/mm	芯部组织
45	10~18	6~8	50% M
60	20~25	9~15	50% M
40Cr	20~36	12~24	50% M
20CrMnTi	32~50	12~20	50% M
T8~T12	15~18	5~7	95% M
GCr15	—	30~35	95% M
9SiCr	—	40~50	95% M
Cr12	—	200	90% M

(2)淬透性的应用

淬透性好的钢,在获得同样淬硬层深度的情况下,可以采用冷却能力较低的淬火介质,减小形状复杂的零件在淬火时的变形和开裂。淬透性对调质后钢的力学性能的影响如图4-14所示。例如,对于大截面、形状复杂和在动载荷下工作的零件,以及承受轴向拉压的连杆、螺栓、拉杆、锻模等要求表面和芯部性能均匀一致的零件,应选用淬透性良好的钢材,以保证芯部"淬透"。

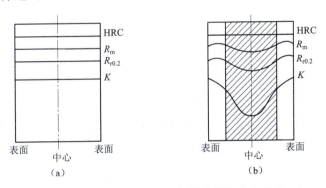

图4-14 淬透性对调质后钢的力学性能的影响
(a)已淬透;(b)未淬透

(3)淬硬性

淬硬性是指在一定条件下淬火后获得马氏体组织所能达到的最高硬度。钢的淬硬性主要取决于钢的含碳量。钢的淬硬性好并不代表淬透性就好,例如,高碳钢的淬硬性很高,但淬透性差。而低碳合金钢的淬透性相当好,但它的淬硬性却不高。

6. 淬火缺陷及预防措施

(1)氧化与脱碳

钢在加热时,表面形成一层松脆的氧化铁皮的现象称为氧化;脱碳指表面碳含量降低的现象。氧化和脱碳会降低钢件表层的硬度和疲劳强度，而且还会影响零件的尺寸。为了防止氧化和脱碳，通常在盐浴炉内加热，要求更高时，可在工件表面涂覆保护剂或在保护气氛及真空中加热。

(2) 过热和过烧

钢在淬火加热时，奥氏体晶粒显著粗化的现象称为过热。若加热温度过高，出现晶界氧化并开始部分熔化的现象称为过烧。工件过热后，不仅会降低钢的力学性能（尤其是韧性），也容易引起淬火变形和开裂。过热组织可以用正火处理予以纠正，而过烧的工件只能报废。为了防止工件的过热和过烧，必须严格控制加热温度和保温时间。

(3) 变形与开裂

工件淬火冷却时，由于不同部位存在温度差异及组织转变的不同时性所引起的应力称为淬火内应力。当淬火应力超过钢的屈服点时，工件将产生变形；当淬火应力超过钢的抗拉强度时，工件将产生裂纹，从而造成废品。为了防止变形和开裂的产生，可采用不同的淬火方法（如分级淬火或等温淬火等）和合理设计工艺（如结构对称、截面均匀、避免尖角）等措施，尽量减少淬火应力，并在淬火后及时进行回火处理。

(4) 硬度不足

硬度不足是由于加热温度过低、保温时间不足、冷却速度不够大或表面脱碳等造成的，可采用重新淬火来消除（但淬火前要进行一次退火或正火处理）。

二、回火

回火是将淬火钢重新加热到 A_{c1} 以下某一温度，保温后冷却到室温的热处理工艺。回火的主要目的：

1) 改变强度、硬度高，塑性、韧性差的淬火组织；

2) 使不稳定的淬火组织马氏体和残余奥氏体转变为稳定组织，保证工件不再发生形状和尺寸的改变；

3) 消除淬火内应力，防止进一步变形和开裂。

钢淬火后都必须进行回火处理，回火决定了钢在使用状态的组织和寿命。

1. 淬火钢的回火过程

淬火钢在回火时，随着温度的升高，组织转变可分为四个阶段。

第一阶段回火（80℃～200℃以下）：马氏体分解。

马氏体在室温是不稳定的，随着回火温度的升高，马氏体开始分解，在中、高碳钢中沉淀出 ε-碳化物，这种马氏体和 ε-碳化物的回火组织称为回火马氏体。此阶段钢的淬火内应力减少，韧性改善，但硬度并未明显降低。

第二阶段回火（200℃～300℃）：残余奥氏体转变。

回火到 200℃～300℃的温度范围，淬火钢中原来没有完全转变的残余奥氏体，此时将会发生分解，形成下贝氏体组织，这个阶段转变后的组织是下贝氏体和回火马氏体。淬火内应力进一步降低，但马氏体分解造成的硬度降低，被残余奥氏体分解引起的硬度升高所补偿，所以钢的硬度降低并不明显。

第三阶段回火（300℃～400℃）：马氏体分解完成和 ε-碳化物转化为渗碳体。

马氏体继续分解，直到过饱和的碳原子几乎全部析出，同时，ε-碳化物转化为极细的稳定的渗碳体，形成尚未再结晶的针状铁素体和细球状渗碳体的混合组织，称为回火托氏体。此时钢的淬火内应力基本消除，硬度有所降低。

第四阶段回火（400 ℃以上）：渗碳体球化和长大，铁素体回复和再结晶。

渗碳体从 400 ℃ 开始球化，600 ℃ 以后发生集聚性长大。同时，铁素体发生回复和再结晶，形成块状铁素体和球状渗碳体的混合组织，称为回火索氏体。钢的强度和硬度不断降低，韧性有明显提高。

2. 回火的分类和应用

在热处理生产中，通常按回火温度把回火分为低温回火、中温回火和高温回火。

（1）低温回火

工件在 250 ℃ 以下进行的回火。目的是保持淬火工件高的硬度和耐磨性，降低淬火残留应力和脆性。回火后得到回火马氏体，硬度为 58～64 HRC，有高的硬度和耐磨性，主要用于刃具、量具、模具、滚动轴承、渗碳及表面淬火的零件。

（2）中温回火

工件在 250 ℃～500 ℃ 进行的回火。目的是得到较高的弹性和屈服点及适当的韧性。回火后得到回火托氏体，硬度为 35～50 HRC，具有较高的弹性极限、屈服点和一定的韧性，主要用于弹簧、锻模、冲击工具等。

（3）高温回火

工件在 500 ℃ 以上进行的回火。目的是得到强度、塑性和韧性都较好的综合力学性能。回火后得到回火索氏体，有较好的综合力学性能，在热处理生产中通常把钢件淬火及高温回火的复合热处理工艺称为调质处理，广泛用于各种较重要的受力结构件，如连杆、螺栓、齿轮及轴类零件等。

第六节　化学热处理与表面热处理

不少机械零件在工作时承受冲击载荷和交变载荷的作用，要求其整体和芯部具有足够的塑性、韧性和一定的强度，而表面承受着比芯部更高的应力，同时又不断地被磨损，因此，要求其表面具有高硬度和高耐磨性。为了同时满足零件芯部和表层的性能要求，生产中可以进行化学热处理和表面热处理。

一、常用的化学热处理方法

将工件置于适当的活性介质中加热、保温，使一种或几种元素渗入它的表层，以改变其化学成分、组织和性能的热处理工艺称为化学热处理。

化学热处理的基本过程：活性介质在一定温度下通过化学反应进行分解，形成渗入元素的活性原子；活性原子被工件表面吸收，即活性原子溶入铁的晶格形成固溶体或与钢中某种元素形成化合物；被吸收的活性原子由工件表面逐渐向内部扩散，形成一定深度的渗层。

化学热处理的种类很多，根据渗入元素的不同，化学热处理有渗碳、渗氮、碳氮共渗、渗硼和渗金属等。

1. 钢的渗碳

钢的渗碳是指将钢件置于渗碳介质中加热并保温，使碳原子渗入表层的化学热处理工艺，其目的是提高钢件表面层的含碳量。渗碳后，零件表面形成具有一定深度（为 0.5～2 mm）的高碳（含碳量为 0.85%～1.05%）的表面层。渗碳应安排在机械加工以后进行，渗碳件的加工工艺路线一般为锻造→正火→机械加工→渗碳→淬火+低温回火，主要用于低碳钢或低碳合金钢。

渗碳方法主要有固体渗碳、盐浴渗碳及气体渗碳三种，应用最广泛的是气体渗碳。如图 4-15 所示，将工件置于密封加热炉中，加热到 900 ℃～950 ℃，滴入煤油、丙酮、甲醇等渗碳剂，渗碳剂在高温下分解，产生活性碳原子，被工件的表面吸收而溶入高温奥氏体中，并向其内部扩散，而形成具有一定深度的渗碳层。渗碳层深度主要取决于保温时间，一般可按每小时渗入 0.2～0.25 mm 的速度进行估算。

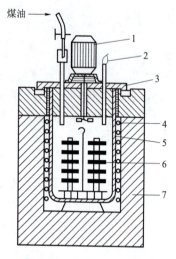

图 4-15 气体渗碳示意图

1—风扇电动机；2—废气火焰；3—炉盖；
4—电阻丝；5—耐热罐；6—工件；7—炉体

2. 钢的渗氮

渗氮（又称为氮化）是向钢的表面渗入氮原子的化学热处理工艺。渗氮的目的是提高零件表面的硬度、耐磨性、耐蚀性及疲劳强度。工件在气体介质中进行渗氮称为气体渗氮，它是将工件放入密闭的炉内，加热到 500 ℃～600 ℃，通入氨气（NH_3），氨气分解出活性氮原子被工件表面吸收，与钢中的合金元素 Al、Cr、Mo 形成氮化物，并向芯部扩散，形成具有一定深度的渗层。

渗氮主要用于合金钢。与渗碳相比，渗氮后工件无须淬火便具有高的硬度、耐磨性和红硬性，且具有良好的抗蚀性和高的疲劳强度，同时由于渗氮温度低，故工件的变形小。但渗氮生产周期长，一般要得到 0.3～0.5 mm 的渗氮层，气体渗氮时间需 30～50 h，成本较高；渗氮层薄而脆，不能承受冲击。因此，渗氮主要用于要求表面高硬度及耐磨、耐蚀、耐高温的精密零件，如精密机床主轴、丝杆、撞杆、阀门等。

二、常用的表面热处理方法

表面热处理是指为改变工件表面的组织和性能，仅对其表面进行热处理的工艺。常用的表面热处理方法是表面淬火。

将工件表层迅速加热到淬火温度进行淬火的工艺方法称为表面淬火。工件经表面淬火后，表层将得到马氏体组织，具有高的硬度和耐磨性，而芯部仍为淬火前的组织，具有足够的强度和韧性。表面淬火适用于中碳钢、中碳合金钢。根据淬火加热方法的不同，表面淬火可分为火焰加热表面淬火和感应加热表面淬火两种。

1. 火焰加热表面淬火

采用氧—乙炔（或其他可燃气体）火焰喷射在工件的表面上，使其快速加热，当达到淬火温度时立即喷水冷却，从而获得预期的硬度和有效淬硬层深度的表面淬火方法称为火焰加热表面淬火。火焰加热表面淬火的淬硬层深度一般为2~6 mm，如图4-16所示。

火焰加热表面淬火工件的材料，常选用中碳钢（如35、40、45钢等）和中碳低合金钢（如40Cr、45Cr等）。若碳的质量分数太低，则淬火后硬度较低；若碳和合金元素的质量分数过高，则易淬裂。火焰加热表面淬火法还可用于对铸铁件（如灰铸铁、合金铸铁等）进行表面淬火。

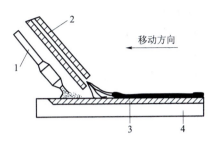

图4-16 火焰加热表面淬火示意图
1—烧嘴；2—喷水管；3—淬硬层；4—工件

火焰加热表面淬火的特点：操作简单，加热温度及淬硬层深度不易控制，淬火质量不稳定。但不需要特殊设备，故适用于单件或小批量生产。

2. 感应加热表面淬火

利用感应电流流经工件产生热效应，使工件表面迅速加热并进行快速冷却的淬火工艺。如图4-17所示，感应线圈通以交流电时，会在其内部和周围产生与交流频率相同的交变磁场。若把工件置于感应磁场中，则其内部将产生感应电流并由于电阻的作用被加热。感应电流在工件表层密度最大，而工件芯部感应电流几乎为零，此现象称为集肤效应。电流透入工件表层的深度主要与电流频率有关。加热器通入电流，工件表面在几秒钟之内迅速加热到淬火温度（800 ℃~1 000 ℃），然后迅速冷却工件表面（如向加热的工件喷水冷却、浸入油液等），从而在零件表面获得具有一定深度的硬化层。

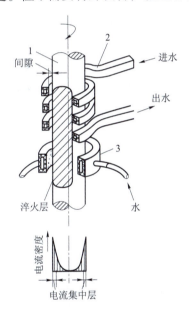

图4-17 感应加热示意图
1—工件；2—感应器；3—喷水套

感应加热的分类及应用根据所用电流频率的不同，可分为高频感应加热、中频感应加热和工频感应加热三种，三种感应加热表面淬火的技术指标及应用见表4-4。

表4-4 感应加热淬火的频率选择

项目	频率范围	淬硬层深度/mm	应 用 举 例
高频感应加热	200~300 kHz	0.5~2	摩擦条件下工作的零件，如小齿轮、小轴等
中频感应加热	1~10 kHz	2~8	承受扭矩、压力载荷的零件，如曲轴、大齿轮、主轴
工频感应加热	50 Hz	10~15	承受扭矩、压力载荷的大型零件（冷轧辊）

感应加热表面淬火与普通加热淬火相比，加热速度快，时间短（一般只需几秒到几十秒）；淬火质量好，淬火后晶粒细小，表面硬度比普通淬火高，淬硬层深度易于控制；劳动条件好，生产率高，适于大批量生产。但感应加热设备较昂贵，调整、维修比较困难，对于形状复杂的机械零件，其感应圈不易制造，且不适于单件生产。

感应加热表面淬火最适合于碳的质量分数为0.4%～0.5%的碳素钢与合金钢材料，如45钢、40Cr等，但也可以用于高碳工具钢、低合金工具钢以及铸铁等材料。

三、热处理新技术及其他热处理简介

1. 流态层热处理

流态层热处理又称流动层热处理，在国外称为蓝热。这是一种操作方便、容易维护，且无公害的热处理方法，其原理如图4-18所示。这种用流态化的固体粒子作为加热或冷却介质的热处理炉就是流态粒子炉。这种流动的

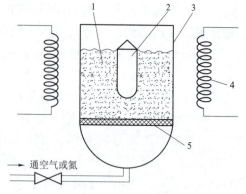

图4-18　流态层热处理的原理
1—Al_2O_3或Zr砂粉；2—零件；
3—容器；4—电阻线；5—隔板

细小粒子（粉末）的传热性能优良，因此能迅速加热，并能准确控制温度。此外，由于加热均匀，故零件的变形与开裂倾向减少。

目前这种热处理方法的应用已有很大扩展，不仅能送入各种气氛进行渗碳、渗氮等，而且可逐步用来代替熔融盐、水、油、空气的冷却，这就是流态层变速冷却技术。它的冷却速度比液态介质低一点，但能自由调节温度，适用于分级淬火和高速钢的淬火。

2. 形变热处理

形变热处理是一种把塑性变形与热处理有机结合的新技术，它能同时收到形变强化和相变强化的综合效果，因而能有效提高钢的力学性能。形变热处理可分为高温形变热处理和低温形变热处理两种。

高温形变热处理后，不仅能提高材料的强度和硬度，而且能显著提高韧性，取得强韧化的效果。这种新工艺可用于加工量不大的锻件或轧件，利用锻造或轧制的余热直接淬火，不仅提高了零件的强度，还可以改善塑性、韧性和疲劳强度，并可简化工艺、降低成本。

低温形变热处理是将钢奥氏体化后，急速冷却到过冷奥氏体孕育期最长的温度（500℃～600℃）进行大量塑性变形，然后淬火、立即回火。这种热处理可在保持塑性、韧性不降低的条件下大幅度提高钢的强度和抗磨损能力，主要用于要求强度极高的零件，如高速钢刀具、弹簧和飞机起落架等。

3. 亚温淬火

亚温淬火是将钢加热到略低于A_{c3}的温度，然后进行淬火，淬火后得到在马氏体的基体上保留少量弥散分布的铁素体组织，可以不明显降低硬度而大大提高韧性。

4. 激光热处理

激光热处理是利用激光束的高密度能量快速加热工件表面，然后依靠零件本身的导热冷却而使其淬火，目前使用最多的是CO_2激光。激光淬火后得到的淬硬层是极细的马氏体组织，因此比高频淬火具有更高的硬度、耐磨性及疲劳强度。激光淬火后变形量非常小，仅为高频淬火变形的1/3～1/10。

5. 保护气氛热处理

在热处理时，为避免钢的表面氧化与脱碳，对一些重要零件（如飞行器零件）则采用无氧化加热，可在炉内通入高纯度的中性气体氮气和氩气等保护气体，以防止零件的氧化与脱碳。

6. 真空热处理

真空热处理是将工件置于 0.013 3～1.33 Pa 真空度的真空中加热。真空热处理可防止零件的氧化与脱碳，能使零件表面氧化物、油脂迅速分解，得到光亮的表面，并可减少工件的变形。真空热处理不仅可用于真空退火、真空淬火，还可用于真空化学热处理，如真空渗碳等。

第七节　零件结构的热处理工艺性

一、结构工艺性的概念

产品（或零件）的结构工艺性是指在保证产品（或零件）使用性能的前提下，制造该产品（或零件）的可行性和经济性，它是评价零件结构设计优劣的重要指标之一。

产品及其零件的制造过程包括：毛坯制造、对毛坯进行切削加工和热处理、装配等各个阶段，每个阶段都有对结构的工艺性要求。因此，在设计产品及其零件的结构时，必须全面考虑，使其在各个生产阶段都尽可能具有良好的工艺性。当各个生产阶段对结构工艺性要求出现矛盾时，应综合考虑，找出主要问题，妥善解决。如果只注意使用对结构的要求，而忽视工艺结构的要求，则会导致零部件加工不便、热处理变形甚至开裂等严重后果。

二、热处理工艺对零件结构的要求

设计需要进行热处理的零件时，要考虑热处理工艺对结构的要求。一般来说，热处理对零件结构的主要要求是避免锐边、尖角和不通孔等；零件的截面力求均匀；轴类零件的长度与直径之比不可太大；零件的几何形状力求简单对称。

习　题

1. 什么是热处理？钢件为什么要进行热处理？
2. 解释下列词语

临界点　晶粒度　淬透性　淬硬性　马氏体　贝氏体　屈氏体　临界速度
3. 试述共析钢奥氏体化的过程。
4. 奥氏体晶粒大小对钢性能有什么影响？如何控制奥氏体晶粒的大小？
5. 试述退火及其目的。
6. 试述正火及其应用。
7. 用 T10 钢制造的零件，分别采用加热到 780 ℃和 880 ℃进行淬火处理，其性能有什么不同？为什么？选择哪种加热温度最好？
8. 什么是回火？淬火后为什么要进行回火？
9. 退火与回火都可以消除内应力，在生产中两者能否通用？为什么？
10. 45 钢经调质处理后硬度为 240 HBW，若再进行 200 ℃回火，能否使其硬度提高？为什么？

11. 要求高硬度、高耐磨性的工具（如丝锥），淬火后应采用哪种回火方法？
12. 渗碳主要用于哪些零件？
13. 氮化适用于哪些钢种和零件？工件氮化后是否必须进行淬火处理？
14. 现有一批用 45 钢制造的齿轮，要求齿表面具有高的硬度和耐磨性，应采用哪种热处理方法？若将这批齿轮改为用 20 钢制造，仍要求齿表面具有高的硬度和耐磨性，又应采用哪种热处理方法？
15. 试述齿轮的选材，试述齿轮的工艺路线和热处理分析。
16. 试述轴类零件的选材和加工工艺路线。

第五章

合 金 钢

第一节 合金钢概述

随着科学技术和工业的发展，人们对材料提出了更高的要求，如更高的强度，抗高温、高压、低温、耐腐蚀、磨损以及其他特殊物理、化学性能的要求，碳钢已不能完全满足要求。为了改善钢的性能，冶炼时在碳钢的基础上加入一些合金元素所获得的钢，称为合金钢。与碳素钢相比，由于合金元素的加入使合金钢具有较高的力学性能、较高的淬透性和回火稳定性等，有的还具有耐热、耐酸、抗蚀性等特殊性能，因此，合金钢在机械制造中应用非常广泛。如图5-1所示的冷冲模选用的钢材是Cr12钢，模具弹簧选用的是60Si2MnA。

图5-1 冷冲模和模具弹簧

一、合金钢的分类

1. 按用途分

（1）合金结构钢

合金结构钢指用于制造各种建筑工程结构以及机械零件的钢。它们又可以分为低合金高强度钢、渗碳钢、调质钢、弹簧钢和滚动轴承钢等。

（2）合金工具钢

合金工具钢指用于制造各类工具的钢，可分为刃具钢、模具钢和量具钢等。

（3）特殊性能钢

特殊性能钢指具有特殊化学和物理性能的钢，有不锈钢、耐热钢和耐磨钢等。

2. 按合金元素总含量分

(1) 低合金钢

合金元素总含量<5%。

(2) 中合金钢

合金元素总含量 5%～10%。

(3) 高合金钢

合金元素总含量>10%。

二、合金钢的牌号

我国合金钢的牌号按种类采用"含碳量+合金元素的种类及含量+质量级别"编号，以反映各种合金钢的主要成分、用途及主要性能。

1. 合金结构钢的牌号

一般采用"两位数字+化学元素符号+数字"表示，前面两位数字表示钢的平均含碳量，用万分之几表示；化学元素符号表明钢中含有的主要合金元素；后面的数字表示该合金元素的平均含量，用百分之几表示。如果合金元素平均含量小于 1.5%，则牌号中一般只标出元素符号，而不标出表示其含量的数字；若合金元素含量为 1.5%～2.49%、2.50%～3.49%、3.50%～4.49%、…，则相应地标成 2、3、4、…；若为高级优质合金结构钢，则在牌号的最后标上"A"。例如 30W4Cr2VA 钢，表示平均含碳量为 0.3%，主要合金元素 W 的平均含量为 4%、Cr 的平均含量为 2%、V 含量<1.5%的高级优质合金结构钢。

另外，对有些合金结构钢，为表示其用途，在钢号前面加汉语拼音字母表示。例如，GCr15 在钢的牌号前面加上表示滚动轴承钢的"G"，而不标出含碳量。值得注意的是，在滚动轴承钢的牌号中铬元素后面的数字是表示含铬量的千分数，其他元素仍按百分数表示，如 GCr15SiMn 钢表示含铬量为 1.5%、主要合金元素 Si、Mn 含量均小于 1.5%的滚动轴承钢。H08Mn2Si 表示平均含碳量为 0.08%的焊接用合金结构钢。Y15 表示平均含碳量为 0.15%的易切削钢。

2. 合金工具钢的牌号

合金工具钢与合金结构钢牌号的区别仅在于含碳量的表示方法不同，合金工具钢用一位数字表示平均含碳量，用千分之几表示，当其含量≥1.0%时，则不予标出。合金元素的含量标法与合金结构钢相同，低铬（平均铬含量小于 1%）工具钢，在铬含量（以千分之几计）前加数字"0"。合金工具钢一般都属于高级优质钢，所以合金工具钢牌号后面不再标"A"。例如，9SiCr 表示平均含碳量为 0.9%，主要合金元素 Si、Cr 的含量均小于 1.5%的合金工具钢。

3. 特殊性能合金钢的牌号

特殊性能合金钢的编号方法基本上与合金工具钢相同，如不锈钢 1Cr13 表示其平均含碳量为 0.1%、Cr 平均含量为 13%的特殊性能合金钢。特殊性能合金钢与合金工具钢主要是通过合金元素的种类、含量来辨别的。如制造冷冲模的 Cr12 钢牌号的含义是平均含碳量 ≥1%、主要合金元素 Cr 含量为 12%的合金工具钢。制造模具弹簧的 60Si2MnA 钢牌号的含义是平均含碳量为 0.60%、主要合金元素 Si 的平均含量为 2%、Mn 含量小于 1.5% 的高级优质合金结构钢。

三、合金元素在钢中的主要作用

为了改善钢的力学性能或获得某些特殊性能，在炼钢的过程中有目的地加入一些元素，这些元素称为合金元素。常加入的合金元素有锰（Mn）、硅（Si）、铬（Cr）、镍（Ni）、钼（Mo）、钨（W）、钒（V）、钛（Ti）、铝（Al）、硼（B）、铌（Nb）、钴（Go）、稀土（Re）等。合金元素在钢中的作用是非常复杂的，它对钢的组织和性能有很大影响。

1. 强化铁素体

大多数合金元素（除铅外）都能溶于铁素体，形成合金铁素体。合金元素与铁的晶格类型和原子半径的差异会引起铁素体的晶格畸变，产生固溶强化作用，使合金钢中铁素体的强度、硬度提高，塑性和韧性有所下降。有些合金元素对铁素体韧性的影响与它们的含量有关，例如 Si 含量<1.00%、Mn 含量<1.50% 时，铁素体韧性没有下降，当含量超过此值时则铁素体的韧性有下降的趋势；而铬和镍的含量在适当范围内（Cr 含量≤2.0%，Ni 含量 ≤5.0%），在明显强化铁素体的同时，还可使铁素体的韧性提高，从而提高合金钢的强度和韧性。

2. 形成合金碳化物

锰、铬、钼、钨、钒、钛等元素与碳能形成碳化物，当这些碳化物呈细小颗粒并均匀分布在钢中时，能显著提高钢的强度和硬度。根据合金元素与碳的亲和力不同，它们在钢中形成的碳化物可分为以下两类。

（1）合金渗碳体

锰、铬、钼、钨等弱、中强碳化物形成元素一般倾向于形成合金渗碳体，如 $(Fe,Mn)_3C$、$(Fe,Cr)_3C$、$(Fe,W)_3C$ 等。合金渗碳体较渗碳体略为稳定，硬度也略高，可明显提高低合金钢的强度。

（2）特殊碳化物

钒、铌、钛等强碳化物形成元素能与碳形成特殊碳化物，如 VC、TiC 等。特殊碳化物比合金渗碳体具有更高的熔点、硬度和耐磨性，而且更稳定、不易分解，当钢中的特殊碳化物呈弥散分布时将显著提高钢的强度、硬度和耐磨性，而不降低钢的韧性。

3. 细化晶粒

几乎所有的合金元素都有抑制钢在加热时奥氏体晶粒长大的作用，达到细化晶粒的目的。强碳化物形成元素铌、钒、钛等形成的碳化物、铝在钢中形成的 AlN 和 Al_2O_3 细小质点，均能强烈地阻碍奥氏体晶粒长大，使合金钢在热处理后获得比碳钢更细的晶粒。

4. 提高钢的淬透性

除钴外，所有的合金元素溶解于奥氏体后，均可增加过冷奥氏体的稳定性，推迟其向珠光体的转变，使 C 曲线右移，从而减小钢的临界冷却速度，提高钢的淬透性。常用的提高淬透性的合金元素主要有钼、锰、铬、镍和硼等，如微量的硼（0.000 5%～0.003%）即能明显提高钢的淬透性。

5. 提高钢的回火稳定性

淬火钢在回火时，抵抗硬度下降的能力称为钢的回火稳定性。合金钢在回火过程中，由于合金元素的阻碍作用使马氏体不易分解、碳化物不易析出，或者即使析出后也不易聚集长大，而保持较大的弥散度，所以钢在回火过程中硬度下降较慢。

由于合金钢回火稳定性比碳钢高，在相同的回火温度下，合金钢比相同含碳量的碳素钢具有更高的硬度和强度。在硬度要求相同的情况下，合金钢可在更高的温度下回火，以充分消除内应力，使其韧性更好。

高的回火稳定性可使钢在较高温度下仍能保持高硬度和高耐磨性。金属材料在高温下保持高硬度的能力称为红硬性，这种性能对一些工具钢具有重要意义。如高速切削时，刀具温度很高，若刀具材料的回火稳定性高，就可以使刀具在较高的温度下仍保持高的硬度和耐磨性，从而提高刀具的使用寿命。

由以上对合金元素作用的分析可以看出，通过合理的热处理才能将合金钢的优势充分发挥出来，使合金钢具有优良的使用性能。

第二节 合金结构钢

碳素结构钢的冶炼及加工工艺简单、成本低，这类钢的生产量在全部结构钢中占有很大比例。但随着工业和科学技术的发展，一般碳素结构钢难以满足重要机械构件和机器零件的需要，对于形状复杂、截面较大、要求淬透性较好以及力学性能要求高的工件就必须采用合金结构钢制造。合金结构钢主要包括工程构件用钢（低合金结构钢）和机械制造用钢（渗碳钢、调质钢、弹簧钢、高碳铬轴承钢和易切削钢等）。

合金结构钢的成分特点是在碳素结构钢的基础上适当地加入一种或多种合金元素，例如Cr、Mn、Si、Ni、Mo、W、V、Ti等。合金元素除了保证钢有较高的强度和较好的韧性外，另一重要作用是提高钢的淬透性，使机械零件在整个截面上得到均匀一致的、良好的综合力学性能，即在具有高强度的同时又有足够的韧性。

一、低合金高强度结构钢

低合金高强度结构钢是在碳素结构钢的基础上加入少量合金元素而形成的有较高强度的构件用钢，由于其强度和韧性好，加工性能优异，合金元素耗量少，并且不需要进行复杂的热处理，已越来越受到重视。

1. 化学成分

低合金高强度结构钢的成分特点是低碳、低合金，其$w(C)<0.20\%$，常加入的合金元素有Mn、Si、Ti、Nb、V等，含碳量低是为了获得高的塑性、良好的焊接性和冷变形能力。合金元素Si和Mn主要溶于铁素体中，起固溶强化作用。Ti、Nb、V等在钢中形成细小的碳化物，起细化晶粒和弥散强化的作用，提高了钢的强度和韧性。

2. 牌号、性能及用途

牌号的表示与碳素结构钢相同，有Q345、Q390、Q420、Q460等，其中Q345应用最广泛。低合金高强度结构钢是一类可焊接的低碳低合金工程结构用钢，具有较高的强度，良好的塑性、韧性，良好的焊接性、耐蚀性和冷成型性，低的韧脆转变温度，适用于冷弯和焊接，广泛用于桥梁、车辆、船舶、锅炉、高压容器和输油、建筑钢结构等，如图5-2所示。

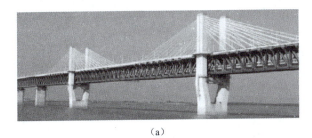
（a）

（b）

图 5-2 钢结构建筑

（a）南京长江大桥；（b）国家体育场"鸟巢"

在某些场合用低合金高强度结构钢代替碳素结构钢可减轻构件的质量。低合金高强度结构钢大多是在热轧退火或正火状态下使用，一般不再进行热处理。常用低合金高强度结构钢的牌号、力学性能及应用见表5-1。

表 5-1 常用低合金高强度结构钢的牌号、力学性能及应用

牌号	力学性能			特性及应用
	R_{eL}/MPa	R_m/MPa	A/%	
Q345	≥265～345	450～630	≥17～21	具有良好的综合力学性能，塑性和焊接性良好，冲击韧性较好，一般在热轧或正火状态下使用。适于制作桥梁、船舶、车辆、管道、锅炉、各种容器、油罐、电站、厂房结构、低温压力容器等结构件
Q390	≥310～390	470～650	≥18～20	具有良好的综合力学性能，塑性和冲击韧性良好，一般在热轧状态下使用。适于制作锅炉汽包、中高压石油化工容器、桥梁、船舶、起重机、较高负荷焊接件、连接构件等
Q420	≥340～420	500～680	≥18～19	具有良好的综合力学性能，优良的低温韧性，焊接性好，冷热加工性良好，一般在热轧或正火状态下使用。适于制作高压容器、重型机械、桥梁、船舶、机车车辆、锅炉及其他大型焊接结构件
Q460	≥380～460	530～720	≥16～17	淬火、回火后用于大型挖掘机、起重运输机、钻井平台等

二、合金渗碳钢

1. 化学成分

合金渗碳钢碳含量低，一般为0.10%～0.25%，属于低碳钢。低的碳含量可保证零件芯部具有足够的塑性、韧性，为了提高淬透性，可加入Cr、Mn、Ni、B等元素。此外，还可加入微量的Mo、W、V、Ti等强碳化物形成元素。这些元素形成的稳定合金碳化物能防止渗碳时晶粒长大，还能增加渗碳层硬度、提高耐磨性。合金渗碳钢需渗碳后经淬火、低温回火后使用，用来制造既有优良的耐磨性和耐疲劳性，又能承受冲击载荷作用的零件。

2. 性能和用途

碳素渗碳钢的淬透性低，零件芯部的硬度和强度在热处理前后差别不大。而合金渗碳钢则不然，因其淬透性高，零件芯部的硬度和强度热处理前后差别较大。可通过热处理使渗碳件的芯部达到较显著的强化效果，具有外硬内韧的性能，可用来制造承受冲击和耐磨的产品，如汽车、拖拉机中的变速齿轮、内燃机的凸轮轴、活塞销等零件。其常用牌号主要有20Cr、20CrMnTi和20Cr2Ni4等。常用合金渗碳钢的牌号、热处理、力学性能及应用见表5-2。

表5-2 常用的合金渗碳钢牌号、热处理、力学性能及应用

类别	牌号	力学性能（不小于）			特性及应用举例
		R_m/MPa	R_{eL}/MPa	A/%	
低淬透性	20Cr	835	540	10	较20钢的淬透性好，经渗碳、淬火+低温回火后有良好的综合力学性能和冲击韧性，用于制造截面不大、表面耐磨、芯部强度要求较高的零件，如机床变速箱齿轮、凸轮、活塞、离合器、花键轴等
	20Mn2	785	590	10	代替20Cr钢制造渗碳小齿轮、小轴、汽车变速箱操纵杆等
	20MnV	785	590	10	用于锅炉、高压容器的焊接结构件、活塞销、齿轮、自行车链条等
	20CrV	835	590	12	用于要求表面高硬度、截面尺寸不大的零件，如活塞销、蜗轮、传动齿轮等
中淬透性	20CrMnTi	1 080	835	10	综合力学性能和低温冲击韧性良好，渗碳后有良好的抗弯强度，但高温回火时有回火脆性倾向，用于截面直径在30 mm以下，承受中等或重负荷以及冲击、摩擦的渗碳零件，如齿轮、齿轮轴、蜗杆和爪行离合器等
	20CrMn	930	735	10	强度、韧性均较高，淬透性良好，淬火变形小，用于截面较大、中高负荷的齿轮、轴、蜗杆、调速器的套筒等
	20MnTiB	1 100	930	10	代替20CrMnTi钢制造汽车、拖拉机上小截面、中等载荷的齿轮
	20SiMnVB	1 175	980	10	可代替20CrMnTi
高淬透性	12Cr2Ni4	1 080	835	10	有高的强度、韧性，淬透性好，经渗碳、淬火+低温回火后表面硬度和耐磨性很高，但有回火脆性，采用渗碳及二次淬火、低温回火，用于制造大型的在高负荷下工作的齿轮、蜗轮、蜗杆、转向轴等
	20Gr2Ni4	1 180	1 080	10	强度、韧性优于12Cr2Ni4，用于制造性能优于12Cr2Ni4的大截面高强度渗碳工件，如大型齿轮、曲轴、花键轴和蜗轮等

三、合金调质钢

合金调质钢是指经过调质处理（淬火+高温回火）后使用的中碳合金结构钢，主要用于受力复杂、要求综合力学性能好的重要零件。

1. 化学成分

合金调质钢为中碳钢，其 $w(C) = 0.25\% \sim 0.50\%$，以保证调质处理后具有良好的综合力学性能。合金调质钢中主加合金元素有 Cr、Ni、Mn、Si、B 等，能提高淬透性和强化钢材，而加入少量的 W、Mo、V、Ti 等元素可形成稳定的合金碳化物，阻止奥氏体晶粒长大，起细化晶粒及防止回火脆性的作用。如 40Cr、35CrMo、38CrMoAl、40CrNiMoA 等为常用的合金调质钢。

2. 性能和用途

合金调质钢具有高的强度、良好的塑性与韧性，即具有良好的综合力学性能。其主要用于制造在多种载荷（如扭转、弯曲、冲击等）下工作，受力比较复杂，要求具有良好综合力学性能的重要零件，如汽车、拖拉机、机床等上的齿轮、轴类件、连杆、高强度螺栓等。合金调质钢是机械结构用钢的主体。调质钢的最终热处理为淬火后高温回火（即调质处理），回火温度一般为 500 ℃～650 ℃。热处理后的组织为回火索氏体。常用合金调质钢的牌号、力学性能及应用见表 5-3。

表 5-3　常用合金调质钢的牌号、力学性能及应用

类别	钢号	力学性能（不小于）			特性及应用
		R_m/MPa	R_{eL}/MPa	A/%	
低淬透性	40Cr	980	785	9	使用最广泛的钢种之一，调质处理后具有良好的综合力学性能，用于中载、中速机械零件，如汽车的转向节、半轴、轴、蜗杆等。调质并表面热处理后制作耐磨零件，如齿轮、丝杠、套筒、心轴、连杆螺钉、进气阀等
	40CrB	980	785	10	主要代替 40Cr，制造如汽车的车轴、转向轴、花键轴及机床的主轴、齿轮等零件
	35SiMn	885	735	15	调质状态下用于中等负荷、中速零件、传动齿轮、主轴、转轴、飞轮等，可代替 40Cr 钢
中淬透性	40CrNi	980	785	10	具有高强度、高韧性以及高的淬透性，用于截面尺寸较大的重要零件，例如轴、齿轮、连杆、曲轴、圆盘等
	42CrMn	980	835	9	在高速及弯曲负荷下工作的轴、连杆等高速高负荷无强冲击负荷下工作的齿轮轴、离合器等
	42CrMo	1 080	930	12	高温下具有较高的持久强度，低温冲击韧性较好，工作温度可达 500 ℃，低温可至 -110 ℃，用于制造承受冲击、弯扭、高载荷的大直径零件，例如机车牵引用的大齿轮、增压器传动齿轮、发动机气缸、1 200～2 000 mm 石油钻杆接头、打捞工具、负荷极大的连杆及弹簧等
	38CrMoAlA	980	835	14	高级渗氮钢渗氮处理后，可得到高的表面硬度、高的疲劳强度及良好的耐热性和耐蚀性，用于制造镗杆、磨床主轴、自动车床主轴、精密丝杠、精密齿轮、高压阀杆、气缸套等
高淬透性	40CrNiMo	980	835	12	具有高的强度、高的韧性和良好的淬透性，有回火脆性，焊接性差，用于重型机械中高负荷的轴类、大直径的汽轮机轴、直升机的旋翼轴、齿轮、喷气发动机的涡轮轴等
	40CrMnMo	980	785	10	40CrNiMo 的代用钢

四、合金弹簧钢

合金弹簧钢是用于制造弹簧或其他弹性零件的钢种。弹簧是各种机器和仪表中的重要零件，是利用弹性变形吸收能量以缓和振动和冲击或依靠弹性贮存能量以起到驱动作用的零件。

1. 化学成分

合金弹簧钢为中、高碳成分，一般 $w(C) = 0.5\% \sim 0.7\%$，以满足高弹性、高强度的性能要求。合金弹簧钢中加入的合金元素主要是 Si、Mn、Cr 等，作用是强化铁素体、提高淬透性和耐回火性。但加入过多的 Si 会造成钢在加热时表面容易脱碳，加入过多的 Mn 容易使晶粒长大。加入少量的 V 和 Mo 可细化晶粒，从而进一步提高强度并改善韧性，还有进一步提高淬透性和耐回火性的作用。

2. 性能要求

合金弹簧钢应具有高的强度、高的弹性、高的疲劳极限、足够的塑性和韧性，还应具有良好的淬透性及较低的脱碳敏感性。有些弹簧还要求具有耐热和耐腐蚀性，才能达到零件的性能要求。中碳钢和高碳钢也可作弹簧使用，但因其淬透性和强度较低，只能用来制造截面和受力较小的弹簧。合金弹簧钢则可制造截面较大、屈服极限较高的重要弹簧。

3. 常用牌号及用途

常用的合金弹簧钢有 60Si2Mn、50CrVA 和 30W4Cr2VA 等。

1）60Si2Mn 钢是应用最广泛的合金弹簧钢，其生产量约为合金弹簧钢产量的 80%。它的强度、淬透性、耐回火性都比碳素弹簧钢高，工作温度达 250 ℃。其缺点是脱碳倾向较大，适用于制造厚度小于 10 mm 的板簧和截面尺寸小于 25 mm 的螺旋弹簧，在重型机械、铁道车辆、汽车和拖拉机上都有广泛的应用。

2）50CrVA 钢的力学性能与 60Si2Mn 钢相近，但其中淬透性更高，钢中 Cr 和 V 能提高弹性极限、强度、韧性和耐回火性，常用于制作截面尺寸 ≤30 mm，并在 350 ℃～400 ℃ 温度工作的重载弹簧，如阀门弹簧和内燃机的汽阀弹簧等。

3）30W4Cr2VA 是高强度的耐热弹簧钢，用于 500 ℃ 以下工作的锅炉主安全阀弹簧和汽轮机汽封弹簧等。

常用弹簧钢的牌号、力学性能和用途见表 5-4。

表 5-4 常用合金弹簧钢的牌号、力学性能和用途

牌号	力学性能（不小于）				特性及用途举例
	R_m/MPa	R_{eL}/MPa	A/%	Z/%	
55Si2Mn	1 275	1 175	6	30	汽车、拖拉机、机车上的板弹簧和螺旋弹簧、气缸安全阀弹簧，230 ℃ 以下使用的弹簧等
60Si2CrVA	1 865	1 665	6	20	淬透性较高，在油中临界淬透直径为 $\phi 35 \sim \phi 73$ mm，用于汽车、拖拉机、机车上的板弹簧和螺旋弹簧、安全阀弹簧和 250 ℃ 以下工作的弹簧、油封弹簧、碟形弹簧等

续表

牌号	力学性能（不小于）				特性及用途举例
	R_m/MPa	R_{eL}/MPa	A/%	Z/%	
50CrVA	1 275	1 130	10	40	有良好的力学性能和工艺性能，淬透性较好，加入V后使钢的晶粒细化，用于较大直径的高负荷弹簧及工作温度小于300 ℃下工作的阀门弹簧、活塞弹簧、安全阀弹簧等
30W4Cr2VA	1 470	1 325	7	40	用于工作温度小于500 ℃下工作的耐热弹簧，如汽轮机汽封弹簧片、锅炉主安全阀弹簧等

五、高碳铬轴承钢

高碳铬轴承钢（滚动轴承钢）是用于制造滚动轴承的内圈、外圈、滚动体和保持架等的钢种，如图5-3所示。但高碳铬轴承钢也可制作冷冲模、精密量具等工具，还可制作要求耐磨的精密零件，如柴油机喷油嘴、精密丝杠等。

图5-3 滚动轴承

1. 性能要求

高碳铬轴承钢在工作时承受较大且集中的交变应力，同时在滚动体和套圈之间还会产生强烈的摩擦，要求具有高而均匀的硬度和耐磨性、高的弹性极限和接触疲劳强度、足够的韧性和淬透性以及一定的抗蚀能力。其对钢的纯度（非金属夹杂物等）、组织均匀性、碳化物的分布情况及脱碳程度等都有严格的要求。

2. 化学成分

高碳铬轴承钢为高碳成分，$w(C) = 0.95\% \sim 1.10\%$，以保证高硬度和高耐磨性，主要合金元素为Cr，Cr能提高淬透性，并与碳形成颗粒细小而弥散分布的碳化物，使钢在热处理后获得高而均匀的硬度及耐磨性。有时，高碳铬轴承钢中还加入Si和Mn，以进一步提高其淬透性，其主要用于大型轴承。

3. 牌号

牌号前用汉语拼音字母"G"表示高碳铬轴承钢的类别，后附元素符号Cr和其平均含量的千分数及其他元素符号，如GCr4、GCr15、GCr15SiMn、GCr15SiMo、GCr18Mo等。目前应用最广泛的是GCr15。常用高碳铬轴承钢的牌号、热处理及用途见表5-5。

表 5-5 常用高碳铬轴承钢的牌号、热处理和用途

钢号	退火后硬度/HBW	应用范围
GCr4	179～207	<100 mm 的滚珠、滚柱和滚针
GCr15	179～207	主要用于中小型滚动轴承，壁厚在 20 mm 范围内的中、小型套圈，直径<50 mm 的钢球
GCr15SiMn	179～217	壁厚≥14 mm、外径 250 mm 的套圈，直径 20 mm～200 mm 的钢球，中小型滚动轴承
GCr15SiMo	179～217	主要用于制造壁厚>12 mm、外径>280 mm 的轴承套圈；直径>50 mm 的钢球；直径>22 mm 的圆锥、圆柱和球面滚子和所有尺寸的滚针
GCr18Mo	179～207	用于制造铁路车辆等重要型机械的大型轴承

4. 热处理

高碳铬轴承钢的热处理主要是球化退火、淬火和低温回火。预先热处理为球化退火，可获得细小均匀的球状珠光体，其目的是降低硬度（硬度为 170～210 HBW）、改善切削加工性能，并为淬火提供良好的原始组织，从而使淬火及回火后得到最佳的组织和性能。最终热处理是淬火和低温回火，获得细回火马氏体加均匀分布的细粒状碳化物及少量残余奥氏体，硬度为 61～65 HRC。对精密的高碳铬轴承钢零件，为保证其尺寸稳定性，可在淬火后立即进行冷处理，以尽量减少残余奥氏体的数量，在冷处理后进行低温回火和粗磨，接着在 120 ℃～130 ℃进行时效，最后进行精磨。

第三节 合金工具钢

合金工具钢按用途可分为合金刃具钢和合金模具钢。图 5-4 所示为加工螺纹用的车刀。

车刀在工作时，受到复杂的车削力作用（如局部压力、弯曲、扭转等），其刃部与切削工件之间产生强烈的摩擦，使刀刃磨损并发热，切削量越大，其刃部温度越高，会使刃部硬度降低，甚至丧失切削功能，且车刀还承受冲击载荷与振动。因此，要求车刀具有高红硬性、高耐磨性以及足够的强度和韧性。工厂中常用的螺纹车刀一般采用合金刃具钢制造。

一、合金刃具钢

合金刃具钢分为低合金刃具钢和高速钢，主要用来制造车刀、铣刀和钻头等各种金属切削刀具。

图 5-4 常见的螺纹车刀

1. 低合金刃具钢

低合金刃具钢是在碳素工具钢的基础上加入少量合金元素的工具钢，适用于制作切削刃具的低速切削刀具，如丝锥、板牙、铰刀等。

（1）成分和性能

钢中主要加入 Cr、Mn、Si 等元素，其目的是提高钢的淬透性，同时还能提高钢的强度。

加入 W、V 等强碳化物形成元素是为了提高钢的硬度和耐磨性,并防止加热时过热,保持晶粒细小。低合金刃具钢比碳素工具钢的淬透性高,能制造尺寸较大的刀具,可在冷却较缓慢的介质中(如油)淬火,使其变形倾向减小。这类钢的强度和耐磨性也比碳素工具钢高。由于合金元素加入量不大,故一般工作温度不得超过 300 ℃。

(2) 常用低合金刃具钢

9SiCr 和 CrWMn 是最常用的低合金刃具钢。9SiCr 钢中由于加入了铬和硅,使其具有较高的淬透性和回火稳定性,碳化物细小均匀,红硬性可达 300 ℃。因此,适用于制作刀刃细薄的低速切削刀具,如丝锥、板牙、铰刀等。CrWMn 钢中同时加入 Cr、W 和 Mn 元素,使钢具有很高的硬度(64~66 HRC)和耐磨性,但红硬性不如 9SiCr。CrWMn 钢热处理后变形小,所以又称微变形钢,其主要用来制造较精密的低速刀具,如长铰刀、拉刀等。低合金刃具钢的预备热处理是球化退火,最终热处理为淬火后加低温回火。

常用低合金刃具钢的牌号、化学成分、热处理和用途见表 5-6。

表 5-6 常用低合金刃具钢的牌号、化学成分、热处理和用途

牌号	化学成分/%				热处理 /℃	硬度 /HRC	用 途
	C	Mn	Si	Cr			
9SiCr	0.85~0.95	0.30~0.60	1.20~1.60	0.95~1.25	830~860 油冷	≥62	冷冲模、铰刀、拉刀、板牙、丝锥、搓丝板等
CrWMn	0.9~1.05	0.8~1.1	≤0.4	0.9~1.2	820~840 油冷	≥62	要求淬火后变形小的刀具,如长丝锥、长铰刀、量具、冷冲模
Cr06	1.30~1.45	≤0.4	≤0.4	1.30~1.65	780~810 水冷	≥64	刮刀、刻刀、剃刀、刀片
8MnSi	0.75~0.85	0.80~1.10	0.3~0.6	—	800~820 油冷	≥60	丝锥、长铰刀
9Cr2	0.85~0.95	≤0.4	≤0.4	1.30~1.70	820~850 油冷	≥62	尺寸较大的铰刀、车刀等刃具

2. 高速钢

虽然低合金工具钢的淬透性、耐磨性及红硬性比碳素工具钢好,但其工作温度只有 250 ℃~300 ℃,不能满足高速切削的要求。高速钢就是随着工业技术的不断发展,为适应高速切削的要求发展起来的钢种。

(1) 成分特点

高速钢是一种具有高红硬性、高耐磨性和足够强度的高合金工具钢。钢中含有较多的碳(0.7%~1.40%)和大量的 W、Cr、V、Mo 等强碳化物形成元素,其中,高的含碳量是为了保证其形成足够量的合金碳化物,并使高速钢具有高的硬度和耐磨性;W、Mo 是提高钢红硬性的主要元素;Cr 主要用于提高钢的淬透性;V 能显著提高钢的硬度、耐磨性和红硬性,并能细化晶粒。高速钢的红硬性可达 600 ℃,切削时能长期保持刃口锋利,故又称为锋钢。

（2）性能与热处理

高速钢只有经过适当的热处理以后才能获得较好的组织和性能。图5-5所示为高速钢的热处理工艺曲线。由于高速钢中的难熔碳化物只有在1 200 ℃以上时才能大量溶入奥氏体中，因此，高速钢的淬火加热温度一般为1 220 ℃～1 280 ℃，以保证淬火、回火后获得高的热硬性。因高速钢的合金元素含量高，导热性很差，淬火温度又很高，所以其淬火加热时必须进行一次预热或两次预热。高速钢的淬透性虽然很好（空冷可得到马氏体组织），但因其冷却太慢会自奥氏体中析出碳化物，降低钢的热硬性，所以常使其在油中淬火或分级淬火。正常淬火组织是马氏体+合金碳化物+残余奥氏体，此时由于钢中的残余奥氏体较多（约25%），故钢的硬度尚不够高。

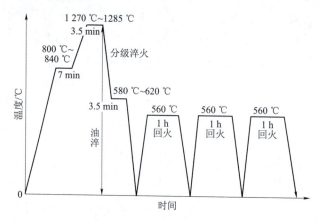

图5-5 高速钢热处理工艺曲线

高速钢淬火后必须在550 ℃～570 ℃温度下进行多次回火（一般两次或三次），此时由马氏体中析出极细碳化物，并使残余奥氏体转变为回火马氏体，进一步提高了钢的硬度和耐磨性。高速钢回火后的组织是含有较多合金元素的回火马氏体、细颗粒状合金碳化物及少量残余奥氏体，其硬度可达63～66 HRC。

高速钢常用于制造切削速度较高的刀具（如车刀、铣刀、钻头等）和形状复杂、载荷较大的成型刀具（如齿轮铣刀、拉刀等）。由于低合金刃具钢的红硬性较低，不能满足机床车刀的性能要求，故机床用螺纹车刀常采用高速钢制造。此外，高速钢还可用于制造冷挤压模及某些耐磨零件。

常用高速钢的牌号、化学成分、热处理温度及用途见表5-7。

表5-7 常用高速钢的牌号、化学成分、热处理温度及用途

牌号	主要化学成分/%			热处理温度/℃		硬度	热硬度/HRC	用途
	C	W	Mo	淬火/℃	回火/℃	回火后/HRC		
W18Cr4V	0.70～0.80	17.50～19.00	≤0.30	1 260～1 300	550～570	63～66	61.5～62	广泛用于制造加工中等硬度材料的各种刀具，如车刀、刨刀、钻头、铣刀等，也用于冷作模具或用于高温下工作的轴承等耐磨、耐高温零件

续表

牌号	主要化学成分/%			热处理温度/℃		硬度 回火后/HRC	热硬度/HRC	用途
	C	W	Mo	淬火/℃	回火/℃			
W6Mo5Cr4V2	0.80~0.90	5.75~6.75	4.75~5.75	1 220~1 240	550~570	63~66	60~61	制造要求耐磨性和韧性很好配合的高速刀具,如丝锥、钻头、铣刀等
W6Mo5Cr4V3	1.10~1.25	5.75~6.75	4.75~5.75	1 200~1 240	550~570	>65	64	制造要求耐磨性和热硬性较高、耐磨性和韧性较好配合的刀具,或车刀、铣刀、滚刀、钻头等,适宜加工高强度钢、高温合金,不宜制造高精度复杂刀具
W12Cr4V4Mo	1.25~1.40	11.50~13.00	0.90~1.20	1 240~1 270	550~570	>65	64~64.5	制造形状简单的刀具或仅需很少磨削的刀具。优点是硬度热硬性高,耐磨性优越,寿命长;缺点是韧性有所降低
W18Cr4VCo10	0.70~0.80	18.00~19.00	—	1 270~1 320	540~590	66~68	64	制造形状简单截面较大的刀具,如>φ15 mm 的钻头、车刀;不适宜制造形状复杂的薄刃成型刀具或承受单位载荷较高的小截面刀具。用于加工难切削材料,如高温合金、不锈钢等
W6Mo5Cr4V2Co8	0.80~0.90	5.5~6.70	4.8~6.20	1 220~1 260	540~590	64~66	64	
W6Mo5Cr4V2Al	1.10~1.20	5.75~6.75	4.50~5.50	1 220~1 250	550~570	67~69	65	加工一般材料时寿命为 W18Cr4V 的 2 倍,切削难加工材料时,寿命接近钴高速钢

二、合金模具钢

用于制作模具的合金钢称为合金模具钢。根据工作条件不同,合金模具钢又可分为塑料模具钢、冷作模具钢和热作模具钢三类。

1. 塑料模具钢

(1) 性能特点

塑料模和胶木模统称为塑料模具。它们都是用于在不超过 250 ℃ 的低温加热状态下,将细粉或颗粒状塑料压制成型的模具。塑料模具在工作时常持续受热、受压,并受到一定程度的摩擦和有害气体的腐蚀。因此,要求塑料模具钢在 200 ℃ 左右具有足够的强度和韧性,并具有较高的耐磨性和耐蚀性。

塑料模具又分为热固性塑料用压模和热塑性塑料注射模。热塑性塑料注射模模具所受的应力和磨损较小，对力学性能的要求不是很高，所以其材料的选择有较大的机动性。热固性塑料用压模受热、受力大，易磨损，易侵蚀，手工操作的模具还受到周期性的冲击和碰撞。实际中要根据塑料的种类和模具的工作条件，合理地选用钢材。

（2）塑料模具钢的牌号、性能及用途

塑料模具钢的牌号、性能及用途见表5-8。

表5-8　塑料模具钢的牌号、性能及用途

种类	牌号	性能及用途
预硬型	3Cr2Mo（P20） 3Cr2MnNiMo	切削加工性和电火花加工性良好，镜面抛光性好，Ra 值可达 0.025 μm，可渗碳、渗硼、氮化和镀铬，耐蚀性和耐磨性好，是目前应用最广的塑料模具钢之一，主要用于制造形状复杂、精密、中型的各种塑料模具和低熔点金属压铸型模具
非合金型	45、50	制造形状简单的小型塑料模具或精度要求不高、使用寿命不需要很长的塑料模具
	T7、T8、T10 T11、T12	用于形状较简单、小型的热固性塑料模具或要求较高的耐磨性的模具
整体淬硬型	9Mn2V、CrWMn、Cr12 9CrWMn、Cr12MoV、 5CrNiMo、5CrMnMo	用于压制热固性塑料、复合强化塑料产品的模具，以及生产批量很大、要求模具使用寿命很长的塑料模具
渗碳型	20、12CrMo、20Cr	制造具有较高的强度，而且芯部具有较好的韧性、表面高硬度、高耐磨性、良好的抛光性能，塑性好，可以采用冷挤压成型法制造的模具。缺点是模具热处理工艺较复杂、变形大
耐腐蚀型	4Cr13、1Cr17Ni2 9Cr18	用于在成型过程中产生腐蚀性气体的聚苯乙烯等塑料制品和含有卤族元素、福尔马林、氨等腐蚀介质的塑料制品模具

2. 冷作模具钢

冷作模具钢用于制造使金属在冷状态下变形的模具，如冲裁模、拉丝模、弯曲模和拉深模等，这类模具工作时的实际温度一般不超过200℃～300℃。

（1）工作特点

冷作模具的工作温度不高，被加工材料的变形抗力较大，模具的刃口部分受到强烈的摩擦和挤压，所以冷作模具钢应具有高的硬度、耐磨性和强度。模具在工作时受一定的冲击，故模具也要求具有足够的韧性。另外，形状复杂、精密、大型的模具还要求具有较高的淬透性和小的热处理变形。

（2）性能和用途

小型冷作模具可用碳素工具钢或低合金刃具钢来制造，大型冷作模具一般采用Cr12、Cr12MoV等高碳高铬钢制造。冷作模具的最终热处理采用淬火后低温回火。

常用冷作模具的选材见表5-9。

表 5-9　冷作模具的选材举例

名　称	选材举例			备　注
	简单（轻载）	复杂（轻载）	重载	
硅钢片冲模	Cr12，Cr12MoV，Cr6WV	Cr12，Cr12MoV，Cr6WV	—	因加工批量大，要求寿命较长，故均采用高合金钢
冲孔落料模	T10A，9Mn2V	9Mn2V，Cr6WV，CrWMn，Cr12MoV	Cr12MoV	
压弯模	T10A，9Mn2V	—	Cr12，Cr12MoV，Cr6WV	
拔丝拉伸模	T10A，9Mn2V	—	Cr12，Cr12MoV	
冷挤压模	T10A，9Mn2V	9Mn2V，Cr12MoV，Cr6WV	Cr12MoV，Cr6WV	要求热硬性时，可选用 W18Cr4V、W6Mo5Cr4V2
小冲头	T10A，9Mn2V	Cr12MoV	W18Cr4V，W6Mo5Cr4V2	冷挤压钢件，硬铝冲头还可用超硬高速钢、基体钢
冷镦模	T10A，9Mn2V		Cr12MoV，8Cr8Mo2SiV，W18Cr4V，Cr4W2MoV，8Cr8Mo2SiV2，基体钢	

注：基体钢指 5Cr4W2Mo3V、6Cr4Mo3Ni2WV、55Cr4WMo5VCo8，它们的成分相当于高速钢在正常淬火状态的基体成分，这种钢过剩碳化物数量少、颗粒细、分布均匀，在保证一定耐磨性和热硬性的条件下，能显著改善抗弯强度和韧性，淬火变形较小。

3. 热作模具钢

（1）工作特点

热作模具钢是用来制造使金属在高温下成型的模具，如热锻模、热挤压模、压铸模等。这类模具工作时型腔温度可达 600 ℃。热作模具钢是在受热和冷却的条件下工作，反复受热应力和机械应力的作用。因此，热作模具钢要具备较高的强度、韧性、高温耐磨性及热稳定性，并具有较好的抗热疲劳性能。

（2）性能和用途

热作模具通常采用中碳合金钢（$w(C) = 0.3\% \sim 0.6\%$）制造。含碳量过高会使韧性下降，导热性变差；含碳量太低则不能保证钢的强度和硬度。加入合金元素铬、镍、锰、硅等是为了强化钢的基体和提高钢的淬透性；加入铝、钨、钒等是为了细化晶粒，提高钢的回火稳定性和耐磨性。目前一般采用 5CrMnMo 和 5CrNiMo 钢制作热锻模，采用 3Cr2W8V 钢制作热挤压模和压铸模。热作模具钢的最终热处理是淬火后加中温回火（或高温回火），以保证其具有足够的韧性。常用热作模具选材及硬度要求见表 5-10。

表 5-10 热作模具选材举例及硬度要求

名称	类型	选材举例	硬度/HRC
锻模	高度<250 mm 的小型热锻模	5CrMnMo，5Cr2MnMo	39~47
	高度 250~400 mm 的中型热锻模	5CrMnMo，5Cr2MnMo	39~47
	高度>400 mm 的大型热锻模	5CrNiMo，5Cr2MnMo	35~39
	寿命要求高的热锻模	3Cr2W8V，4Cr5MoSiV，4Cr5W2SiV	40~54
	热镦模	4Cr3W4Mo2VTiNb，4Cr5MoSiV，4Cr5W2SiV，3Cr3Mo3V，基体钢	39~54
	精密锻造或高速锻模	3Cr2W8V 或 4Cr5MoSiV，4Cr5W2SiV，4Cr3W4Mo2VTiNb	45~54
压铸模	压铸锌\铝\镁合金	4Cr5MoSiV，4Cr5W2SiV，3Cr2W8V	43~50
	压铸铜和黄铜	4Cr5MoSiV，4Cr5W2SiV，3Cr2W8V，钨基粉末冶金材料，钼、钛、锆难熔金属	
	压铸钢铁	钨基粉末冶金材料，钼、钛、锆难熔金属	
挤压模	温挤压和温镦锻（300 ℃~800 ℃）	8Cr8Mo2SiV，基体钢	
	热挤压模	挤压钢、钛或镍合金用 4Cr5MoSiV，3Cr2W8V（>1 000 ℃）	43~47
		挤压铜或铜合金用 3Cr2W8V（<1 000 ℃）	36~45
		挤压铝、镁合金用 4Cr5MoSiV，4Cr5W2SiV（<500 ℃）	46~50
		挤压铅用 45 钢（<100 ℃）	16~20

注：（1）Cr2MnMo 为堆焊锻模的堆焊金属牌号，其化学成分为：$\omega(C)=0.43\%\sim0.53\%$，$\omega(Cr)=1.80\%\sim2.20\%$，$\omega(Mn)=0.60\%\sim0.90\%$，$\omega(Mo)=0.80\%\sim1.20\%$。

（2）所列热挤压温度均为被挤压材料的加热温度。

第四节　特殊性能钢

凡具有某些特殊的物理性能、化学性能和力学性能的钢，均称为特殊性能钢。常用特殊性能钢有耐磨钢、不锈钢和耐热钢。

一、耐磨钢

1. 耐磨钢的特性

装载机、拖拉机、起重机的履带都是在严重摩擦和强烈撞击条件下工作的。在此工作环境下，要求履带表面耐磨性很好，芯部具有很高的韧性，而一般的钢材很难满足这一要求，这就需要选用一种具有特殊性能的材料——耐磨钢来满足上述要求。

耐磨钢是指在巨大压力和强烈冲击载荷作用下能发生硬化的高锰钢，其典型牌号是 ZGMn13。高锰钢的成分特点是高锰、高碳，$\omega(Mn)=11.5\%\sim14.5\%$；$\omega(C)=0.9\%\sim1.3\%$，其铸态组织是奥氏体和大量锰的碳化物，水韧处理后，韧性有较大提高。

2. 耐磨钢的水韧处理

耐磨钢的水韧处理就是将高锰钢加热至 1 050 ℃～1 100 ℃，保持一定时间，使碳化物溶入奥氏体中，然后水冷，得到单相奥氏体。

耐磨钢水韧处理后韧性很好，但其硬度并不高（≤220 HBW）。然而在工作时，当受到强烈的冲击、巨大压力和摩擦时，其表面因塑性变形会快速产生强烈的加工硬化，使表面硬度提高到 500～550 HBW，因而获得很高的耐磨性，而芯部仍保持奥氏体所具有的良好韧性。

3. 耐磨钢的用途

耐磨钢主要应用于在巨大压力和强烈冲击载荷作用下工作的零件，例如起重机和拖拉机的履带、挖掘机铲斗的斗齿、碎石机的颚板、铁路道岔、防弹板、保险箱等。由于它是非磁性的，所以还可用于制作既耐磨又抗磁化的零件，如吸料器的电磁铁罩等。

二、不锈钢

不锈钢指耐空气、蒸汽、水等弱腐蚀介质和酸、碱、盐等化学浸蚀性介质腐蚀的钢，又称不锈耐酸钢。

1. 化学成分

不锈钢中的主要合金元素是 Cr，只有当 Cr 含量达到 13% 以上时，钢才有耐蚀性。不锈钢中还含有 Ni、Ti、Mn、N、Nb 等元素，其耐蚀性随含碳量的增加而降低，因此大多数不锈钢的含碳量均较低，有些不锈钢甚至低于 0.03%（如 00Cr12）。

2. 常用不锈钢

不锈钢是不锈钢和耐酸钢的统称，能抵抗大气腐蚀的钢称为不锈钢，而在一些化学介质（如酸类）中能抵抗腐蚀的钢称为耐酸钢。一般不锈钢不一定耐酸，而耐酸钢一般都具有良好的耐腐蚀性能。不锈钢按金相组织的不同分为马氏体不锈钢、铁素体不锈钢、奥氏体不锈钢。

（1）奥氏体不锈钢

常用的奥氏体不锈钢有 1Cr18Ni9、0Cr18Ni9N 等。奥氏体不锈钢具有很高的耐腐蚀性和耐热性，其耐蚀性高于马氏体不锈钢。同时它具有高塑性，适宜冷加工成型，焊接性能良好，且其无磁性，故可用于制作抗磁零件。奥氏体不锈钢广泛应用于食品加工设备、热处理设备、化工设备、抗磁仪表和飞机构件等的制造中。

（2）马氏体不锈钢

马氏体不锈钢都要经过淬火、回火后使用。马氏体不锈钢的耐蚀性、塑性和焊接性都不如奥氏体不锈钢和铁素体不锈钢，但由于它具有较好的力学性能，可以与一般的耐蚀性相结合，故应用广泛。含碳量较低的 1Cr13、2Cr13 等可用来制造力学性能较高又具有一定耐蚀性的零件，如汽轮机叶片、医疗器械等。含碳量较高的 3Cr13、4Cr13、7Cr13 等可用于制造医用手术工具、量具及轴承等耐磨工件。

（3）铁素体不锈钢

铁素体不锈钢的组织为单相铁素体，它的抗大气与耐酸能力强，具有良好的高温抗氧化性（700 ℃以下）。但其力学性能不如马氏体不锈钢，塑性不及奥氏体不锈钢，故多用于受力不大的耐酸结构和抗氧化钢，如应用于硝酸和氮肥工业中，也可制作在高温下工作的零件，如燃气轮机零件等。

常用不锈钢的成分、热处理、力学性能及用途见表5-11。

表5-11 常用不锈钢的成分、热处理、力学性能及用途

类别	牌号	化学成分 w/%					热处理	力学性能			用途举例
		C	Si	Mn	Cr	其他		R_m/MPa	A/%	HBW	
马氏体型	3Cr13	0.26~0.40	≤1.00	≤1.00	12.00~14.00	Ni≤0.60	淬火：920 ℃~980 ℃油；回火：600 ℃~750 ℃快冷	≥735	≥12	≥217	制作硬度较高的耐蚀耐磨刃具、量具、喷嘴、阀座、阀门、医疗器械等
铁素体型	1Cr17	≤0.12	≤0.75	≤1.00	16.00~18.00	—	退火：780 ℃~850 ℃空冷或缓冷	≥450	≥22	≥183	耐蚀性良好的通用不锈钢，用于建筑装潢（如电梯、扶手等）、家用电器、家庭用具
奥氏体型	0Cr19Ni9	≤0.08	≤1.00	≤2.00	18.00~20.00	Ni8.00~10.50	固溶处理：1 050 ℃~1 150 ℃快冷	≥520	≥40	≥187	应用最广，制作食品、化工、核能设备的零件

三、耐热钢

耐热钢是指在高温下具有良好的化学稳定性和较高强度、能较好适应高温条件的特殊性能钢。在高温下具有抗高温介质腐蚀能力的钢称为抗氧化钢；在高温下仍具有足够力学性能的钢称为热强钢。耐热钢是抗氧化钢和热强钢的总称。

常用的抗氧化钢有4Cr9Si2、0Cr13Al等。4Cr14Ni14W2Mo是典型的热强钢。常用耐热钢的牌号、成分、热处理及用途见表5-12。

表5-12 常用耐热钢的牌号、成分、热处理及用途

类别	牌号	化学成分 w/%						热处理	力学性能			应用举例
		C	Mn	Si	Ni	Cr	其他		R_m/MPa	A/%	HBW	
马氏体型	4Cr9Si2	0.35~0.50	≤0.70	2.00~3.00	≤0.60	8.00~10.00	—	淬火：1 020 ℃~1 040 ℃，油冷；回火：700 ℃~780 ℃，油冷	≥885	≥19		较高的热强性，制作<650 ℃内燃机进气阀或轻载荷发动机排气阀
铁素体型	00Cr12	≤0.03	≤1.00	≤0.75	—	11.00~13.00	—	退火	≥365	≥22	≥183	制作抗高温氧化，且要求焊接的部件，如汽车排气阀净化装置、燃烧室、喷嘴

续表

类别	牌号	化学成分 w/%						热处理	力学性能			应用举例
		C	Mn	Si	Ni	Cr	其他		R_m/MPa	A/%	HBW	
奥氏体型	1Cr18Ni9Ti	≤0.12	≤2.00	≤1.00	8.00~11.00	17.00~19.00	Ti 0.50~0.80	固溶处理：1 000 ℃～1 100 ℃快冷	≥520	≥40	≥187	良好的耐热性和抗蚀性。制作加热炉管、燃烧室筒体、退火炉罩等

习　题

1. 说明下列牌号中符号及数字的含义。
40Cr　5CrMnMo　9SiCr　CrWMn　GCr9　3Cr2W8V　38CrMoAl

2. 有一批齿轮，图纸要求用 45 钢制造，但在生产时，是用 40Cr 钢加工成型的。若仍按 45 钢进行热处理，即水冷表面淬火、低温回火，40Cr 钢制造的齿轮会出现什么情况？若用油作为冷却介质进行表面淬火、低温回火，这批齿轮能否使用？为什么？

3. 汽车变速齿轮一般用 20CrMnTi 钢制造，经渗碳、淬火+低温回火后使用。能否改为用 40 钢或 40Cr 钢制造，经表面淬火+低温回火后使用？为什么？

4. 在下面所示的牌号中试选择适合制造滚动轴承、渗碳齿轮、弹簧、丝锥和机床主轴等零件的钢材。
40Cr　60Si2Mn　GCr15　20Cr

5. "由于 GCr15 是滚动轴承钢，故只能用于制造滚动轴承"，这种说法对吗？为什么？

6. Cr12MoV 是高强度的模具用钢，所以受力大的冷冲压模和锻造模具都可以采用它制造，这样选用材料正确吗？为什么？

7. 用 3Cr2W8V 钢制作热挤压模和压铸模，能否采用淬火后低温回火的热处理工艺？为什么？

8. 车刀是高速切削刀具，只能用高速钢制造，这种说法对吗？为什么？

9. 高速钢淬火后，为什么要在 560 ℃进行三次回火？高速钢在 560 ℃的高温回火是否属于调质处理？

10. 1Cr13 和 Cr12 钢都是含铬量很高的合金钢，1Cr13 属于不锈钢，而 Cr12 钢为什么不能作为不锈钢使用？

11. 在下面所示的牌号中试选择适合制造手术刀片、硝酸槽、汽轮机叶片和保险箱等零件的钢材。
4Cr13　1Cr18Ni9Ti　2Cr13　ZGMn13

12. 试述不锈钢的种类和用途。

13. 试述耐磨钢的应用特点。

第六章

铸 铁

铸铁是指含碳质量分数大于 2.11% 并比碳钢含有较多的硅、锰、硫、磷的铁碳合金。工业上使用的铸铁含碳量一般为 2.5%～4.0%。

在性能上，铸铁与钢相比，虽然力学性能较低，但是其具有优良的铸造性能和切削加工性能，生产工艺简单，价格低廉，具有耐压、耐磨和减震等性能，所以获得广泛的应用。如以重量计算，在各类机械中 40%～70% 是铸铁件，在机床和重型机械中则 60%～90% 都是铸铁件。

第一节 铸铁的分类及石墨化

一、铸铁分类

铸铁中的碳主要是以渗碳体（碳化物状态）和石墨（游离状态，用 G 表示）两种形式存在。石墨的晶格类型为简单六方晶格，如图 6-1 所示，其基面中的原子结合力较强，而两基面之间的结合力弱，所以石墨的基面很容易滑动，其强度、硬度、塑性和韧性极低。

根据碳存在的形式，铸铁可分为以下几种。

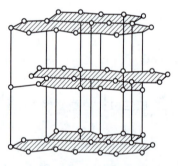

图 6-1 石墨的晶体结构

1. 白口铸铁

碳全部以渗碳体形式存在，其断口呈银白色，所以称为白口铸铁。这类铸铁既硬又脆，很难进行切削加工，很少直接用来制造机器零件。

2. 麻口铸铁

碳大部分以渗碳体形式存在，少部分以石墨形式存在，断口呈现灰白色。这种铸铁的脆性较大，工业中很少使用。

3. 灰口铸铁

碳大部分或全部以石墨形式存在，其断口呈暗灰色，所以称为灰口铸铁。灰口铸铁是目前工业生产中应用最广泛的铸铁。

工业上常用的灰口铸铁，根据石墨的存在形态不同（图 6-2），又可分为以下几种。

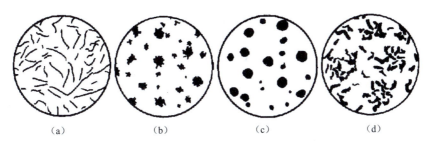

图 6-2 石墨形态示意图

(a) 片状；(b) 团絮状；(c) 球状；(d) 蠕虫状

（1）灰铸铁

石墨以片状形态存在于铸铁中。

（2）可锻铸铁

石墨以团絮状形态存在于铸铁中。

（3）球墨铸铁

石墨以球状形态存在于铸铁中。

（4）蠕墨铸铁

石墨以蠕虫状形态存在于铸铁中。

二、铸铁的石墨化及影响石墨化的因素

铸铁中碳以石墨形式析出的过程称为石墨化。铸铁的石墨化不充分，易产生白口组织；石墨化太充分，则形成粗大的石墨，致使力学性能下降。

1. 铸铁的石墨化过程

铁碳合金实际上存在两个相图，即 Fe-Fe_3C 和 Fe-G 相图，这两个相图几乎重合，只是 E、C、S 点的成分和温度稍有变化。为了便于比较和应用，习惯上把这两个相图合画在一起，称为铁碳合金的双重相图，如图 6-3 所示，图中的虚线即为 Fe-G 相图。根据条件不同，铁碳合金可全部或部分按其中一种相图结晶。

铸铁的石墨化过程分为三个阶段：

第一阶段石墨化：铸铁液体结晶出一次石墨（过共晶铸铁）和在 1 154 ℃（$E'C'F'$ 线）通过共晶反应形成共晶石墨。还有一部分通过一次渗碳体、共晶渗碳体在高温分解形成石墨。

第二阶段石墨化：在 1 154 ℃ ~ 738 ℃ 内奥氏体沿 $E'S'$ 线析出二次石墨或者通过二次渗碳体分解而析出石墨。

第三阶段石墨化：在 738 ℃（$P'S'K'$ 线）通过共析反应析出共析石墨或者由共析渗碳体分解形成石墨。

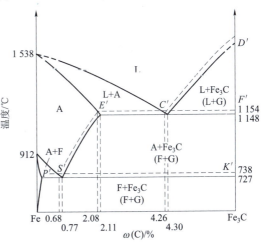

图 6-3 铁碳合金双重相图

石墨化程度不同,所得到的铸铁类型和组织也不相同,如表 6-1 所示。

表 6-1 石墨化程度与铸铁类型

石墨化进行程度			铸铁的显微组织	铸铁类型
第一阶段	中间阶段	第二阶段		
完全进行	完全进行	完全进行	F+G	灰口铸铁
完全进行	完全进行	部分进行	F+P+G	
完全进行	完全进行	未进行	P+G	
部分进行	部分进行	未进行	L_d'+P+G	麻口铸铁
未进行	未进行	未进行	L_d'	白口铸铁

2. 影响石墨化的因素

影响石墨化的主要因素是铸铁的化学成分和冷却速度。

(1) 化学成分的影响

碳和硅是强烈促进石墨化的元素,对铸铁的石墨化起决定性的作用。它们的含量越高,析出的石墨就越多、越粗大。为避免出现粗大的石墨或出现硬而脆的白口组织,通常把铸铁中的碳含量控制在 2.7%~3.9%,硅含量控制在 1%~3%。实践表明,在铸铁中每增加 1.0%的硅,能使其碳含量相应降低 0.3%,为了综合考虑碳和硅的影响,通常把铸铁中的含硅量折合成相当的含碳量,并把这个碳的总量称为碳当量 CE,即 $CE\% \approx C\% + 0.3Si\%$。

调整铸铁的碳当量是控制铸铁组织和性能的主要措施。若把碳当量控制在 4%左右,则铸铁具有较好的流动性。尽量使碳当量小于 4.6%,防止产生粗大的石墨,保证铸铁力学性能。

磷也是促进铸铁石墨化的元素,但其作用较弱。磷能提高铁水的流动性,改善铸铁的铸造性能。但磷的含量超过 0.3%时,将增加铸铁的脆性并降低强度,一般磷含量控制在 0.3%以下。

硫是强烈阻碍铸铁石墨化的元素,易使碳以渗碳体形式存在,促使铸铁出现白口,还会降低铸铁的力学性能和流动性。因此,硫是有害元素,应严格控制其含量,一般在 0.15%以下。

锰是阻碍铸铁石墨化的元素,但锰和硫化合会生成硫化锰,可以减弱硫对铸铁石墨化的阻碍作用,间接起着促进其石墨化的作用,一般铸铁中的锰含量为 0.5%~1.4%。

(2) 冷却速度的影响

铸件的冷却速度越慢,越有利于石墨化过程的进行。反之,当铸件冷却速度较快时,则不利于石墨化过程的进行,碳可能以渗碳体的形式存在。实际生产中影响冷却速度的主要因素是造型材料、铸造方法和铸件壁厚。如用金属型铸造,冷却快,铸件易得到渗碳体;如用砂型铸造,冷却慢,铸件易形成石墨。另外,铸件的壁越厚,则冷却速度越慢,越容易进行石墨化;而薄壁件易得到渗碳体。图 6-4 所示为化学成分、冷却速度与铸件壁厚对铸铁组织的影响。

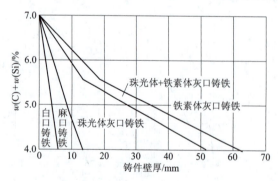

图 6-4 化学成分、冷却速度与铸件壁厚对铸铁组织的影响

第二节　常用铸铁

在生产中，常用的铸铁有灰铸铁、球墨铸铁、可锻铸铁、蠕墨铸铁和合金铸铁等，这些铸铁具有较好的力学性能和特殊性能。

一、灰铸铁

1. 灰铸铁的组织和性能

工业生产中使用最多的是灰铸铁，灰铸铁的组织是由金属的基体和片状石墨组成的。根据基体组织不同，灰铸铁可分为铁素体基体灰铸铁、铁素体+珠光体基体灰铸铁和珠光体基体灰铸铁 3 种，其显微组织如图 6-5 所示。

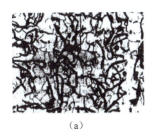 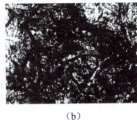 

　　　　　(a)　　　　　　　　　　(b)　　　　　　　　　　(c)

图 6-5　灰铸铁的显微组织

(a) 铁素体基体灰铸铁；(b) 铁素体+珠光体基体灰铸铁；(c) 珠光体基体灰铸铁

铸铁的力学性能主要取决于铸铁的基体组织及石墨的数量、形状、大小和分布。石墨的硬度仅为 3~5 HBW，抗拉强度约为 20 MPa，断后伸长率接近于零，故分布于基体上的石墨可视为空洞或裂纹。由于石墨的存在，减少了铸件的有效承载面积，且受力时石墨尖端处会产生应力集中，大大降低了基体强度的利用率。因此，铸铁的抗拉强度、塑性和韧性比碳钢低，不能进行锻造和冲压，可焊性较差。但是，由于石墨的存在，使铸铁具有了一些碳钢所没有的性能，如良好的耐磨性、减振性、低的缺口敏感性以及优良的切削加工性能。此外，铸铁的成分接近共晶成分，因此铸铁的熔点低，约为 1 200 ℃，液态铸铁流动性好。由于石墨结晶时体积膨胀，所以铸造收缩率低，其铸造性能优于钢。

2. 灰铸铁的孕育处理

为了提高灰铸铁的力学性能，生产上常进行孕育处理。孕育处理是在浇注前往铁液中加入少量孕育剂，改变铁液的结晶条件，从而获得细珠光体基体加细小均匀分布的片状石墨组织的工艺过程。经孕育处理后的铸铁称为孕育铸铁，也称变质铸铁。孕育铸铁通常是在生产中先熔炼出合格的铁水，然后向出炉的铁水中加入孕育剂，经过孕育处理后再浇注成型。常用的孕育剂为硅铁或硅钙合金，加入量为铁水重量的 0.25%~0.6%。

孕育铸铁的石墨仍为片状，但其基体组织细化，石墨片细小而均匀，孕育铸铁各部位截面上的组织与性能都均匀一致，使铸铁的强度有较大的提高，但塑性和韧性不高，可用来制造机械性能要求较高、截面尺寸变化较大的大型铸件，如气缸、曲轴、凸轮和机床床身等。

3. 灰铸铁的牌号和用途

灰铸铁的牌号是用"HT"（"灰铁"两字的汉语拼音字首）+最低抗拉强度值表示。例如，HT300 表示最低抗拉强度值为 300 MPa 的灰铸铁。灰铸铁主要应用于结构复杂、受压力和要求耐磨性、减振性好的零件，例如减速器箱体、机床床身、壳体、气缸体和导轨等。各种灰铸铁的性能和用途见表 6-2。

表 6-2 各种灰铸铁的性能和用途

铸铁类别	牌号	最小抗拉强度 R_m（min）/MPa	布氏硬度 HBW	适用范围及举例
铁素体灰铸铁	HT100	100	≤170	低载荷和不重要的零件，如盖、外罩、手轮、支架、重锤等
珠光体+铁素体灰铸铁	HT150	150	125～205	承受中等应力（抗弯应力小于 100 MPa）的零件，如支柱、底座、齿轮箱、工作台、刀架、端盖、阀体、管路附件及一般无工作条件要求的零件
珠光体灰铸铁	HT200	200	150～230	承受较大应力（抗弯应力小于 300 MPa）和较重要的零件，如气缸体、齿轮、机座、飞轮、床身、缸套、活塞、刹车轮、联轴器、齿轮箱、轴承座、液压缸等
珠光体灰铸铁	HT225	225	170～240	
珠光体灰铸铁	HT250	250	180～250	
珠光体灰铸铁	HT275	275	190～260	承受高弯曲应力（小于 300 MPa）及抗拉应力的重要零件，如齿轮、凸轮、车床卡盘、剪床和压力机的机身、高压液压缸、滑阀壳体等

4. 灰铸铁的热处理

由于热处理只能改变灰铸铁的基体组织，不能改变石墨的形态和分布，所以用热处理方法提高灰铸铁力学性能的效果不大。灰铸铁的热处理主要是为了消除内应力，改善切削加工性能和提高表面硬度。灰铸铁常用的热处理方法有以下几种。

（1）去应力退火

铸件在铸造冷却过程中容易产生内应力，易导致铸件变形和裂纹，为保证铸件尺寸的稳定，防止变形开裂，对一般铸件和一些大型复杂的铸件，如机床床身、柴油机气缸体等，可进行消除铸造内应力的退火，又称人工时效。去应力退火的工艺是将铸件加热到 500 ℃～600 ℃，保温一段时间，然后随炉冷却至 150 ℃～200 ℃ 后出炉。对于大型灰铸铁件也可采用自然时效的方法来消除内应力，即将铸铁件在自然环境中放置很长一段时间，消除铸件的内应力。

（2）改善切削加工性的退火

铸件的表面及薄壁处，由于冷却速度较快，容易出现白口组织，使铸件的硬度和脆性增加，不易进行切削加工。为此必须将铸件加热到共析温度以上，即 850 ℃～950 ℃，保温 2～5 h，然后随炉冷却至 400 ℃～500 ℃，再出炉空冷，以消除白口组织，改善铸件的切削加工性。

（3）表面淬火

表面淬火的目的是提高灰铸铁件表面的硬度和耐磨性。常用表面淬火的方法有感应加热淬火和电接触加热淬火。

二、球墨铸铁

球墨铸铁具有良好的力学性能，并能通过热处理进一步提高其力学性能，目前是铸铁中性能最好的一种。曲轴、连杆等零件可采用球墨铸铁制造。

1. 球墨铸铁的组织和性能

球墨铸铁是在钢的基体上分布着球状石墨的一种铸铁。

根据基体组织的不同，球墨铸铁可分为铁素体球墨铸铁、珠光体+铁素体球墨铸铁和珠光体球墨铸铁3种，其显微组织如图6-6所示。

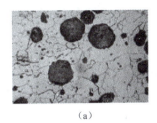 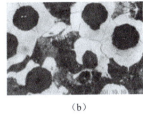 

(a) (b) (c)

图 6-6 球墨铸铁的显微组织

(a) 铁素体球墨铸铁；(b) 珠光体+铁素体球墨铸铁；(c) 珠光体球墨铸铁

球墨铸铁是在铁水浇注前加入少量的球化剂（如稀土硅铁镁合金）和孕育剂（硅铁和硅钙合金）进行球化处理，使石墨以球状析出而获得的。加入孕育剂是为了避免出现白口组织，并使石墨球细小、圆整且均匀分布。

球墨铸铁的综合力学性能较高，接近于钢，同时保留了灰铸铁的减摩性、减振性、切削加工性和铸造性能好及缺口不敏感等优点。球墨铸铁还可以像钢一样进行各种热处理和合金化，以改变其金属基体组织，进一步提高力学性能。因此，球墨铸铁在工业中得到了广泛的应用，可代替部分碳钢、合金钢和可锻铸铁。

2. 球墨铸铁的牌号和用途

球墨铸铁的牌号是由"QT"（"球铁"两字的汉语拼音字首）+最低抗拉强度值-最低伸长率值表示。例如牌号 QT450-10 表示最低抗拉强度值为 450 MPa、最低伸长率为 10% 的球墨铸铁。球墨铸铁的牌号、性能及用途见表6-3。

表 6-3 球墨铸铁的牌号、性能及用途

牌号	基体类型	力学性能				应用举例
		R_m/MPa	R_e/MPa	A/%	HBW	
		不小于				
QT400-18	铁素体	400	250	18	130~180	承受冲击、振动的零件，如汽车、拖拉机的轮毂，驱动桥壳，拨叉，农机具零件，中、低压阀门，上、下水及输气管道，压缩机上高低压气缸，电动机机壳，齿轮箱，飞轮壳等
QT400-15	铁素体	400	250	15	130~180	
QT450-10	铁素体	450	310	10	160~210	
QT500-7	铁素体+珠光体	500	320	7	170~230	机器座驾、传动轴、飞轮、电动机架、内燃机的机油泵齿轮、铁路机车车辆轴瓦

3. 球墨铸铁的热处理

（1）退火

退火的目的是获得塑性好的铁素体基体，改善切削性能和消除铸造应力。高温退火适用于原始铸态组织中存在渗碳体的铸件；低温退火适用于原始铸态组织中无渗碳体的铸件。

（2）正火

正火的目的是增加基体中珠光体的数量，细化基体组织，提高强度和耐磨性。由于墨铸铁的导热性差，正火后有较大的内应力，故需进行去应力退火，即加热到 550 ℃～600 ℃，保温 3～4 h 后出炉空冷。

（3）调质处理

调质处理的目的是获得较高的综合力学性能，用于受力复杂要求综合力学性能高的重要零件，如球墨铸铁的连杆、曲轴等。

（4）等温淬火

球墨铸铁经等温淬火后不仅强度高，而且塑性和韧性也良好。这种工艺适用于截面尺寸不大，综合力学性能要求高，而外形又较复杂、热处理容易变形与开裂的零件，如齿轮、凸轮轴等。

三、可锻铸铁

可锻铸铁是将白口铸铁通过石墨化或氧化脱碳退火处理，改变其金相组织或成分而获得的具有较高韧性的铸铁，其石墨呈团絮状。

1. 可锻铸铁的生产过程

可锻铸铁的生产过程：首先浇注成白口铸铁件，然后再经可锻化（石墨化）高温退火，即将白口铸铁加热到 900 ℃～980 ℃，使铸铁组织转变为奥氏体+渗碳体，在此温度下长时间保温，使渗碳体分解为团絮状石墨，即可制成可锻铸铁。为保证在一般的冷却条件下铸件能获得全部白口，则可锻铸铁中碳、硅含量应较低。

2. 可锻铸铁的组织与性能

白口铸铁经可锻化高温退火后，随着冷却方式不同，可获得珠光体基体可锻铸铁或铁素体基体黑心可锻铸铁。可锻铸铁的显微组织如图 6-7 所示。

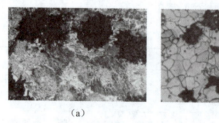

(a)   (b)

图 6-7 可锻铸铁的显微组织

(a) 珠光体基体可锻铸铁；(b) 铁素体基体可锻铸铁

可锻铸铁的石墨呈团絮状，大大减弱了其对基体的割裂作用，与灰铸铁相比，可锻铸铁具有较高的力学性能，尤其具有较高的塑性和韧性，因此称为"可锻"铸铁，但实际上可锻铸铁并不能锻造。与球墨铸铁相比，可锻铸铁质量稳定，铁液处理简易，容易组织流水生产，但其生产周期长，在缩短可锻铸铁退火周期取得很大进展后，可锻铸铁具有了广阔的发展前途，在汽车和拖拉机中得到了应用。

3. 可锻铸铁牌号和用途

可锻铸铁的牌号、性能和用途见表6-4。

表 6-4 可锻铸铁的牌号、性能和用途

种类	牌号	试样直径/mm	力学性能				应 用 举 例
			R_m/MPa	$R_{p0.2}$/MPa	A/%	HBW	
			不小于				
黑心可锻铸铁	KTH300-06	12 或 15	300	—	6	不小于150	弯头、三通管接头、中低压阀门等承受低动载荷及静载荷，要求气密性的零件
	KTH330-08		330	—	8		扳手、犁刀、犁柱、车轮壳等承受中等动载荷的零件
	KTH350-10		350	200	10		汽车、拖拉机前后轮壳、减速器壳、转向节壳、制动器及铁道零件等承受较高冲击、振动的条件
	KTH370-12		370	—	12		
珠光体可锻铸铁	KTZ450-06	12 或 15	450	270	6	150～200	载荷较高、耐磨损并有一定韧性要求的重要零件，如曲轴、凸轮轴、连杆、齿轮、活塞环、轴套、肥片、万向接头、棘轮、扳手、传动链条等
	KTZ550-04		550	340	4	180～250	
	KTZ650-02		650	430	2	210～260	
	KTZ700-02		700	530	2	240～290	

可锻铸铁的牌号是由"KTH"（"可铁黑"三字的汉语拼音字首）或"KTZ"（"可铁珠"三字的汉语拼音字首）+最低抗拉强度值—最低断后伸长率值表示。例如，牌号KTH350-10表示最低抗拉强度值为350 MPa、最低断后伸长率为10%的黑心可锻铸铁；KTZ650-02表示最低抗拉强度值为650 MPa、最低断后伸长率为2%的珠光体基体可锻铸铁。可锻铸铁常用来制造形状复杂、承受冲击的薄壁和中小型零件。

四、蠕墨铸铁

蠕墨铸铁的组织为钢的基体上分布着蠕虫状石墨。蠕墨铸铁是近年发展起来的一种新型材料，是由熔融铁液经变质和孕育处理并冷却凝固后所获得的一种铸铁。常采用的变质元素（蠕化剂）有稀土硅铁镁合金、稀土硅铁合金和稀土硅铁钙合金等。

1. 蠕墨铸铁的组织和性能

熔融铁液经蠕化处理后可得到蠕墨铸铁，铸造方法为浇注前向铁液中加入蠕化剂，促使石墨呈蠕虫状。蠕墨铸铁的显微组织如图6-8所示。蠕虫状石墨的形态介于片状与球状之间，所以蠕墨铸铁的力学性能介于灰铸铁和球墨铸铁之间；

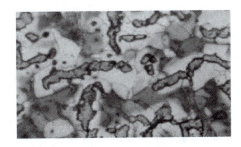

图 6-8 蠕墨铸铁的显微组织

抗拉强度和疲劳强度相当于铁素体球墨铸铁；铸造性能、减振性和导热性都优于球墨铸铁。减振性、耐磨性、导热性、切削加工性和铸造性与灰铸铁近似。蠕墨铸铁的突出优点是它的导热性和耐热疲劳性好。

2. 蠕墨铸铁的牌号和用途

蠕墨铸铁的牌号用"RuT"（"蠕铁"两字的汉语拼音字首）+最低抗拉强度值表示。例如，牌号 RuT300 表示最低抗拉强度值为 300 MPa 的蠕墨铸铁。蠕墨铸铁主要应用于承受循环载荷、要求组织致密、强度要求较高、形状复杂的零件，如气缸盖、气缸套、电动机外壳、液压件和钢锭模等零件。蠕墨铸铁的牌号、力学性能和用途见表6-5。

表 6-5　蠕墨铸铁的牌号、力学性能和用途

牌号	力学性能				应 用 举 例
	R_m/MPa	$R_{r0.2}$/MPa	A/%	硬度/HBW	
	不大于				
RuT260	260	195	3	121～197	增压器废气进气壳体、汽车底盘零件等
RuT300	300	240	1.5	140～217	排气管、变速箱体、气缸盖、液压件、纺织机零件、钢锭模等
RuT340	340	270	1.0	170～249	重型机床件、大型齿轮箱体、盖、座、飞轮、起重机卷筒等
RuT380	380	300	0.75	193～274	活塞环、气缸套、制动盘、钢珠研磨盘、吸淤泵体等
RuT420	420	335	0.75	200～280	

五、新型合金铸铁

常用的合金铸铁有耐磨铸铁、耐热铸铁和耐蚀铸铁。

1. 耐磨铸铁

耐磨铸铁分为减摩铸铁和抗磨铸铁两类。减摩铸铁为高磷铸铁，适用于润滑条件下工作的零件，如机床导轨、活塞环、气缸套、滑块、滑动轴承等；抗磨铸铁为高铬铸铁，适用于无润滑、干摩擦条件下工作的铸铁零件，如轧辊、犁铧、抛丸机叶片、球磨机磨球等零件。

2. 耐热铸铁

在高温下工作的铸铁零件，要求其具有良好的耐热性，应采用耐热铸铁。普通灰口铸铁的耐热性较差，只能在小于 400 ℃ 的温度下工作。耐热铸铁指在高温下具有良好的抗氧化能力的铸铁。通过在铸铁中加入 Si、Al、Cr 等合金元素，可使之在高温下形成一层致密的氧化膜（如 SiO_2、Al_2O_3、Cr_2O_3 等），从而使其内部不再继续氧化。此外，这些元素还会提高铸铁的临界点，使其在所使用的温度范围内不发生固态相变，以减少由此造成的体积变化，防止显微裂纹的产生。常用的耐热铸铁有高铬铸铁、中硅铸铁、镍铬硅铸铁、镍铬球墨铸铁等，主要用于制造加热炉炉底板、烟道挡板、渗碳罐、传动链构件等。

3. 耐蚀铸铁

耐蚀铸铁是指在腐蚀介质中工作的具有较高耐蚀能力的铸铁。耐蚀铸铁具有较高的耐蚀性能，耐蚀措施与不锈钢相似，一般加入 Si、Al、Cr、Ni、Cu 等合金元素，在铸件表面形成牢固、致密而又完整的保护膜，阻止腐蚀继续进行，并提高铸铁基体的电极电位和铸铁的耐蚀性。

应用最广泛的是高硅耐蚀铸铁，这种铸铁在含氧酸类和盐类介质中有良好的耐蚀性，但在碱性介质和盐酸、氢氟酸中，因表面 SiO_2 保护膜被破坏，耐蚀性有所下降。耐蚀铸铁广泛用于化工部门，用来制造管道、阀门、泵类、反应锅及盛储器等。

习　题

1. 为什么在同一铸件中，往往表层和壁薄部分要比芯部和壁厚部分硬度高？

2. 解释词语。

灰口铸铁　白口铸铁　可锻铸铁　球墨铸铁　蠕墨铸铁

3. 灰铸铁的性能为何远不如钢？

4. 什么是灰铸铁的孕育处理？孕育处理有何作用？

5. 什么是铸铁的石墨化？影响铸铁石墨化的因素有哪些？

6. 解释下列牌号中数字和符号的含义。

QT400-18　R_UT340　KTZ450-06　HT200　KTH300-6

7. 灰口铸铁也属于铁碳合金，所以也可以像钢一样通过各种热处理改善其力学性能。这句话对吗？为什么？

8. 为什么可锻铸铁适宜制造壁较薄的零件？而球墨铸铁不宜制造壁较薄的零件？

9. 在下列牌号中选择制造机床床身、汽车或拖拉机后桥壳、曲轴等工件的铸铁。

HT200　QT700-2　KTH350-10

10. 由于可锻铸铁比灰铸铁的韧性好，所以可以进行锻造加工。这句话对吗？为什么？

11. 为什么球墨铸铁的性能接近钢？有时可以代替钢？ 12. 有哪些新型合金铸铁？

第七章

非铁金属材料

非铁金属材料是指除钢铁材料以外的其他金属及合金的总称（俗称有色金属）。非铁金属的产量和使用量远不及黑色金属，但由于具有独特的性能，所以成为现代工业技术中不可缺少的金属材料。非铁金属材料种类繁多，应用较广的是 Al、Cu、Ti 及其合金以及滑动轴承合金。

第一节 铝及其合金

一、工业纯铝

工业纯铝一般定为纯度为 99.0%～99.9% 的铝，其熔点为 660 ℃，密度为 2.7 g/cm^3，是一种轻金属材料。

工业纯铝具有铝的一般特点，密度小、导电、导热性能好，抗腐蚀性能好，塑性加工性能好，可加工成板、带、箔和挤压制品等，可进行气焊、氩弧焊、点焊。工业纯铝不能热处理强化，可通过冷变形提高强度。

工业纯铝用途非常广泛，可作电工铝，如母线、电线、电缆、电子零件；可作换热器、冷却器、化工设备；可用作烟、茶、糖等食品和药物的包装用品；在建筑上作屋面板、天棚、间壁墙、吸音和绝热材料，以及家庭用具、炊具等。但很少用于制造机械零件。

二、铝合金的分类与热处理

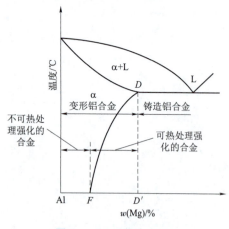

图 7-1 二元铝合金相图

铝合金是向铝中加入适量的 Si、Cu、Mg、Mn 等合金元素，进行固溶强化和第二相强化而得到的。合金化可提高纯铝的强度并保持纯铝的特性。一些铝合金还可经冷变形强化或热处理，进一步提高强度。

1. 铝合金的分类

二元铝合金一般可形成固态下局部互溶的共晶相图，如图 7-1 所示。

根据铝合金的成分和工艺特点可把铝合金分为变形铝合金和铸造铝合金。

（1）变形铝合金

由图 7-1 可知，凡成分在 D' 点以左的合金，均称变形铝合金，其在加热时能形成单相固溶体组织，具有良好的塑性，适于压力加工。

变形铝合金又可分为两类：不能热处理强化的铝合金，成分在 F 点以左的铝合金；能热处理强化的铝合金，成分在 F 点与 D' 点之间的铝合金。

（2）铸造铝合金

成分在 D' 点以右的铝合金，具有共晶组织，塑性较差，但熔点低，流动性好，适于铸造，故称铸造铝合金。但上述分类并不是绝对的。

2. 铝合金的热处理

（1）固溶处理

将铝合金加热到 α 单相区某一温度，经保温，使第二相溶入 α 中，形成均匀的单相 α 固溶体，随后迅速水冷，使第二相来不及从 α 固溶体中析出，在室温下得到过饱和的 α 固溶体，这种处理方法称为固溶热处理或固溶处理（俗称淬火）。

固溶处理的性能特点：硬度、强度无明显升高，而塑性、韧性得到改善；组织不稳定，有向稳定组织状态过渡的倾向。

（2）时效强化

固溶处理后的铝合金，随时间延长或温度升高而发生硬化的现象，称为时效（即时效强化）。合金时效强化的前提条件是合金在高温能形成均匀的固溶体，同时在冷却中，固溶体溶解度随之下降，并能析出强化相粒子。

1）合金时效各阶段的性能特点。

① 孕育期，即在自然时效初始阶段，铝合金的强度不高、塑性好，此时可进行各种冷变形加工（如铆接、弯曲等）。

② 超过孕育期后，强度、硬度迅速增高，如图 7-2 所示。

2）时效规律。铝合金时效强化效果与加热温度有关，如图 7-3 所示。

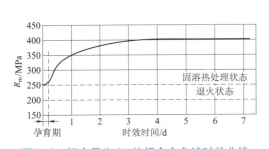

图 7-2 铜含量为 4% 的铝合金自然时效曲线

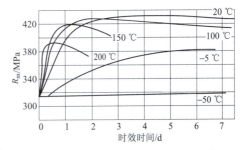

图 7-3 不同温度下的时效曲线

① 时效温度越高，强度峰值越低，强化效果越小。

② 时效温度越高，时效速度越快，强度峰值出现所需时间越短，温度过高或时间过长，合金反而变软，这种现象称为"过时效"。

③ 低温使固溶处理获得的过饱和固溶体保持相对的稳定性，抑制时效的进行（生产中有实用意义）。

（3）回归处理

回归处理是指将已时效强化的铝合金重新加热，经短时保温后在水中急冷，使合金恢复到固溶后状态的处理方法（之后还可时效）。一切能时效强化的合金都有回归现象。

（4）退火

铸造铝合金退火的目的是消除内应力及成分偏析，稳定组织。变形铝合金退火的目的是消除变形加工中出现的加工硬化现象，改善其加工工艺性。

三、变形铝合金

变形铝合金根据其性能特点和用途可分为防锈铝合金（LF）、硬铝合金（LY）、超硬铝合金（LC）及锻铝合金（LD），其代号后的数字为顺序号，如 LF5、LY12、LC4、LD5 等。常用变形铝合金的牌号、化学成分、性能及用途见表 7-1 所示。

表 7-1 常用变形铝合金的牌号、化学成分、性能及用途

类别		牌号	旧牌号	化学成分 w/%						材料状态	力学性能			用途举例
				Si	Cu	Mn	Mg	Zn	其他		R_m/MPa	A/%	硬度/HBW	
不能热处理强化合金	防锈铝合金	5A05	LF5	0.50	0.10	0.30~0.60	4.8~5.5	0.20		O	280	20	70	焊接油箱、油管、铆钉、焊条、中载零件及制品等
		3A21	LF21	0.60	0.20	1.0~1.60	0.05	0.10	Ti 0.15	O	130	20	20	焊接油箱、油管、焊条、轻载零件及制品等
能热处理强化铝合金	硬铝合金	2A11	LY11	0.70	3.8~4.8	0.4~0.8	0.4~0.8	0.30	Ni0.10 Ti0.15	T4	420	15	100	中等强度结构零件，如整流罩、螺旋桨叶片、骨架、局部镦粗零件、螺栓、铆钉等
		2A12	LY12	0.50	3.8~4.9	0.3~0.9	1.2~1.8	0.30	Ni0.10	T4	480	11	131	高强度及150℃以下工作的零件，如骨架、梁、铆钉等
	超硬铝合金	7A04	LC4	0.50	1.4~2.0	0.2~0.6	0.8~2.8	5.0~7.0	Cr0.1~0.25 Ti0.10	T6	600	12	150	主要受力构件，如飞机大梁、桁架、加强框、起落架、蒙皮接头、翼肋等
	锻铝合金	2A50	LD5	0.7~1.2	1.8~2.6	0.4~0.8	0.4~0.8	0.30	Ni0.10 Ti0.15	T6	420	13	105	形状复杂、中等强度的锻件或模锻件
		2A70	LD7	0.35	1.9~2.5	0.20	1.4~1.8	0.30	Ni0.9~1.5 Fe0.9~1.5	T6	440	12	120	内燃机活塞和在高温下工作的复杂锻件、板材、风扇轮等

注：O—退火；T4—固溶处理+自然时效；T6—固溶处理+人工时效。

四、铸造铝合金

铸造铝合金铸造性能良好，可获得各种近乎最终使用形状和尺寸的毛坯铸件，但其塑性较低，不能承受压力加工。

按主加合金元素的不同，铸造铝合金可分为 Al-Si 系、Al-Cu 系、Al-Mg 系和 Al-Zn 系，代号由"ZL+三位阿拉伯数字"组成。"ZL"是"铸铝"二字汉语拼音字首，其后第一位数字表示合金系列，如 1、2、3、4 分别表示铝硅、铝铜、铝镁、铝锌系列合金；第二、三位数字表示顺序号。例如，ZL102 表示铝硅系 02 号铸造铝合金。若为优质合金，则在代号后加"A"，压铸合金在牌号前面冠以字母"YZ"。牌号由"Z+基体金属的化学元素符号+合金元素符号+数字"组成。其中，"Z"是"铸"字汉语拼音字首，合金元素符号后的数字是以名义百分数表示的该元素的质量分数。例如 ZAlSi12 表示 $w(Si) \approx 12\%$ 的铸造铝合金。

常用铸造铝合金的牌号、化学成分、性能及用途见表 7-2 所示。

表 7-2 常用铸造铝合金的牌号、化学成分、性能及用途

类别	牌号	代号	化学成分 w/%						铸造方法	热处理方法	力学性能			用途举例
			Si	Cu	Mg	Zn	Mn	其他			R_m /MPa	A /%	硬度 HBW	
铝硅合金	ZAlSi7Mg	ZL101	6.5~7.5		0.25~0.45				金属型	固溶处理+不完全时效	205	2	60	形状复杂的零件，如飞机仪表、抽水机壳体、柴油机零件等
									砂型		195	2	60	
									砂型变质处理	固溶处理+完全时效	225	1	70	
	ZAlSi12	ZL102	10.0~13.0						金属型	退火	145	3	50	形状复杂的仪表壳体，水泵壳体，工作温度在 200℃ 以下高气密性、低载零件等
									砂型变质处理		135	4	50	
	ZAlSi9Mg	ZL104	8.0~10.5		0.17~0.35		0.2~0.5		金属型		235	2	70	在 200℃ 以下工作的内燃机气缸头、活塞等
									砂型变质处理	固溶处理+完全时效	225	2	70	

续表

类别	牌号	代号	化学成分 w/%						铸造方法	热处理方法	力学性能			用途举例
			Si	Cu	Mg	Zn	Mn	其他			R_m/MPa	A/%	硬度/HBW	
铝铜合金	ZAlCu5Mn	ZL201		4.5~5.3			0.6~1.0	Ti0.15~0.35	砂型	固溶处理+自然时效	295	8	70	在300℃以下工作的零件,如发动机机体、气缸体等
										固溶处理+不完全时效	335	4	90	
	ZAlCu4	ZL203		4.0~5.0					砂型	固溶处理+不完全时效	215	3	70	形状简单的中载零件,如托架、在200℃以下工作并切削加工性好的零件等
铝镁合金	ZAlMg10	ZL301			9.5~11.0				砂型	固溶处理+自然时效	280	10	60	在大气或海水工作的零件,在150℃以下工作,承受大振动载荷的零件等
	ZAlMg5Si	ZL303	0.8~1.3		4.5~5.5		0.1~0.4		砂型 / 金属型		145	1	55	腐蚀介质中工作的中载零件,在严寒大气及200℃以下工作的海轮配件等
铝锌合金	ZAlZn11Si7	ZL401	6.0~8.0		0.1~0.3	9.0~13.0			金属型	人工时效	245	1.5	90	在200℃以下工作,结构形状复杂的汽车、飞机、仪表零件等

注:(1)不完全时效指时效温度低或时间短;完全时效指时效温度约180℃,时间长。
(2)ZAlZn11Si7的性能是指经过自然时效20天或人工时效后的性能。

第二节　铜及其合金

铜在自然界中既可以以矿石的形式存在，又可以以纯金属的形式存在，是我国历史上使用较早、用途较广的一种非铁金属材料。

一、纯铜

纯铜一般指纯度高于 99.3% 的工业用金属铜，因为其颜色紫红又称紫铜。纯铜导电性很好，大量用于制造电线、电缆、电刷等；导热性好，常用来制造须防磁性干扰的磁学仪器、仪表，如罗盘、航空仪表等；塑性极好，易于热压和冷压加工，可制成管、棒、线、条、带、板、箔等铜材。铜的强度低，经冷塑性变形后明显提高，而塑性明显下降，故工业纯铜很少用于制作机械零件。

二、铜合金

工业纯铜的强度低，尽管通过冷变形强化可使其强度提高，但其塑性却急剧下降，因此不适合作结构材料。工业上，常对纯铜作合金化处理，加入一些如 Zn、Al、Sn、Mn、Ni 等合金元素，以获得强度和韧性都满足要求的铜合金。

1. 铜合金的分类

按化学成分不同，铜合金分为黄铜、白铜和青铜；按生产方式不同，铜合金分为加工铜合金和铸造铜合金。

黄铜是以 Zn 为主加元素的铜合金，白铜是 Cu、Ni 合金，青铜是除黄铜和白铜以外的所有铜合金。工业上应用较多的是黄铜和青铜。

2. 黄铜

（1）普通黄铜（铜锌二元合金）

黄铜是铜与锌的合金。最简单的黄铜是铜—锌二元合金，称为简单黄铜或普通黄铜。改变黄铜中锌的含量可以得到不同机械性能的黄铜。黄铜中锌的含量越高，其强度也较高，塑性稍低。工业中采用的黄铜含锌量一般不超过 45%，含锌量再高将会产生脆性，使合金性能变坏。

（2）特殊黄铜

特殊黄铜是在铜锌的基础上加入 Pb、Al、Sn、Mn、Si 等元素后形成的铜合金，并相应称之为铅黄铜、铝黄铜、锡黄铜等。它们具有比普通黄铜更高的强度、硬度、耐蚀性和良好的铸造性能。Pb 可改善黄铜的切削加工性和耐磨性；Si 可改善黄铜的铸造性能，也有利于提高其强度和耐蚀性；Al 可提高黄铜的强度、硬度和耐蚀性；Sn、Al、Si、Mn 可以提高黄铜的耐蚀性，减少应力腐蚀破裂的倾向。

若特殊黄铜中加入的合金元素较少，塑性较高，则称为加工特殊黄铜；若加入的合金元素较多，强度和铸造性能好，则称为铸造特殊黄铜。

（3）黄铜的热处理

1）去应力退火目的是消除应力，防止黄铜零、部件发生应力腐蚀破裂及切削加工后的变形，既适用于加工黄铜，也适用于铸造黄铜。

2）再结晶退火目的是消除加工黄铜的加工硬化现象。

（4）黄铜的用途

常用黄铜的牌号、主要化学成分、性能及用途见表7-3。

3. 青铜

除黄铜和白铜（铜—镍合金）以外的其他铜合金称为青铜，其中含锡元素的称为普通青铜（锡青铜），不含锡元素的称为特殊青铜（也叫无锡青铜）。按生产方式的不同，青铜还可分为加工青铜和铸造青铜。

青铜是历史上应用最早的一种合金，原指铜锡合金，因其颜色呈青灰色，故称青铜。为了改善合金的工艺性能和机械性能，大部分青铜内还加入了其他合金元素，如铅、锌、磷等。由于锡是一种稀缺元素，所以工业上还使用许多不含锡的无锡青铜，它们不仅价格便宜，而且还具有所需要的特种性能。无锡青铜主要有铝青铜、铍青铜、锰青铜、硅青铜等，此外还有成分较为复杂的三元或四元青铜。

锡青铜有较高的机械性能，较好的耐蚀性、减摩性和好的铸造性能；对过热和气体的敏感性小，焊接性能好，无铁磁性，收缩系数小。锡青铜在大气、海水、淡水和蒸汽中的抗蚀性都比黄铜高。铝青铜有比锡青铜高的机械性能和耐磨、耐蚀、耐寒、耐热、无铁磁性，有良好的流动性，无偏析倾向，可得到致密的铸件。在铝青铜中加入铁、镍和锰等元素，可进一步改善合金的各种性能。

表7-3 常用黄铜的牌号、主要化学成分、性能及用途

类别	牌号	化学成分 w/%			加工状态或铸造方法	力学性能			用途举例
		Cu	其他	Zn		R_m /MPa	A /%	硬度/ HBW	
						不小于			
普通黄铜	H68	67.0~70.0		余量	软	320	55		复杂的冷冲件和深冲件、散热器外壳、导管及波纹管等
					硬	660	3	150	
	H62	60.5~63.5		余量	软	330	49	56	销钉、铆钉、螺母、垫圈、导管、夹线板、环形件、散热器等
					硬	600	3	164	
特殊黄铜	HPb59-1	57~60	Pb0.8~1.9	余量	硬	650	16	HRB 140	销子、螺钉等冲压件或加工件
	HMn58-1	57~60	Mn1.0~2.0	余量	硬	7 000	10	175	船舶零件及轴承等耐磨零件
铸造黄铜	ZCuZn16Si4	79~81	Si2.5~4.5	余量	S	345	15	88.5	接触海水工作的配件以及水泵、叶轮和在空气、淡水、油、燃料以及工作压力在4.5 MPa和250℃以下蒸汽中工作的零件
					J	390	20	98.0	

续表

类别	牌号	化学成分 w/%			加工状态或铸造方法	力学性能			用途举例
		Cu	其他	Zn		R_m/MPa	A/%	硬度/HBW	
						不小于			
铸造黄铜	ZCuZn40Pb2	58~63	Pb 0.5~2.5 Al 0.2~0.8	余量	S	220	15	78.5	一般用途的耐磨、耐蚀零件,如轴套、齿轮等
					J	280	20	88.5	

注:软—600 ℃退火;硬—变形度50%;S—砂型铸造;J—金属型铸造。

(1) 普通青铜(锡青铜)

锡青铜在大气、海水、淡水以及蒸汽中的耐蚀性比纯铜和黄铜好,但在盐酸、硫酸和氨水中的耐蚀性较差;具有良好的减摩性,无磁性,无冷脆现象;锡青铜中加入少量Pb,可提高耐磨性和切削加工性能;加入P可提高弹性极限、疲劳强度及耐磨性;加入Zn可缩小结晶温度范围,改善铸造性能。

加工锡青铜适于制造仪表上要求耐磨、耐蚀的零件及弹性零件、滑动轴承、轴套及抗磁零件等。铸造锡青铜适宜制造形状复杂、外形尺寸要求严格、致密性要求不高的耐磨、耐蚀件,如轴瓦、轴套、齿轮、蜗轮、蒸汽管等。

(2) 特殊青铜(无锡青铜)

1) 铝青铜,以Al为主要添加元素的铜合金称为铝青铜,应用最为广泛,其耐蚀性、耐磨性高于锡青铜与黄铜,并有较高的耐热性及硬度、韧性和强度。加工铝青铜主要用来制造各种要求耐蚀的弹性元件及高强度零件。铸造铝青铜用于制造要求有较高强度和耐磨性的摩擦零件。

2) 铍青铜,以Be为基本合金元素的铜合金(w(Be) = 1.7%~2.5%)。在淬火状态下塑性好,可进行冷变形和切削加工,制成零件,经人工时效处理后,获得很高的强度和硬度。铍青铜的弹性极限、疲劳强度都很高,耐磨性和耐蚀性也很优异,具有良好的导电性和导热性,并且抗磁、耐寒、受冲击时不产生火花,但价格较贵,主要用来制作精密仪器的重要弹性元件、钟表齿轮、高速高压下工作的轴承及衬套以及电焊机电极、防爆工具、航海罗盘等重要机件。

常用青铜的牌号、化学成分、力学性能及用途见表7-4。

表7-4 常用青铜的牌号、主要化学成分、性能及用途

类别	牌号	化学成分 w/%			加工状态或铸造方法	力学性能		用途举例
		Sn	Cu	其他		R_m/MPa	A/%	
锡青铜	压力加工	QSn4-3	3.5~4.5	余量	Zn2.7~3.3	板、带、棒、线	350	40	弹簧、管配件和化工机械中的耐磨及抗磁零件

续表

类别		牌号	化学成分 w/%			加工状态或铸造方法	力学性能		用途举例
			Sn	Cu	其他		R_m/MPa	A/%	
锡青铜	压力加工	QSn6.5-0.4	6.0~7.0	余量	P0.26~0.40	板、带、棒、线	750	9	耐磨及弹性元件
		QSn4.4-2.5	3.0~5.0	余量	Zn3.0~5.0 Pb1.5~3.5	板、带	650	3	轴承及轴套的衬垫等
	铸造	ZCuSn10Zn2	9.0~11.0	余量	Zn1.0~3.0	砂型	240	12	在中等级较高载荷下工作的重要管配件,如阀、泵体、齿轮等
						金属型	245	6	
		ZCuSn10Pb1	9.0~11.5	余量	Pb0.5~1.0	砂型	220	3	重要的轴瓦、齿轮、连杆和轴套等
						金属型	310	2	
无锡青铜	压力加工	QAl7	Al6.0~8.0	余量	—	板、带、棒、线	637	5	重要的弹簧和弹性元件
		QBe2	Be1.8~2.1	余量	Ni0.2~0.8	板、带、棒、线	500	30	重要仪表的弹簧、齿轮等
	铸造	ZCuPb30	Pb27.0~33.0	余量		金属型			高速双金属轴瓦、减磨零件等
		ZCuAl10Fe3Mn2	Al9.0~11.0	余量	Fe2.0~4.0 Mn1.0~2.0	砂型	490	13	重要用途的耐磨、耐蚀的铸件,如轴套、螺母涡、轮等
						金属型	540	15	

第三节 滑动轴承合金与硬质合金

一、滑动轴承合金

1. 滑动轴承的工作条件及对轴承合金的性能要求

滑动轴承是指支承轴颈和其他转动或摆动零件的支承件。它由轴承体和轴瓦合金内衬制成。用来制造轴瓦及其内衬的合金,称为轴承合金。

当机器不运转时,轴停放在轴承上,对轴承施以压力。当轴高速运转时,轴对轴承施以周期性交变载荷,有时还伴有冲击。滑动轴承的基本作用就是将轴准确地定位,并在载荷作用下支承轴,使轴不被破坏。轴的造价通常较高,经常更换不经济。选择满足一定性能要求的轴承合金,可以保证轴的最小磨损。

轴承合金应当耐磨并具有较小的摩擦系数,以减少轴的磨损;应具有较高的疲劳强度和抗压强度,以承受巨大的周期性载荷;应具有足够的塑性和韧度,以抵抗冲击和振动,并改善轴和轴瓦的磨合性能;应具有良好的热导性和耐蚀性,以防轴瓦和轴因强烈摩擦升温而发生咬合,并能抵抗润滑油的侵蚀。为此,轴承合金的组分和结构应具备如下特征。

1) 轴承材料的基体应采用对钢、铁互溶性小的元素,即与金属铁的晶格类型、晶格间距、电子密度、电化学性能等差别大的元素，如 Sn、Pb、Al、Cu、Zn 等。这些元素与 Fe 配对时，对 Fe 的互溶性小或不溶，且不形成化合物，这样对钢铁轴颈的黏着性与擦伤性较小。

2）金相组织应是软基体上分布有均匀的硬质点或硬基体上分布有均匀的软质点，这样，当轴在轴瓦中转动时，软基体（或软质点）被磨损而凹陷，硬的质点（或硬基体）耐磨而相对凸起。凹陷部分可保持润滑油，凸起部分可支持轴的压力并使轴与轴瓦的接触面积减小，其间隙可储存润滑油，降低了轴和轴承的摩擦系数，减少了轴和轴承的磨损。软的基体可以承受冲击和振动并使轴和轴瓦能很好地磨合，而且偶然进入的外来硬质点也能被压入软基体内，不致擦伤轴颈。

3）轴承材料中应含有适量的低熔点元素。当轴承和轴颈的直接接触点出现高温时，低熔点元素熔化，并在摩擦力的作用下展平于摩擦面上，形成一层塑性好的薄润滑层。该层不仅具有润滑作用，而且有利于减小接触点上的压力和减小摩擦接触面交错峰谷的机械阻力。

2. 常用的轴承合金

滑动轴承的材料主要是有色金属，常用的有锡基轴承合金、铅基轴承合金、铜基轴承合金和铝基轴承合金等。

（1）锡基轴承合金（锡基巴氏合金）

它是以锡为基体元素，加入锑、铜等元素组成的合金，其显微组织如图 7-4 所示。这种合金摩擦系数小，塑性和导热性好，是优良的减摩材料，常用作重要的轴承，如汽轮机、发动机、压气机等巨型机器的高速轴承。它的主要缺点是疲劳强度较低，且锡较稀缺，故这种轴承合金价格最贵。

（2）铅基轴承合金（铅基巴氏合金）

铅基轴承合金是铅—锑为基体的合金。加入锡能形成 SnSb 硬质点，并能大量溶于铅中而强化基体，故可提高铅基合金的强度和耐磨性。加铜可形成 Cu_2Sb 硬质点，并防止比密度偏析。铅基轴承合金的显微组织如图 7-5 所示，铅基轴承合金的强度、塑性、韧性及导热性、耐蚀性均较锡基合金低，且摩擦系数较大，但价格较便宜。因此，铅基轴承合金常用来制造承受中、低载荷的中速轴承，如汽车、拖拉机的曲轴、连杆轴承及电动机轴承等。

图 7-4　ZSnSb11Cu6 铸造锡基轴承合金显微组织（100×）

图 7-5　ZPbSb16Sn16Cu2 铸造铅基轴承合金显微组织（100×）

无论是锡基还是铅基轴承合金，它们的强度都比较低（R_m = 60～90 MPa），不能承受大的压力，故须将其镶铸在钢的轴瓦上（一般为 08 号钢冲压成型），形成一层薄而均匀的内衬，才能发挥作用。这种工艺称为挂衬，挂衬后就形成所谓的双金属轴承。

(3) 铜基轴承合金

1) 锡青铜，常用的是 ZCuSn10P1，其组织是由软的基体（α 固溶体）及硬质点（β 相及化合物 Cu_3P）所构成。它的组织中存在较多的分散缩孔，有利于储存润滑油。这种合金能承受较大的载荷，广泛用于中等速度及承受较大的固定载荷的轴承，例如电动机、泵、金属切削机床轴承等。锡青铜可直接制成轴瓦，但与其配合的轴颈应具有较高的硬度（300～400 HBW）。

2) 铅青铜，常用的是 ZCuPb30，铜与铅在固态下互不溶解，铅青铜的显微组织是由硬的基体（铜）上均布着大量软的质点（铅）所构成。该合金与巴氏合金相比，具有高的疲劳强度和承载能力，同时还有高的导热性（约为锡基巴氏合金的 6 倍）和低的摩擦系数，并可在较高温度（如 250 ℃）以下工作。铅青铜适宜制造高速、高压下工作的轴承，如航空发动机、高速柴油机及其他高速机器的主轴承。铅青铜的强度较低（$R_m = 60$ MPa），因此也需要在轴瓦上挂衬，制成双金属轴承。

常用锡基、铅基轴承合金的牌号、化学成分、力学性能及用途如表 7-5 所示。

表 7-5 常用锡基、铅基轴承合金的牌号、化学成分、力学性能及用途

类别	牌号	化学成分 w/%				力学性能			用途举例
		Sb	Cu	Pb	Sn	R_m/MPa	A/%	硬度/HBW	
						不小于			
锡基轴承合金	ZSnSb12Pb10Cu4	11.0～13.0	2.5～5.0	9.0～11.0	余量			29	一般机械的主要轴承，但不适于高温工作
	ZSnSb11Cu6	10.0～12.0	5.5～6.5	0.35	余量	90	6.0	27	1 500 kW 以上的高速蒸汽机、400 kW 的涡轮压缩机用轴承
	ZSnSb8Cu4	7.0～8.0	3.0～4.0	0.35	余量	80	10.6	24	一般大机器轴承及轴衬，重载、高速汽车发动机薄壁双金属轴承
	ZSnSb4Cu4	4.0～5.0	4.0～5.0	0.35	余量	80	7.0	20	涡轮内燃机高速轴承及轴衬
铅基轴承合金	ZPbSb15Sn5Cu3Cd2	14.0～16.0	2.5～3.0		5.0～6.0	68	0.2	32	船舶机械中小于 250 kW 的电动机轴承
	ZPbSb10Sn6	9.0～11.0	0.7*		5.0～7.0	80	5.5	18	重载、耐蚀、耐磨用轴承

注：表中有"*"号的数值，不计入其他元素总和。

各种轴承合金性能的比较见表 7-6。

表 7-6 各种轴承合金性能比较

种类	抗咬合性	磨合性	磨蚀性	耐疲劳性	合金硬度/HBW	轴颈处硬度/HBW	最大允许压力/(N·mm⁻²)	最高允许温度/℃
锡基轴承合金	优	优	优	劣	20～30	150	600～1 000	150
铅基轴承合金	优	优	中	劣	15～30	150	600～800	150

续表

种类	抗咬合性	磨合性	磨蚀性	耐疲劳性	合金硬度/HBW	轴颈处硬度/HBW	最大允许压力/(N·mm^{-2})	最高允许温度/℃
锡青铜	中	劣	优	优	50～100	300～400	700～2 000	200
铅青铜	中	差	差	良	40～80	300	2 000～3 200	220～250
铝基合金	劣	中	优	良	45～50	300	2 000～2 800	100～150
铸铁	差	劣	优	优	160～180	200～250	300～600	150

二、硬质合金

由于切削速度不断提高，不少刀具的刃部工作温度已超过 700 ℃，有时甚至高达 800 ℃～1 000 ℃，这时高速钢的红硬性已不能满足刀具的使用要求，需要采用更硬的材料——硬质合金作为制作刀具的材料。硬质合金种类很多，目前常用的有金属陶瓷硬质合金和钢结硬质合金。

1. 金属陶瓷硬质合金

金属陶瓷硬质合金是将一种或多种难熔的金属碳化物粉末（如 WC、TiC 等）和黏结剂（Co、Ni 等）混合，加压成型，再经烧结而成的粉末冶金材料，它与陶瓷烧结相似，故由此得名。

硬质合金的特点：硬度很高（69～81 HRC），红硬性很好（900 ℃～1 000 ℃），耐磨性优良。故硬质合金刀具的切削速度可比高速钢提高 4～7 倍，刀具寿命可提高 5～80 倍。硬质合金可以切削加工奥氏体耐热钢和不锈钢等用高速钢无法切削加工的金属材料。有些硬质合金刀具还可以加工硬度在 50 HRC 以上的硬质材料。

目前，广泛应用的金属陶瓷硬质合金有以下几类。

（1）钨钴类硬质合金

钨钴类硬质合金的主要成分为碳化钨和钴，应用最广泛的牌号有 YG3、YG6、YG8 等，其中"YG"表示钨钴类硬质合金，后边的数字表示钴的含量，如 YG6，表示含 Co 6%、含 WC 94%的钨钴类硬质合金。

钨钴类硬质合金比钨钛钴类有较高的强度和韧性，因此，钨钴类硬质合金刀具适合加工脆性材料（如铸铁）。

（2）钨钛钴类硬质合金

钨钛钴类硬质合金主要成分为碳化钨、碳化钛和钴，应用最广泛的牌号有 YT5、YT15、YT30 等，其中"YT"表示钨钛钴类硬质合金，后边的数字表示 TiC 的含量。如 YT15 表示含 TiC15%，其他为 WC 和 Co 的钨钛钴类硬质合金。

钨钛钴类有较高的硬度和较好的耐磨性及红硬性。钨钛钴类硬质合金刀具适合加工塑性材料（如钢等）。以上硬质合金中，碳化物是合金的"骨架"，起坚硬耐磨的作用，钴则起黏结作用。一般来说，含钴量越高（含碳化物量越低），则强度、韧性越高，而硬度、耐磨性越低，因此含钴量多的牌号（如 YG8）一般都用于粗加工及加工表面比较粗糙的工件。

（3）通用类硬质合金

通用类硬质合金在 YT 类硬质合金中加入 TaC（碳化钽）或 NbC（碳化铌）而成。这类硬质合金的韧性和抗黏附性较高，耐磨性也较好，既能切削铸铁，又能切削钢材，故也称其为"万能硬质合金"。常用的牌号有YW1、YW2，牌号中的数字代表顺序号，数字越大，硬质合金中的Co含量越高。

通用类硬质合金常用来加工各种难加工的合金钢，如高锰钢、不锈钢和耐热钢等。

由于金属陶瓷硬质合金硬度高，脆性大，不能进行切削加工，也不能制成形状复杂的整体刀具，因而经常制成一定规格的刀片镶焊在刀体或模具上使用。

常用硬质合金的牌号、化学成分与性能见表7-7。

表7-7 常用硬质合金的牌号、化学成分与性能

类别	牌号	化学成分 w/%				硬度/HRA	抗弯强度/MPa
		WC	Ti	TaC	Co	不小于	
钨钴类硬质合金	YG3X	96.5	—	<0.5	3	91.5	1 079
	YG6	94.0	—	—	6	89.5	1 422
	YG8C	92.0	—	—	8	88.0	1 716
	YG15	85.0	—	—	15	87.0	2 100
钨钛钴类硬质合金	YT5	85.0	5	—	10	89.5	1 373
	YT15	79.0	15	—	6	91.0	1 150
	YT30	66.0	30	—	4	92.5	883
通用类合金	YW1	84～85	6	3～4	6	91.5	1 177
	YW2	82～83	6	3～4	8	90.5	1 324

注：牌号尾不加字母的为一般颗粒合金；加"X"代表该合金是细颗粒合金；加"C"表示为粗颗粒合金。

目前金属陶瓷硬质合金除广泛用作切削刀具外，还用来制造量具、模具等耐磨零件，在采矿、采煤、石油、地质钻探等工业中，还应用它制造钎头和钻头等。硬质合金的牌号很多，实际应用中可根据加工方式、被加工材料性质、加工条件来选用硬质合金刀片，如表7-8所示。

表7-8 硬质合金刀具（刀片）牌号的选用

加工方式	被加工材料								加工条件及特征
	碳钢及合金钢	特殊难加工钢	奥氏体不锈钢	淬火钢	钛及钛合金	铸铁		非铁金属及其合金	非金属材料
						HBW ≤240	HBW 400～700		
	推荐使用的硬质合金牌号								
车削	YT5 YT14 YT15	YG8 YG6A YW1	YG8 YW2	—	YG8	YG5 YG8	YG8 YG6X	YG6 YG8	—	锻件、冲压件及铸件表皮断续带冲击的粗车
	YT15 YT14 YT5	YG8 YW2	YW1	YT5 YG8	YG6 YG8	YG6 YG8	—	YG3X	YG3X	不连续面的半精车及精车
	YT30	YT14 YT5	YG6X	YT15 YT14	YG8	YG3X	YG6X	YG3X	YG3X	连续面的半精车及精车

续表

加工方式	被加工材料								加工条件及特征
	碳钢及合金钢	特殊难加工钢	奥氏体不锈钢	淬火钢	钛及钛合金	铸铁 HBW≤240	铸铁 HBW 400~700	非铁金属及其合金	非金属材料
	推荐使用的硬质合金牌号								
车削	YT15 YT14 YT5	YG8 YW1	YG6X YW1	—	YG8	YG6 YG8	—	YG3X	YG3X	切断及切槽
车削	YT15 YT14	YT15 YT14 YW1	YG6X	YG6X	YG6	YG3X	YG6X	YG6	YG3X	精粗车螺纹
刨削、拉削	YG15	—	—	—	YG8	—	YG8	YG6 YG8		粗加工
刨削、拉削	YT5	—	—	—	YG6 YG8	—	YG6	YG6		半精加工及精加工
铣削	YT15 YT14	YT15 YT14 YW1	YW2	—	YG8	YG3X	YG6X	YG3X	YG3X	半精加工及精铣
钻削	YT5	—	—	YG6 YG8	YG6 YG8	YG6 YG8	YG6 YG8	—		铸孔、锻孔、冲孔的一般扩钻
铰削	YT30 YT15	YT30 YT15	YG6X YW2	YT30	YG8	YG3X	YG6X	YG3X	YG3X	预铰及精铰

注：牌号中"X"表示该硬质合金是细颗粒。

2. 钢结硬质合金

钢结硬质合金是性能介于高速钢和硬质合金之间的新型工具材料，它是以一种或几种碳化物（如 TiC、WC 等）为硬质相，以合金钢（如高速钢、铬钼钢等）粉末为黏结剂，经配料、混料、压制和烧结而成的粉末冶金材料。

钢结硬质合金烧结坯件经退火后可进行一般的切削加工，经淬火、回火后有相当于金属陶瓷硬质合金的高硬度和良好的耐磨性，也可进行焊接和锻造，并有耐热、耐蚀、抗氧化等性能。如高速钢钢结硬质合金，其成分为 35% 的 TiC 和 65% 的高速钢，经退火后硬度为 40~50 HRC，其淬火、回火工艺与高速钢相似，淬火、回火后的硬度为 69~73 HRC。高速钢钢结硬质合金适用于制造各种形状复杂的刀具，如麻花钻头、铣刀等，也可制造在较高温度下工作的模具和耐磨零件。

习　题

1. 为什么变形铝合金分为不能热处理强化和能热处理强化两类？
2. 铝合金热处理强化方法有哪些？变形铝合金中哪些品种可以进行热处理强化？

3. 什么是铸造铝合金的变质处理？试述铸造铝合金变质处理后力学性能提高的原因。
4. 铜合金是如何分类的？
5. 说明下列牌号的意义：
H62   H68   HSn62-1   ZCuZn38   ZCuZn16Si4   QSn4-3   ZCuSn10P1   QBe2
6. 试述轴承合金应具有哪些性能，应具备什么样的组织来保证这些性能。
7. 试述下列零件应选用何种金属材料制造较为合适：
焊接油箱   气缸体   活塞   飞机蒙皮   仪表弹簧   罗盘   重型汽车轴瓦   拖拉机轴承
8. 试述粉末冶金材料的工艺过程，用粉末冶金法生产材料或零件有何优缺点。
9. 用粉末冶金减摩材料生产的含油轴承为什么在长期工作中不必加油亦能运转良好？
10. 硬质合金是如何分类的？
11. 识别下列牌号，解释其中各符号和数字的意义。
FZ1360   FM101S   FM203G   YT15   YW2   YG6

第八章

非金属材料

非金属材料包括除金属材料以外几乎所有的材料，主要有各类高分子材料（塑料、橡胶、合成纤维、部分胶黏剂等）、陶瓷材料（各种陶器、瓷器、耐火材料、玻璃、水泥及近代无机非金属材料等）和各种复合材料等。本章主要介绍高分子材料、陶瓷和复合材料。

工程材料仍然以金属材料为主，这在相当长的时间内是不会改变的。但近年来高分子材料、陶瓷等非金属材料急剧发展，且在材料的生产和使用方面均有重大的进展，其正在越来越多地应用于各类工程中。非金属材料已经不是金属材料的代用品，而是一类独立使用的材料，有时甚至是一种不可取代的材料。

第一节 高分子材料

高分子材料又称为高聚物，通常高聚物根据机械性能和使用状态可分为橡胶、塑料、合成纤维、胶黏剂和涂料五类。各类高聚物之间并无严格的界限，同一高聚物，采用不同的合成方法和成型工艺，可以制成塑料，也可制成纤维，比如尼龙就是如此。而像聚氨酯一类的高聚物，在室温下既有玻璃态性质，又有很好的弹性，所以很难说它是橡胶还是塑料。

一、塑料

塑料是以高分子树脂为主要成分，在一定条件下（如温度、压力等）可制成一定形状且在常温下保持形状不变的材料。塑料可以是纯的树脂，也可以是加有各种添加剂的混合物，添加剂的作用是改善纯树脂的物理机械性能、加工性能或是节约树脂。

塑料都以合成树脂（极少天然树脂）为基本原料，并加入填料、增塑剂、染料、稳定剂、润滑剂等各种辅助料而组成。因此，不同品种、牌号的塑料，由于选用树脂及辅助料的性能、成分、配比及塑料生产工艺不同，其使用及工艺特性也各不相同。

塑料质轻，一般塑料的密度都为 $0.9\sim2.3\ \text{g/cm}^3$，具有优异的电绝缘性能及减摩、耐磨和自润滑特性，一般塑料对酸碱等化学药品均有良好的耐腐蚀能力，还具有透光和防护性能，以及减震、消声性能。塑料的优良性能使它在工、农业生产和人们的日常生活中具有广泛用途。

塑料按照应用范围可分为三种类型。

1. 通用塑料

通用塑料主要包括聚乙烯、聚氯乙烯、聚苯乙烯、聚丙烯、酚醛塑料和氨基塑料六大品种。这一类塑料的特点是产量大、用途广、价格低，它们占塑料总产量的 3/4 以上，大多数用于日常生活用品。其中，聚乙烯、聚氯乙烯、聚苯乙烯、聚丙烯这四大类用途最为广泛。

（1）聚乙烯（PE）

生产聚乙烯的原料均来自石油或天然气，它是塑料工业中产量最大的品种。聚乙烯的相对密度小（0.91～0.97），耐低温，电绝缘性能好，耐蚀性好。高压聚乙烯质地柔软，适于制造薄膜；低压聚乙烯质地坚硬，可制作一些结构零件。聚乙烯的缺点是强度、刚度、表面硬度低，蠕变大，热膨胀系数大，耐热性低，且容易老化。

（2）聚氯乙烯（PVC）

聚氯乙烯是最早工业生产的塑料产品之一，产量仅次于聚乙烯，广泛用于工业、农业和日用制品。聚氯乙烯耐化学腐蚀、不燃烧、成本低、加工容易，但它耐热性差、冲击强度较低且具有一定的毒性。聚氯乙烯要用于制作食品和药品的包装，必须采用共聚和混合的方法改进，制成无毒的聚氯乙烯产品。

（3）聚苯乙烯（PS）

聚苯乙烯是20世纪30年代的老产品，目前是产量仅次于聚乙烯和聚氯乙烯的塑料品种，它有很好的加工性能，其薄膜具有优良的电绝缘性，常用于电器零件；它的发泡材料相对密度小（0.33），有良好的隔声、隔热、防震性能，广泛应用于仪器的包装和隔声材料。聚苯乙烯易加入各种颜料制成色彩鲜艳的制品，通常用来制造玩具和各种日用器皿。

（4）聚丙烯（PP）

聚丙烯工业化生产较晚，但因其原料易得、价格便宜、用途广泛，所以产量剧增。它的优点是相对密度小（是塑料中最轻的）且强度、刚度、表面硬度都比聚乙烯塑料大；它无毒，耐热性也好，是常用塑料中唯一能在水中煮沸、经受消毒温度（130℃）的品种。但聚丙烯的黏合性、染色性、印刷性均较差，低温易脆化，易受热、光作用而变质，且易燃，收缩大。聚丙烯有优良的综合性能，目前主要用于制造各种机械零件，如法兰、齿轮、接头、把手、各种化工管道、容器等，它还被广泛用于制造各种家用电器外壳和药品、食品的包装等。

2. 工程塑料

工程塑料是指能作为结构材料在机械设备和工程结构中使用的塑料。它们的机械性能较好，耐热性和耐腐蚀性也比较好，是当前大力发展的塑料品种。这类塑料主要有聚酰胺、聚甲醛、有机玻璃、聚碳酸酯、ABS塑料、聚苯醚、聚砜和氟塑料等。

（1）聚酰胺（PA）

聚酰胺又叫尼龙或锦纶，是最先发现能承受载荷的热塑性塑料，在机械工业中应用比较广泛。它的机械强度较高，耐磨性和自润滑性好，而且耐油、耐蚀、消声、减震，大量用于制造小型零件或用于代替有色金属及其合金。

（2）聚甲醛（POM）

甲醛是没有侧链、高密度、高结晶性的线型聚合物，性能比尼龙好，但耐候性较差。聚甲醛按分子链化学结构不同分为均聚甲醛和共聚甲醛。聚甲醛广泛应用于汽车、机床、化工、电器仪表和农机等。

（3）聚碳酸酯

聚碳酸酯是新型热塑性工程塑料，品种很多，工程上常用的是芳香族聚碳酸酯，其综合性能很好，近年来发展很快，产量仅次于尼龙。聚碳酸酯的化学稳定性也很好，能抵抗日光、雨水和气温变化的影响；它的透明度高，成型收缩率小，制件尺寸精度高，广泛应用于机械、仪表、电信、交通、航空、光学照明和医疗器械等方面。如波音747飞机上就有2 500个零件用聚碳酸酯制造，其总重量达2t。

（4）ABS塑料

ABS是由丙烯腈、丁二烯和苯乙烯三种组元所组成的，三个单体量可以任意变化，制成各种品级的树脂。ABS具有三种组元的共同性能，丙烯腈使其耐化学腐蚀，有一定的表面硬度；丁二烯使其具有韧性；苯乙烯使其具有热塑性塑料的加工特性。因此，ABS是具有"坚韧、质硬、刚性"的材料。ABS塑料性能好，而且原料易得，价格便宜，所以在机械加工、电器制造、纺织、汽车、飞机、轮船和化工等工业中得到了广泛应用。

（5）聚苯醚（PPO）

聚苯醚是线型、非结晶的工程塑料，具有很好的综合性能。它的最大特点是使用温度范围大（-190 ℃～190 ℃），达到热固性塑料的水平；它的耐摩擦、磨损和电的性能也很好，还具有卓越的耐水、耐蒸汽性能。所以聚苯醚主要用作在较高温度下工作的齿轮、轴承、凸轮、泵叶轮、鼓风机叶片、水泵零件、化工用管道、阀门以及外科医疗器械等。

（6）聚砜（PSF）

聚砜是分子链中具有硫键的透明树脂，具有良好的综合性能，其耐热性、抗蠕变性好，长期使用温度为150 ℃～174 ℃，脆化温度为-100 ℃，广泛应用于电器、机械设备、医疗器械、交通运输等。

（7）聚四氟乙烯（F4或PTFE）

聚四氟乙烯是氟塑料中的一种，具有很好的耐高、低温和耐腐蚀等性能。聚四氟乙烯几乎不受任何化学药品的腐蚀，它的化学稳定性超过了玻璃、陶瓷、不锈钢，甚至金、铂，俗称"塑料王"。由于聚四氟乙烯的使用范围广，化学稳定性好，介电性能优良，自润滑和防黏性好，所以在国防、科研和工业中占有重要地位。

（8）有机玻璃（PMMA）

有机玻璃的化学名称是"聚甲基丙烯酸甲酯"。它是目前最好的透明材料，透光率达到92%以上，比普通玻璃好，且相对密度小（1.18），仅为玻璃的一半。有机玻璃有很好的加工性能，常用来制作飞机的座舱、弦舱、电视和雷达标图的屏幕、汽车风挡、仪器和设备的防护罩、仪表外壳和光学镜片等。有机玻璃的缺点是耐磨性差，也不耐某些有机溶剂。

3. 特种塑料

特种塑料是指具有某些特殊性能，满足某些特殊要求的塑料。这类塑料产量少，价格贵，只用于特殊需要的场合，如医用塑料等。

二、橡胶

橡胶是具有高弹性的轻度交联的线型高聚物，它们在很宽的温度范围内处于高弹态。一般橡胶在-40 ℃～80 ℃内具有高弹性，某些特种橡胶在-100 ℃的低温和200 ℃高温下都保持高弹性。橡胶的弹性模数很低，只有1 MN/m^2，在外力作用下变形量可达100%～1 000%，外力去除又很快恢复原状。橡胶有优良的伸缩性，良好的储能能力和耐磨、隔声、绝缘等性能，广泛用于制作密封件、减震件、传动件、轮胎和电线等制品。

纯弹性体的性能随温度变化很大，如高温发黏、低温变脆，必须加入各种配合剂，经加温加压的硫化处理，才能制成各种橡胶制品。硫化剂加入量大时，橡胶硬度增高，硫化前的橡胶称为生胶，硫化后的橡胶有时也称为橡皮。常用橡胶品种的性能及用途见表8-1。

表8-1 常用橡胶的名称、性能与用途

类别	名称	R_m/MPa	A/%	使用温度 T/℃	性能特点	用途举例
通用橡胶	天然橡胶（NR）	17～35	650～900	-70～110	高强度、绝缘、防震	轮胎、胶带、胶管以及不要求耐热、耐油的垫圈、衬垫等
	丁苯橡胶（SBR）	15～25	500～600	-50～140	与天然橡胶比，有较好的耐磨性、耐热性、耐油性及耐老化性，但弹性和强度差	轮胎、胶带、胶布、胶管及各种工业用橡胶密封件等
	顺丁橡胶（BR）	18～25	450～800	-70～120	耐磨性和弹性优于天然橡胶，耐寒，但加工性能差、抗撕裂性差	轮胎、胶管、胶辊、制动皮碗、橡胶弹簧、鞋底等
	氯丁橡胶（CR）	25～27	800～1 000	-35～130	耐油性、耐磨性、耐热性、耐燃性、耐蚀性和气密性均优于天然橡胶，特别是耐老化性	海底电线、电缆的包皮，化工防腐蚀材料，地下采矿用的耐燃安全橡胶制品，以及垫圈、油罐衬里、运输皮带等
	丁腈橡胶（NBR）	15～30	300～800	-35～175	耐油性、耐磨性和耐热性优于天然橡胶，但耐低温性差、弹性低、绝缘性差	耐油密封圈、输油管、油槽衬里、耐油运输带以及各种耐油减震制品
特种橡胶	聚氨酯橡胶（UR）	20～35	300～800	-30～80	强度、耐磨性由于其他橡胶，耐油性好，但耐蚀性差，最高使用温度80 ℃	胶辊、实心轮胎、耐磨制品及特种垫圈等
	氟橡胶（FPM）	20～22	100～500	-50～300	耐蚀性优于其他橡胶，耐热，但耐寒性差	高耐蚀密封件、高真空橡胶件以及特种电线电缆的护套等
	硅橡胶	4～10	50～500	-100～300	绝缘性好，耐热、耐寒、抗老化、无毒	耐高、低温的橡胶制品，绝缘件等

三、合成纤维

凡能保持长度比本身直径大100倍的均匀条状或丝状的高分子材料均称为纤维，包括有天然纤维和化学纤维，其中，化学纤维又分为人造纤维和合成纤维。人造纤维是用自然界的纤维加工制成，如叫"人造丝""人造棉"的黏胶纤维和硝化纤维和醋酸纤维等。合成纤维以石油、煤、天然气为原料制成，发展很快。目前，产量最多的六大合成纤维如下。

1）涤纶又叫的确良，高强度、耐磨、耐蚀、易洗快干，是很好的衣料。
2）尼龙在我国称为锦纶，强度大、耐磨性好、弹性好，主要缺点是耐光性差。
3）腈纶在国外称为奥纶、开司米纶，柔软、轻盈、保暖，有人造羊毛之称。
4）维纶的原料易得，成本低，性能与棉花相似且强度高；缺点是弹性较差，织物易皱。

5) 丙纶是后起之秀，发展快，纤维以轻、牢、耐磨著称；缺点是可染性差，日晒易老化。

6) 氯纶难燃、保暖、耐晒、耐磨，弹性也好；缺点是染色性差，热收缩大，故限制了它的使用。

四、合成胶黏剂

胶黏剂统称为胶，它以黏性物质为基础，并加入各种添加剂组成。它可将各种零件、构件牢固地胶结在一起，有时可部分代替铆接或焊接等工艺。由于胶黏工艺操作简便，接头处应力分布均匀，接头的密封性、绝缘性和耐蚀性较好，且可连接各种材料，所以在工程中应用日益广泛。

胶黏剂分为天然胶黏剂和合成胶黏剂两种，糨糊、虫胶和骨胶等属于天然胶黏剂，而环氧树脂、氯丁橡胶等则属于合成胶黏剂。通常，人工合成树脂型胶黏剂由黏剂（如酚醛树脂、聚苯乙烯等）、固化剂、填料及各种附加剂（增韧剂、抗氧剂等）组成，并根据使用要求选择不同的配比。

常用合成胶黏剂的种类、性能与用途见表8-2。

表8-2 常用合成胶黏剂的种类、性能与用途

种类		名称	性能特点	用途举例
树脂型胶黏剂	热塑性	α-氰基丙烯酸酯	使用方便、常温快干、润湿性较好、适用面广，但耐热性和耐溶剂性较差，使用温度为-40℃~70℃	金属、塑料、橡胶、陶瓷、玻璃等材料的小面积胶接和固定
		甲聚丙烯酸双酯	胶液隔绝空气后能迅速固化，具有良好的流动性、密封性、耐蚀性、耐热性和耐磨性较好，使用温度为-30℃~120℃	用于螺纹的紧固密封，轴承的固定，法兰、丝扣接头的密封和防漏，以及堵塞金属构件的缝隙、铸件的砂眼等
	热固性	环氧树脂	黏附力强，使用温度范围宽，工艺性好，强度高，绝缘性、耐蚀性、耐水性好，耐紫外线性能差，适用期短	适用于各种材料的快速胶接、固定和修补，应用广泛
		聚氨酯	黏附性好，耐低温，韧性好，耐老化，适用面广，但耐热性不好，强度较低	通常作非结构胶使用，可以胶接多种金属和非金属材料，特别是耐低温件的胶接
合成橡胶胶黏剂		氯丁橡胶	耐燃性、耐候性、耐油性、耐蚀性，强度低，耐寒性和耐热性差	适用于橡胶、塑料、金属、非金属和橡胶的胶接
		丁腈橡胶		适用于金属、塑料、织物和耐油橡胶的胶接
混合型胶黏剂		酚醛-丁腈	胶接强度高，韧性好，耐振动，耐热性好，工作温度为-50℃~180℃，但需加温加压固化	主要应用于金属、金属-非金属的胶接
		酚醛-缩醛	胶接强度高，抗冲击，耐疲劳，耐老化，但耐热性低于酚醛-丁腈胶黏剂，需加温加压固化	适用于各种金属、非金属材料的胶接

五、涂料

涂料就是通常所说的油漆，这是一种有机高分子胶体的混合溶液，涂在物体表面上能干结成膜。涂料主要有三大基本功能：保护功能，起着避免外力碰伤、摩擦，防止腐蚀的作用；装饰功能，起着使制品表面光亮美观的作用；特殊功能，可作为标志使用，如管道、气瓶和交通标志牌等。

涂料是由粘接剂、颜料、溶剂和其他辅助材料组成。其中，粘接剂是主要的膜物质，一般采用合成树脂作粘接剂，它决定了膜与基体层粘接的牢固程度；颜料也是涂膜的组成部分，它不仅使涂料着色，而且能提高涂膜的强度、耐磨性、耐久性和防锈能力；溶剂是涂料的稀释剂，其作用是稀释涂料，以便于施工及干结后挥发；辅助材料通常有催干剂、增塑剂、固化剂、稳定剂等。

酚醛树脂涂料是应用最早的合成涂料，有清漆、绝缘漆、耐酸漆、地板漆等。

氨基树脂涂料的涂膜光亮、坚硬，广泛用于电风扇、缝纫机、化工仪表、医疗器械和玩具等各种金属制品。

醇酸树脂涂料涂膜光亮，保光性强，耐久性好，广泛用于金属、木材的表面涂饰。

环氧树脂涂料的附着力强，耐久性好，适用于作金属底漆，也是良好的绝缘涂料。

聚氨酯涂料的综合性能好，特别是耐磨性和耐蚀性好，适用于列车、地板、舰船甲板、纺织用的纱管以及飞机外壳等。

有机硅涂料耐高温性能好，也耐大气、耐老化，适于高温环境下使用。

第二节 无机非金属材料

无机非金属材料是以某些元素的氧化物、碳化物、氮化物、卤素化合物、硼化物以及硅酸盐、铝酸盐、磷酸盐、硼酸盐等物质组成的材料，是除有机高分子材料和金属材料以外的所有材料的统称。无机非金属材料按照成分和结构，主要分为水泥、玻璃和陶瓷等。这里主要介绍陶瓷材料。

一、陶瓷材料的分类

陶瓷材料是由成型矿物质高温烧制（烧结）的无机物材料。陶瓷材料可分为传统陶瓷、特种陶瓷和金属陶瓷三种。

传统陶瓷是以黏土、长石和石英等天然原料，经过粉碎、成型和烧结制成，主要用作日用、建筑、卫生以及工业等。

特种陶瓷是以人工化合物为原料制成，如氧化物、氮化物、碳化物、硅化物、硼化物和氟化物瓷以及石英质、刚玉质、碳化硅质过滤陶瓷等。这类陶瓷具有独特的力学、物理、化学、电、磁、光学等性能，满足工程技术的特殊需要，主要用于化工、冶金、机械、电子、能源和一些新技术中。在特种陶瓷中，按性能可分为高强度陶瓷、高温陶瓷、耐磨陶瓷、耐酸陶瓷、压电陶瓷、电介质陶瓷、光学陶瓷、半导体陶瓷、磁性陶瓷和生物陶瓷。按照化学组成分类，特种陶瓷可分为氧化物陶瓷、氮化物陶瓷、碳化物陶瓷、复合瓷和纤维增强陶瓷。

金属陶瓷是由金属和陶瓷组成的材料，它综合了金属和陶瓷两者的大部分有用特性，按照这种材料的生产方法，以前常将其归属于陶瓷材料一类，现在则多将其算作复合材料。

二、传统陶瓷（普通陶瓷）

传统陶瓷就是黏土类陶瓷，其产量大，应用广，大量用于日用陶器、瓷器、建筑工业、电器绝缘材料、耐蚀要求不是很高的化工容器、管道，以及机械性能要求不高的耐磨件，如纺织工业中的导纺零件等。

三、特种陶瓷

现代工业要求高性能的制品，用人工合成的原料，采用普通陶瓷的工艺制得的新材料，称为特种陶瓷。它包括氧化物陶瓷、氮化硅陶瓷、碳化硅陶瓷和氮化硼陶瓷等几种。

1. 氧化铝陶瓷

氧化铝陶瓷是以 Al_2O_3 为主要成分的陶瓷，Al_2O_3 含量大于 46%，也称为高铝陶瓷。Al_2O_3 含量在 90%～99.5% 时称为刚玉瓷。按 Al_2O_3 的成分可分为 75 瓷、85 瓷、96 瓷、99 瓷等。氧化铝含量越高性能越好。氧化铝瓷耐高温性能很好，在氧化气氛中可使用到 1 950 ℃。氧化铝瓷的硬度高、电绝缘性能好、耐蚀性和耐磨性也很好，可用作高温器皿、刀具、内燃机火花塞、轴承、化工用泵、阀门等。

2. 氮化硅陶瓷

氮化硅是键性很强的共价键化合物，稳定性极强，除氢氟酸外，能耐各种酸和碱的腐蚀，也能抵抗熔融有色金属的浸蚀。氮化硅的硬度很高，仅次于金刚石、立方氮化硼和碳化硼；有良好的耐磨性，摩擦系数小，只有 0.1～0.2，相当于加油的金属表面。氮化硅还有自润滑性，可在润滑剂的条件下使用，是一种非常优良的耐磨材料。氮化硅的热膨胀系数小，有极好的抗温度急变性。

氮化硅按生产方法分为反应烧结氮化硅和热压烧结氮化硅两种。反应烧结氮化硅可用于耐磨、耐腐蚀、耐高温、绝缘的零件，如腐蚀介质下工作的机械密封环、高温轴承、热电偶套管、输送铝液的管道和阀门、燃气轮机叶片、炼钢生产的铁水流量计以及农药喷雾器的零件等。热压烧结氮化硅主要用于刀具，可进行淬火钢、冷硬铸铁等高硬材料的精加工和半精加工，也用于钢结硬质合金、镍基合金等的加工，它的成本比金刚石和立方氮化硼刀具低。热压氮化硅还可用作转子发动机的叶片、高温轴承等。

3. 碳化硅陶瓷

碳化硅的高温强度大，其他陶瓷在 1 200 ℃～1 400 ℃ 时强度显著下降，而碳化硅的抗弯强度在 1 400 ℃ 时仍保持 500～600 MPa。碳化硅的热传导能力很高，仅次于氧化铍，它的热稳定性、耐蚀性、耐磨性也很好。

碳化硅是用于 1 500 ℃ 以上工作部件的良好结构材料，如火箭尾喷管的喷嘴、浇注金属中的喉嘴以及炉管、热电偶套管等。还可用作高温轴承、高温热交换器、核燃料的包封材料以及各种泵的密封圈等。

4. 氮化硼陶瓷

氮化硼晶体属六方晶系，结构与石墨相似，性能也有很多相似之处，所以又叫"白石墨"。它有良好的耐热性、热稳定性、导热性、高温介电强度，是理想的散热材料和高温绝缘材料。氮化硼的化学稳定性好，能抵抗大部分熔融金属的浸蚀，它也有很好的自润滑性。氮化硼制品的硬度低，可进行机械加工，精度为 1/100 mm。氮化硼可用于制造熔炼半导体的坩埚及冶金用高温容器、半导体散热绝缘零件、高温轴承、热电偶套管及玻璃成型模具等。

氮化硼的另一种晶体结构是立方晶格。立方氮化硼结构牢固，硬度和金刚石接近，是优良的耐磨材料，也用于制造刀具。

5. 氧化锆陶瓷

氧化锆的熔点为 2 715 ℃，在氧化气氛中 2 400 ℃ 时是稳定的，使用温度可达到 2 300 ℃。它的导热率小，高温下是良好的隔热材料，室温下是绝缘体，到 1 000 ℃ 以上成为导电体，可用作 1 800 ℃ 以上的高温发热体。氧化锆陶瓷一般用作钯、铑等金属的坩埚、离子导电材料等。

6. 氧化铍陶瓷

氧化铍的熔点为 2 570 ℃，在还原性气氛中特别稳定。它的导热性极好，和铝相近，其抗热冲击性很好，适于作高频电炉的坩埚，还可以用作激光管、晶体管散热片、集成电路的外壳和基片等。但氧化铍的粉末和蒸气有毒性，这影响了它的使用。

7. 氧化镁陶瓷

氧化镁的熔点为 2 800 ℃，氧化气氛中使用可在 2 300 ℃ 保持稳定，在还原性气氛中使用时 1 700 ℃ 就不稳定了。氧化镁陶瓷是典型的碱性耐火材料，用于冶炼高纯度铁、铁合金、铜、铝、镁等以及熔化高纯度铀、钍及其合金。它的缺点是机械强度低、热稳定性差、容易水解。

第三节 复合材料

复合材料是两种或两种以上化学本质不同的材料，通过物理或化学的方法，在宏观（微观）上组成的具有新性能的材料。

一、复合材料的基本类型与组成

复合材料按基体类型可分为金属基复合材料、高分子基复合材料和陶瓷基复合材料三类。目前应用最多的是高分子基复合材料和金属基复合材料。

复合材料按增强相的种类和形状可分为颗粒增强复合材料、纤维增强复合材料和层状增强复合材料，其中，发展最快、应用最广的是各种纤维（玻璃纤维、碳纤维、硼纤维、SiC纤维等）增强的复合材料。不同种类的复合材料见表 8-3。

二、复合材料的特点

1. 比强度和比模量

复合材料的比强度和比模量都比较大，例如碳纤维和环氧树脂组成的复合材料，其比强度是钢的七倍,比模量比钢大三倍。

表 8-3 常用复合材料的名称、性能与用途

种类	名称	性能特点	用途举例
纤维增强复合材料	玻璃纤维增强塑料（玻璃钢）	热塑性玻璃钢：与未增强的塑料相比,具有更高的强度、韧性和抗蠕变的能力,其中以尼龙的增强效果最好,聚碳酸酯、聚乙烯、聚丙烯的增强效果较好	轴承、轴承座、齿轮、仪表盘、电器的外壳等
		热固性玻璃钢：强度高、比强度高、耐蚀性好、绝缘性能好、成型性好、价格低,但弹性模量低、刚度差、耐热性差、易老化和蠕变	主要用于制作要求自重轻的受力构件,如直升机的旋翼、汽车车身、氧气瓶。也可用于耐腐蚀的结构件,如轻型船体、耐海水腐蚀的结构件、耐蚀容器、管道、阀门等
	碳纤维增强塑料	保持了玻璃钢的许多优点,强度和刚度超过玻璃钢,碳纤维-环氧复合材料的强度和刚度接近于高强度钢。此外,还具有耐蚀性、耐热性、减摩性和耐疲劳性	飞机机身、螺旋桨、涡轮叶片、连杆、齿轮、活塞、密封环、轴承、容器、管道等
层叠复合材料	夹层结构复合材料	由两层薄而强的面板、中间夹一层轻而弱的芯子组成,比重小、刚度好、绝热、隔声	飞机上的天线罩隔板、机翼、火车车厢、运输容器等
	塑料-金属多层复合材料	例 SF 型三层复合材料,表面层是塑料（自润滑材料）、中间层是多孔性的青铜、基体是钢,自润滑性好,耐磨性好,承载能力和热导性比单一塑料大幅提高,热膨胀系数降低 75%	无润滑条件下的各种轴承
颗粒复合材料	金属陶瓷	陶瓷微粒分散于金属基体中,具有高硬度、高耐磨性、耐高温、耐腐蚀及膨胀系数小	作工具材料

2. 耐疲劳性能

复合材料中基体和增强纤维间的界面能够有效地阻止疲劳裂纹的扩展。疲劳破坏在复合材料中总是从承载能力比较薄弱的纤维处开始,然后逐渐扩展到结合面上,所以复合材料的疲劳极限比较高。例如,碳纤维-聚酯树脂复合材料的疲劳极限是拉伸强度的 70%～80%,而金属材料的疲劳极限只有强度极限值的 40%～50%。

3. 减震性能

许多机器、设备的振动问题十分突出。结构的自振频率除与结构本身的质量、形状有关外,还与材料的比模量的平方根成正比。材料的比模量越大,则其自振频率越高,可避免在工作状态下产生共振及由此引起的早期破坏。此外,即使结构已产生振动,由于复合材料的阻尼特性好（纤维与基体的界面吸振能力强）,振动也会很快衰减。

4. 耐高温性能

由于各种增强纤维一般在高温下仍可保持高的强度,所以用它们增强的复合材料的高温

强度和弹性模量均较高，特别是金属基复合材料。例如 7075-76 铝合金，在 400 ℃时，弹性模量接近于零，强度值也从室温时的 500 MPa 降至 30～50 MPa。而碳纤维或硼纤维增强组成的复合材料，在 400 ℃时，强度和弹性模量可保持接近室温下的水平。碳纤维增强的镍基合金也有类似的情况。

5. 断裂安全性

纤维增强复合材料是力学上典型的静不定体系，在每平方厘米截面上，有几千至几万根增强纤维（直径一般为 10～100 μm），当其中一部分受载荷作用断裂后，应力迅速重新分布，载荷由未断裂的纤维承担起来，所以断裂安全性好。

6. 其他性能特点

许多复合材料都有良好的化学稳定性、隔热性、烧蚀性以及特殊的电、光、磁等性能。

三、纤维增强材料

1. 玻璃纤维

玻璃纤维有较高的强度，相对密度小，化学稳定性高，耐热性好，价格低。缺点是脆性较大，耐磨性差，纤维表面光滑而不易与其他物质结合。

玻璃纤维可制成长纤维和短纤维，也可以织成布或制成毡。

2. 碳纤维与石墨纤维

有机纤维在惰性气体中，经高温碳化可以制成碳纤维和石墨纤维。在 2 000 ℃以下制得碳纤维，再经 2 500 ℃以上处理得石墨纤维。

碳纤维的相对密度小，弹性模量高，而且在 2 500 ℃无氧气氛中也不降低。

石墨纤维的耐热性和导电性比碳纤维高，并具有自润滑性。

3. 硼纤维

硼纤维是用化学沉积的方法将非晶态硼涂覆到钨和碳丝上面制得的。硼纤维强度高，弹性模量大，耐高温性能好。在现代航空结构材料中，硼纤维的弹性模量绝对值最高，但硼纤维的相对密度大，延伸率差，价格昂贵。

4. SiC 纤维

SiC 纤维是一种高熔点、高强度、高弹性模量的陶瓷纤维。它可以用化学沉积法及有机硅聚合物纺丝烧结法制造 SiC 连续纤维。SiC 纤维的突出优点是具有优良的高温强度。

5. 晶须

晶须是直径只有几微米的针状单晶体，是一种新型的高强度材料。

晶须包括金属晶须和陶瓷晶须。金属晶须中可批量生产的是铁晶须，其最大特点是可在磁场中取向，可以很容易地制取定向纤维增强复合材料。陶瓷晶须比金属晶须强度高，相对密度低，弹性模量高，耐热性好。

6. 其他纤维

天然纤维和高分子合成纤维也可作增强材料，但性能较差。美国杜邦公司开发了一种叫做 Kevlar（芳纶）的新型有机纤维，其弹性模量和强度都较高，通常用作高强度复合材料的增强纤维。Kevlar 纤维刚性大，其弹性模量为钢丝的 5 倍，密度只有钢丝的 1/5～1/6，比碳纤维轻 15%，比玻璃纤维轻 45%。Kevlar 纤维的强度高于碳纤维和经过拉伸的钢丝，热膨胀系数低，具有高的疲劳抗力、良好的耐热性，而且其价格低于碳纤维，是一种很有发展前途的增强纤维。

四、玻璃纤维增强塑料

玻璃纤维增强塑料通常称为"玻璃钢"，由于其成本低，工艺简单，所以是目前应用最广泛的复合材料。它的基体可以是热塑性塑料，如尼龙、聚碳酸酯、聚丙烯等；也可以是热固性塑料，如环氧树脂、酚醛树脂、有机硅树脂等。

玻璃钢可制造汽车、火车、拖拉机的车身及其他配件，也可应用于机械工业的各种零件。玻璃钢在造船工业中应用也越来越广泛，如玻璃钢制造的船体耐海水腐蚀性好，制造的深水潜艇，比钢壳的潜艇潜水深 80%。玻璃钢的耐酸、碱腐蚀性能好，在石油化工工业中可制造各种罐、管道、泵、阀门、贮槽等。玻璃钢还是很好的电绝缘材料，可制造电机零件和各种电器。

习　题

1. 什么叫高分子材料？人工合成高分子材料可分为哪三大类？
2. 塑料和橡胶的本质区别是什么？对这两种材料，希望玻璃化温度高还是低？
3. 导致高聚物老化的因素有哪些？观察生活中塑料和橡胶制品老化的现象？
4. 什么叫陶瓷材料？普通陶瓷和特种陶瓷在成分上有何差别？
5. 简述工程结构陶瓷材料的性能特点。
6. 橡胶有哪些优良性能？下列制品分别利用了橡胶的哪些性能？
   氢气球　轮胎　麦克风电缆包皮　化工用胶手套
7. 什么叫复合材料？复合材料可以怎样分类？
8. 复合材料有哪些性能特点？
9. 了解市场上销售的胶黏剂，并将其按黏料成分和主要用途分类。

第二篇

毛坯成型及其选择

第九章

铸造成型

第一节 铸造概述

铸造就是将金属熔化后注入预先造好的铸型当中,等其凝固后获得一定形状和性能铸件的成型方法。与其他加工方法相比,铸造具有以下几方面特点。

1) 适应范围很广。首先,可供铸造用的金属(合金)十分广泛,除了常用的铸铁、铸钢和铝、镁、铜、锌等合金外,还有钛、镍、钴等基础的合金,甚至不能接受塑性加工和切削加工的非金属陶瓷之类的零件,也能用铸造的方法液态成型。其次,铸造可用于制造形状复杂的整体零件。再次,铸件的重量和尺寸可以在很大范围内变化,最小壁厚为 0.2 mm,最大壁厚为 1 m;最小长度为数毫米,最大长度为十几米;重量为数克至数百吨。

2) 由于铸件是在液态下成型的,所以用铸造的方法生产复合铸件是一种最经济的方法,此方法可使用不同的材质构成铸件(例如衬套)。此外,通过结晶过程的控制,可使铸件的各个部位获得不同的结晶组织和性能。

3) 既可用于单件生产,也可用于批量生产,生产类型适应性强。

4) 铸件与零件的形状、尺寸很接近,因而加工余量小,可以节约金属材料和机械加工工时。

5) 成本低廉。在一般机器中,铸件重量为 40%~80%,但其成本只占 25%~30%。

但是铸造也存在一些缺点,如铸造工艺过程复杂,工序多,一些工艺过程难以控制,易出现铸造缺陷,铸件质量不够稳定,废品率较高;铸件内部组织粗大、不均匀,其力学性能不如同类材料锻件的高;劳动强度大、劳动条件差等。不过随着铸造技术的迅速发展,新材料、新工艺、新技术和新设备的推广和使用,铸造生产的情况将大大改观,铸件质量和铸造生产率将得到很大提高。

根据造型材料及工艺方法的不同,铸造可分为砂型铸造和特种铸造两大类。砂型铸造属于普通的铸造方法,应用较广。特种铸造是指除砂型铸造以外的其他铸造方法,包括金属型铸造、压力铸造、离心铸造和熔模铸造等。

一般地,特种铸造多用于尺寸及质量较小、结构复杂、生产批量较大的场合,如照相机壳体、仪器和仪表壳体、轻型减速机壳体等。

第二节　金属的铸造性能

金属的铸造性能是指金属在铸造生产过程中所表现出来的综合性能，主要包括金属的充型能力、收缩性、吸气性和偏析等，其优劣程度直接影响铸件的质量。金属良好的铸造性能是保证获得合格铸件的重要因素，同时也是衡量各种金属铸造性能优劣的重要标志。金属的铸造性能主要包括流动性和收缩性两个方面。

一、金属的流动性

1. 流动性的概念

金属的流动性是指金属液本身的流动能力，是金属重要的铸造性能之一。金属的流动性越好，金属液充填铸型的能力越强，就越容易得到轮廓清晰、壁薄而形状复杂的铸件。因此，也常将金属的流动性概括为金属液充填铸型的能力。浇铸时，金属液能够充满铸型，是获得外形完整、尺寸精确、轮廓清晰铸件的基本条件。但是在充填过程中，金属液因散热而伴随着结晶现象，同时还遭受铸型的阻碍，如果金属的流动性不足，金属液在没充满铸型之前就停止流动，铸件将产生浇不足或冷隔现象。

此外，金属的流动性好还有利于金属液中的气体、渣、砂等杂物的上浮和排除，易于对金属液在凝固过程中所产生的收缩进行补充。因此，在进行铸件设计和制定铸造工艺时，必须考虑金属的流动性。将熔融金属浇入如图 9-1 所示的螺旋形试样的铸型型腔中，以得到的螺旋形试样的长度来评定金属的流动性。浇出的试样越长，金属的流动性越好，反之流动性越差。常用的铸造金属（合金）的流动性见表 9-1，其中以灰铸铁、硅黄铜最好，铸钢最差。

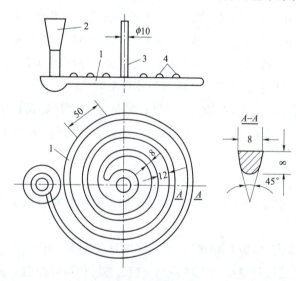

图 9-1　螺旋形试样
1—试样铸件；2—浇口；3—冒口；4—试样凸点

表 9-1　常用铸造合金的流动性

合　　金	造型材料	浇注温度/℃	螺旋线长度/mm
灰铸铁（碳硅含量为 6.2%）	砂型	1 300	1 300
（碳硅含量为 5.9%）	砂型	1 300	1 300
（碳硅含量为 5.6%）	砂型	1 300	1 000
（碳硅含量为 4.2%）	砂型	1 300	600
铸钢（碳含量为 0.4%）	砂型	1 600	100
	砂型	1 640	200

续表

合　　金	造型材料	浇注温度/℃	螺旋线长度/mm
铝硅合金	金属型（300 ℃）	680～720	700～800
镁合金（Mg-Al-Zn）	砂型	700	400～600
锡青铜（锡含量9%～11%，锌含量2%～4%）	砂型	1 040	420
硅黄铜（锡含量1.5%～4.5%）	砂型	1 100	1 000

2. 影响金属流动性的因素

（1）化学成分

不同种类的合金具有不同的流动性，同种类合金中，化学成分比例不同，结晶特性各有差异，其流动性也不尽相同。由于纯金属和共晶成分的金属是在恒温下进行结晶，液态合金从表层逐渐向中心凝固，固液界面比较光滑，对液态合金的流动阻力较小。同时，共晶成分合金的凝固温度最低，可获得较大的过热度（即浇注温度与合金熔点的温度），推迟了合金的凝固，因此其流动性最好。其他成分的合金则是在一定温度范围内结晶的，结晶过程中由于初生树枝状晶体与液体金属两相共存，粗糙的固液界面使合金的流动阻力加大，合金的流动性大大降低。合金的结晶温度区间越宽，其流动性越差。图9-2所示为铁碳合金含碳量与流动性的关系。

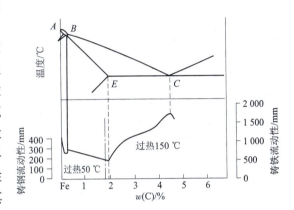

图9-2　铁碳合金含碳量与流动性的关系

铸铁的其他元素（如Si、Mn、P、S）对流动性也有一定影响。硅和磷可提高金属液体的流动性，而硫可使液体的流动性降低。

（2）浇注条件

1）浇注温度。在一定温度范围内，浇注温度越高，合金的流动性越好。但当超过某一界限后，由于合金液体吸气多，氧化严重，流动性反而降低。因此根据生产经验，每种合金均有一定的浇注温度范围。一般铸钢的浇注温度为1 520 ℃～1 620 ℃；铝合金的浇注温度为680 ℃～780 ℃；灰铸铁的浇注温度为1 230 ℃～1 450 ℃；黄铜的浇注温度为1 060 ℃；青铜的浇注温度为1 200 ℃左右。

2）充型压力。液态金属在流动方向所受的压力越大，流动性就越好。例如增加直浇道高度，利用人工加压方法如压铸、低压铸造等。

3）浇注系统的结构。浇注系统结构越复杂，其流动的阻力就越大，流动性就越低。故在设计浇注系统时，要合理布置内浇道在铸件上的位置，选择恰当的浇注系统结构和各部分的断面积。

（3）铸型的影响

铸型的蓄热系数、温度以及铸型中的气体等均会影响合金的流动性。如液态合金在金属型比在砂型中的流动性差；预热后温度高的铸型比温度低的铸型流动性好；型砂中水分过多则其流动性差等。

（4）铸件结构的影响

当铸件壁厚过小、厚薄部分过渡面多、有大的水平面等结构时，都会使金属液的流动困难。

二、金属的收缩性

1. 收缩性的概念

收缩性是指金属从液态凝固并冷却至室温过程中产生的尺寸和体积减小的现象。收缩分为三个阶段：

1）液态收缩：从浇注温度冷却到凝固开始温度发生的收缩。

2）凝固收缩：从凝固开始温度冷却到凝固终止温度发生的收缩。

3）固态收缩：从凝固终止温度冷却到室温的收缩。

液态收缩和凝固收缩表现为合金体积的缩小，用体积收缩率来表示。固态收缩表现为铸件尺寸的缩小，常用线收缩率来表示。体积收缩是产生缩孔、缩松的主要原因，固态收缩是铸件产生内应力、变形和开裂的主要原因。常用铸造合金收缩率见表9-2，其中铸钢收缩率最大，灰铸铁收缩率最小。由于灰铸铁中大部分碳是以石墨态析出的，石墨的比容大，析出石墨所产生的体积膨胀，抵消了合金的部分收缩，故其收缩率小。

表9-2 常用铸造合金收缩率

合金种类	$w(C)/\%$	浇注温度/℃	液态收缩	凝固收缩	固态收缩	总体积收缩
铸钢	0.35	1 610	1.6	3	7.86	12.46
白口铸铁	3.0	1 400	2.4	4.2	5.4～6.3	12～12.9
灰铸铁	3.5	1 400	3.5	0.1	3.3～4.2	6.9～7.8

2. 影响金属收缩性的因素

（1）化学成分

碳素钢随含碳量增加，其凝固收缩增加，而固态收缩略减。灰铸铁中，碳是形成石墨的元素，硅促进石墨化，硫阻碍石墨化。因此，灰铸铁中碳、硅含量越多，硫含量越少，则析出的石墨越多，凝固收缩越小。

（2）浇注温度

浇注温度越高，过热度越大，液态收缩就越大。

（3）铸件结构与铸型条件

合金在铸型中并不是自由收缩，而是受阻收缩，其阻力来源于以下两个方面：

1）铸件的各个部分冷却速度不同，因互相制约而对收缩产生的阻力。

2）铸型和型芯对收缩的机械阻力。

因此，铸件的实际收缩量要小于自由收缩率。铸件结构越复杂，铸型强度越高，实际收缩率与自由收缩率的差别越大。在设计铸型时，必须根据铸造合金的种类和铸型的尺寸、形状等选取合适的收缩率。

3. 缩孔和缩松的形成及防止

铸造时，金属液在铸型内的凝固过程中，若其收缩得不到补充，在铸件最后凝固的地方将形成孔洞。大而集中的孔洞称为缩孔，小而分散的孔洞称为缩松。

(1) 缩孔的形成

液态合金充满铸型后，因铸型的快速冷却，铸件外表面很快凝固而形成外壳，而内部仍为液态，随着其冷却和凝固，内部液体因液态收缩和凝固收缩，体积减小，液面下降，在上部形成了表面不光滑、形状不规则、近似于倒圆锥形的缩孔，如图9-3所示。

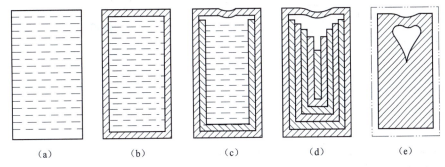

图 9-3　缩孔形成示意图

(2) 缩松的形成

铸件首先从外层开始凝固，凝固前沿表面凹凸不平。当两侧凹凸不平的凝固前沿在中心会聚时，剩余液体被分隔成许多小熔池。最后，这些众多的小熔池在凝固收缩时，因得不到金属液的补充而形成缩松，如图9-4所示。缩松隐藏于铸件内部，从外部难以发现。

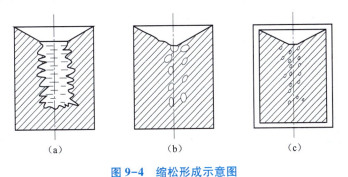

图 9-4　缩松形成示意图

(3) 缩孔和缩松的防止

从缩孔和缩松的形成过程可以看出，结晶温度间隔大的合金易于形成缩松；纯金属或共晶成分的合金，缩松的倾向性很小，多易形成集中缩孔。缩松分布面广，既难以补缩，又难以发现；集中缩孔较易检查和修补，也便于采取工艺措施来防止。

收缩是合金的物理本性，是不可避免的，但只要合理控制铸件的凝固，使之实现定向凝固，是可以获得没有缩孔的致密铸件的。所谓定向凝固，就是采取一些工艺措施（图9-5、图9-6），使铸件远离冒口的部位先凝固，然后是靠近冒口的部位凝固，最后才是冒口本身凝固，将缩孔转移到冒口中去。

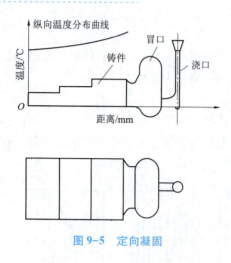

图 9-5 定向凝固

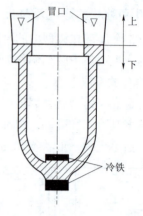

图 9-6 冷铁的应用

4. 铸造应力、变形及裂纹

（1）铸造应力

铸件凝固后，温度继续下降，产生固态收缩，尺寸缩小。当线收缩受到阻碍时，便在铸件内部产生应力。这种内应力有的仅存在于冷却过程中，有的一直残留到室温，故称其为残余内应力。铸造内应力是导致铸件变形和产生裂纹的主要因素。铸造内应力简称铸造应力，按产生的机理分为热应力、金相组织体积变化产生的相变应力和收缩应力。

1) 热应力。热应力是由于铸件各部分壁厚不同、冷却速度不同和固态收缩不一致而产生的。图 9-7 所示为框架形铸件的热应力形成过程。铸件中间为粗杆Ⅰ，两侧为细杆Ⅱ。当细杆凝固进行固态收缩时，粗杆尚未完全凝固，整个框架随细杆的收缩而轴向缩短。粗杆对这种收缩不产生阻力，三杆内无内应力。当粗杆凝固并进行固态收缩时，由于细杆已基本完成收缩，这使粗杆的收缩受到阻碍，结果是细杆受压、粗杆受拉，形成了热应力。

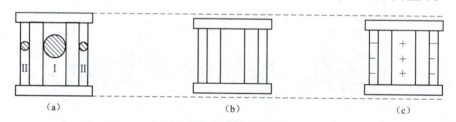

图 9-7 热应力的形成

"+"表示拉应力；"-"表示压应力

2) 相变应力。铸件在冷却过程中往往产生固态相变，相变时其相变产物往往具有不同的比容。例如，碳钢发生 δ→γ 转变时，体积缩小；发生 γ→α 转变时，体积胀大。铸件在冷却过程中，由于各部分冷却速度不同，会导致相变不同时发生，则会产生相变应力。例如，铸件在淬火或加速冷却时，在低温形成马氏体，由于马氏体的比容较大，则相变引起的内应力可能使铸件破裂。

3) 收缩应力。收缩应力是由于铸件在固态收缩时受到铸型和型芯的阻碍而产生的，如图 9-8 所示。落砂后，收缩阻力消失，收缩应力随之消失。收缩应力和热应力的共同作用，可能使铸件某部分的拉应力超过铸件材料的高温强度，导致产生裂纹，如图 9-8 所示中的 A

处。因此在铸造生产中应保证型砂和芯砂具有足够的退让性，正确设置芯骨，合理布置浇注系统，及时落砂，以减小收缩应力。

（2）铸件的变形与防止

具有残余应力的铸件，其处于不稳定状态，将自发地进行变形以减少内应力，并趋于稳定状态。显然，只有原来受拉伸部分产生压缩变形、受压缩部分产生拉伸变形，才能使铸件中的残余内应力减少或消除。

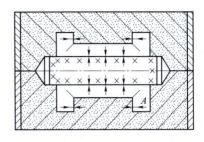

图 9-8　收缩应力的形成

铸件变形的结果将导致铸件产生扭曲。图 9-9 所示为壁厚不均匀的 T 字形梁铸件挠曲变形的情况，变形的方向是厚的部分向内凹、薄的部分向外凸，如图 9-9 中双点画线所示。

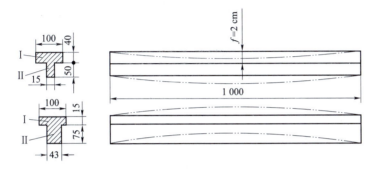

图 9-9　T 形钢铸件的变形

为了防止铸件变形，除在铸件设计时尽可能使铸件的壁厚均匀、形状对称外，在铸造工艺上应采用同时凝固办法，以便冷却均匀。对于长而易变形的铸件，还可以采用"反变形"工艺。反变形法是在统计铸件变形规律的基础上，在模样上预先做出相当于铸件变形量的反变形量，以抵消铸件的变形。

另外，铸件产生挠曲变形后，对于具有一定塑性的材料可以校正，而对于灰铸铁这样的脆性材料则不易校正。产生挠曲变形的铸件可能因加工余量不够而报废，为此需加大加工余量而造成不必要的浪费。

铸件产生挠曲变形后，往往只能减少应力，而不能完全消除应力。机加工以后，由于失去平衡的残余应力存在于零件内部，经过一段时间后又会产生二次挠曲变形，致使机器的零部件失去应有的精度。为此，对于不允许发生变形的重要机件必须进行时效处理。时效处理分为自然时效和人工时效两种。自然时效是将铸件置于露天场地半年以上，使其缓慢发生变形，从而消除内应力。人工时效是将铸件加热到 550 ℃～650 ℃进行去应力退火。

（3）铸件的裂纹与防止

当铸造内应力超过金属的强度极限时，铸件便产生裂纹。裂纹是一种严重的铸件缺陷，必须设法防止。

1）热裂。热裂的形状特征是裂纹短、缝隙宽、形状曲折、缝内呈氧化色。热裂是铸钢和铝合金铸件的常见缺陷，是在凝固末期高温下形成的。此时，结晶出来的固体已形成完整的骨架，开始固态收缩，但晶粒之间还存在少量液体，因此金属的强度很低。如果金属的线收缩受到铸型或型芯的阻碍，收缩应力超过了该温度下金属的强度，即发生热裂。

防止热裂的方法是使铸件结构合理，改善铸型和型芯的退让性，减小浇冒口对铸件收缩的机械阻碍，内浇道设置应符合同时凝固原则；此外，减少合金中有害杂质硫、磷含量，可提高合金高温强度，特别是硫可使合金的热脆性增加，导致热裂倾向增大。

2）冷裂。铸件所产生的热应力和收缩应力的总和，若大于该温度下合金的强度，则会产生冷裂。冷裂是在较低温度下形成的，并常出现在受拉伸的部位，其裂缝细小，呈连续直裂状，缝内干净，有时呈轻微氧化色。壁厚差别大、形状复杂的铸件，尤其是大而薄的铸件，易发生冷裂。凡能减小铸造内应力或降低合金脆性的因素，都能防止冷裂的发生。钢和铸铁中的磷会显著降低合金的冲击韧度，增大脆性，因此在金属熔炼中必须加以限制。

第三节 砂型铸造

将砂子、黏结剂等，按一定比例混合均匀，使其具有一定的强度和可塑性的过程称为造砂，而配置的砂子称为型砂。以型砂为造型材料，借助模样及工艺装备来制造铸型的铸造方法称为砂型铸造，它包括造型（芯）、熔炼、浇注、落砂及清理等几个基本过程，如图9-10所示。砂型铸造是最传统的铸造方法，它适用于各种形状、大小及各种常用合金铸件的生产，在铸造生产中占主导地位。用砂型铸造生产的铸件，约占铸件总质量的90%。

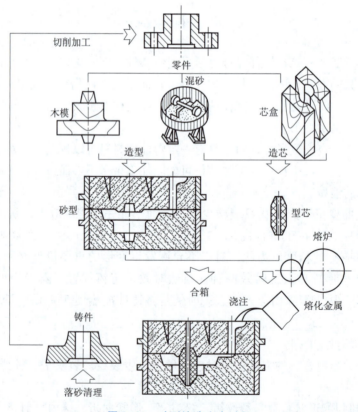

图9-10 砂型铸造生产过程

一、造型

1. 造型材料

砂型铸造用的造型材料是制造型砂和芯砂的材料，主要由原砂、黏结剂（黏土、水玻璃、树脂等）、附加物（煤粉、重油、木屑）、水按一定比例混制而成。造型材料根据结合剂种类的不同，可分为黏土砂、水玻璃砂和树脂砂等。其中，黏土砂应用最广，适用于各类铸件；水玻璃砂强度高，铸型不需要烘干，硬化速度快，生产周期短，主要用于铸钢件的生产；树脂砂强度较高，透气性和复用性好，铸件易于清理，便于实现机械化和自动化生产，适用于铸件的成批大量生产。

砂型在浇铸和凝固的过程中要承受熔融金属冲刷、静压力和高温的作用，并要排出大量气体，型芯则要承受铸件凝固时的收缩压力，因此造型材料应具有以下主要性能要求。

（1）可塑性

可塑性是指型砂在外力的作用下可以成型，外力消除后仍能保持其形状的特性。可塑性好，易于成型，能获得型腔清晰的砂型，从而保证铸件的轮廓尺寸精度。

（2）强度

强度是指型砂抵抗外力破坏的能力。砂型应具有足够的强度，在浇注时能承受熔融金属的冲击和压力不致发生变形和毁坏，从而避免铸件产生夹砂、结疤和砂眼等缺陷。

（3）耐火性

耐火性是指型砂在高温熔融金属的作用下不软化、不熔融烧结及不黏附在铸件表面上的性能。耐火性差会造成铸件表面黏砂，使清理和切削加工困难，严重时则会造成铸件的报废。

（4）透气性

砂型的透气性用紧实砂样的孔隙度表示。透气性差，熔融金属浇入铸型后，在高温的作用下，砂型中产生的及金属内部分离出的大量气体就会滞留在熔融金属内部不易排出，从而导致铸件产生气孔等缺陷。

（5）退让性

退让性是指铸件冷却收缩时，砂型与型芯的体积可以被压缩的能力。退让性差，铸件收缩时会受到较大阻碍，使铸件产生较大的内应力，从而导致变形或裂纹等铸造缺陷。

2. 造型用工具和工艺装备

造型用工艺装备主要包括砂箱、模样、芯盒及浇注系统、冒口等，如图 9-11 所示。模样多用来形成铸型型腔，浇注后形成铸件的外部轮廓，但模样尺寸要比铸件的轮廓尺寸大一些，大出的部分就是铸件的收缩量；芯盒是用来制作砂芯的，砂芯多用来形成铸件的内腔或局部复杂表面。

3. 造型方法

用型砂制造铸型的过程称为造型，它包括手工造型和机器造型两种。

（1）手工造型

手工造型和制芯是传统的方法。现代手工造型、制芯已不像古老的操作那样一切都凭人的体力去完成了，像砂箱的搬运、翻转及向砂箱中填砂等笨重劳动，现在都可以借助机械来完成。因而，现代手工造型是指用手工完成紧砂、起模、修型和合箱等主要操作的造型过程。

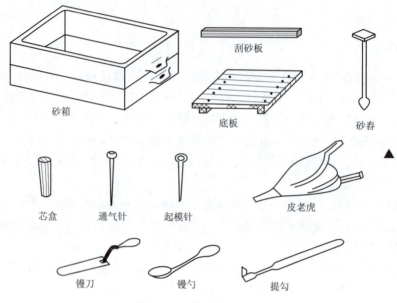

图 9-11 造型主要工具

手工造型操作灵活，模样、芯盒等工艺装备简单，同时，无论铸件大小、结构复杂程度如何，它都适应。因此，在单件、小批量生产中，特别是重型复杂铸件的造型中，手工造型应用较广。常用的手工造型方法有下述几种。

1) 整模造型。用整块模样进行造型的方法称为整模造型。图 9-12 所示为整模造型的基本过程。造型时模样全部放在一个砂箱内，有一个完整的分型面。整模造型操作简单，制得的型腔形状和尺寸精度较好，适用于形状简单而且最大截面在一端的铸件。

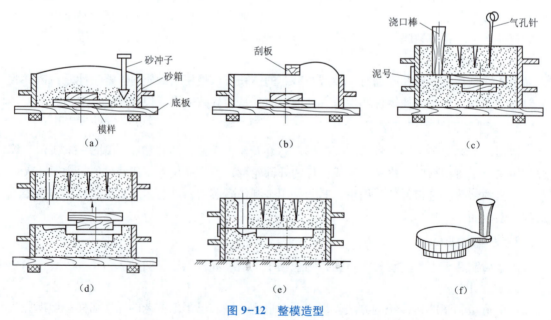

图 9-12 整模造型

(a) 造下型，填砂，舂砂；(b) 刮平，翻下型；(c) 造上型，扎气孔，做泥号；
(d) 敞上型，起模，开浇口；(e) 合型；(f) 落砂后带浇口的铸件

2) 分模造型。图 9-13 所示为分模造型的基本过程，其特点是：模样在最大截面处分成两半，两半模样分开的平面常常作为造型时的分型面。造型时，两半模样分别在上、下两个砂箱中。分模造型操作简便，是应用最广的一种造型方法，常应用于筒类、管类和阀体等形状比较复杂的、各种生产批量的铸件。

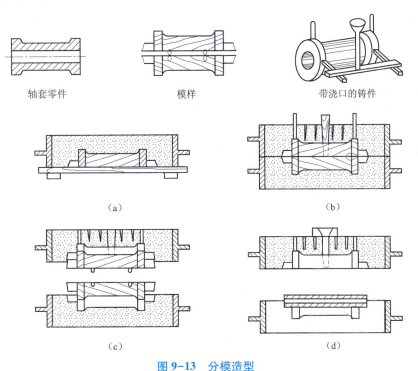

图 9-13　分模造型

(a) 造下砂型；(b) 翻转下砂型后，造上砂型放浇口棒及出气口棒；
(c) 开箱，起模，开浇口；(d) 下型芯，合箱

3) 挖砂造型。当铸件最大截面不在端部，模样又不方便分成两半时，常将模样做成整体，造型时挖出阻碍起模的型砂，这种造型方法称为挖砂造型，图 9-14 所示为挖砂造型的基本过程，它的特点是：模样形状较为复杂，分型面是曲面，合箱操作难度较大；要求准确挖至模样的最大截面处，比较费工时，生产率低，要求操作工人技术水平高。它仅适用于单件、小批量生产。当成批生产时，可用假箱造型或成型模板造型来代替挖砂造型。

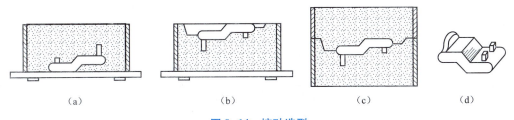

图 9-14　挖砂造型

(a) 造好未翻转的下砂型；(b) 挖砂后的下砂型；(c) 合型后情况；(d) 铸件

4) 活块造型。铸件的外部或内部有凸起部分妨碍起模时，可将这些妨碍起模的凸起部分做成活块，造型时，先起出主体模样，再从侧面起出活块，这种造型方法称为活块造型。

图 9-15 所示为活块造型的基本过程,它的特点是:要求操作工人技术水平高,生产率低,仅适应于单件生产。当成批生产时,可用外型芯代替活块,使造型容易。

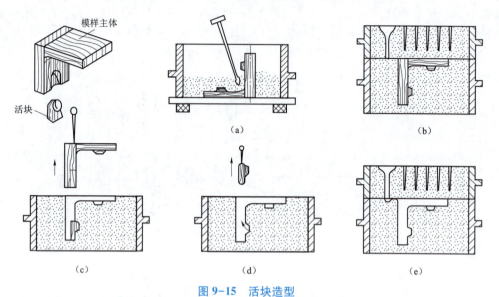

图 9-15 活块造型

(a) 造下型;(b) 造上型;(c) 起出模样主体;(d) 起活块;(e) 合型

5) 刮板造型。用与铸件截面形状相适应的特制刮板刮制出所需砂型的造型方法称为刮板造型。图 9-16 所示为刮板造型的基本过程,它的特点是:可以节省制模材料和工时,缩

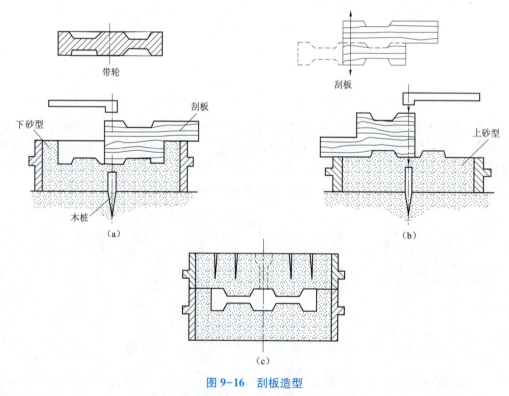

图 9-16 刮板造型

(a) 刮制下型;(b) 刮制上型;(c) 合箱

短生产准备时间,铸件尺寸越大,这些优点越显著。但刮板造型只能用手工进行,操作费工时,生产效率低,铸件尺寸精度较低。刮板造型常用来制造单件或小批、尺寸较大的回转体或等截面形状的铸件。

6) 三箱造型。有些形状复杂的铸件,往往具有两头截面大而中间截面小的特点,用一个分型面起不出模样,需要从小截面处分开模样,采用两个分型面、三个砂箱的造型方法。图 9-17 所示为三箱造型的基本过程,它的特点是:中箱的上下面均为分型面,且中箱高度应与中箱中的模样高度相近,模样必须采用分模。三箱造型操作较复杂,生产效率低,故只适应于单件、小批量生产。当生产批量大或采用机器造型时,也可采用外型芯将三箱造型简化为两箱造型。

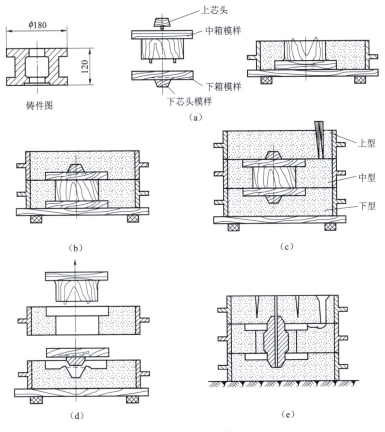

图 9-17　三箱造型
(a) 造中型;(b) 造下型;(c) 翻下、中型,造上型;
(d) 依次敞箱,起模;(e) 下芯,合型

(2) 机器造型

将造型中两项最重要的操作"紧砂"和"起模"实现机械化的造型方法称为机器造型。与手工造型相比,机器造型的生产率高,质量稳定,工人劳动强度低,但设备和工艺装备费用高,生产准备周期长。它适用于大量和成批生产的铸件。

4. 造芯

制造型芯的工艺过程称为造芯。型芯是为了获得铸件的内腔或局部外形时,用芯砂或其他材料制成的安放在型腔内部的铸型组元。造芯可分为手工造芯和机器造芯两种。形状复杂的型芯还可以分块制造，然后粘合成型。

1）手工造芯通常采用芯盒制造，主要用于单件、小批量生产。图9-18所示为利用芯盒造芯的示意图。

2）机器造芯是利用造芯机来完成填砂、紧砂和取芯的，其生产效率高、型芯质量好，适用于大批量生产。

5. 合型

合型又称合箱，是将铸件的各个组元组合成一个完整铸型的操作过程。合型前应进行铸型、型芯的质量检验，之后应进行验型，以保证铸型型腔几何形状和尺寸的准确及型芯的稳固，防止产生偏芯、错型等缺陷，合型后，上、下型应夹紧或在铸型上放置压铁，以防止浇注时造成抬箱、射箱或跑火等事故。

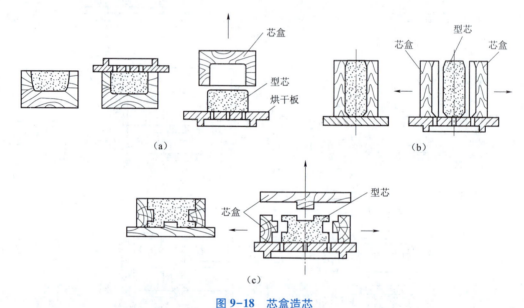

图9-18 芯盒造芯

（a）整体式芯盒造芯；（b）对开式芯盒造芯；（c）可拆式芯盒造芯

二、熔炼

熔炼过程就是将金属炉料按照一定成分配比配好后，放入加热炉中加热，使其成为熔融状态。熔炼后的金属液，其成分和温度必须满足铸造工艺要求，否则，铸件质量和性能难以保证。铸铁的熔炼设备一般采用冲天炉，铸钢熔炼一般采用电弧炉，非铁金属熔炼一般采用反射炉、感应炉及坩埚炉等。

三、浇注

浇注过程就是将出炉后的金属液通过浇包注入型腔的过程。浇包是一种运送金属液的容器，其容积应根据铸件大小和生产批量来定。

1. 对浇注过程的要求

出炉后的金属液应按规定的温度和速度注入铸型中。若浇注温度过高，则金属液吸气严重，铸件容易产生气孔，且晶粒粗大，力学性能降低；反之则金属液流动性下降，易产生浇不足、冷隔等缺陷。浇注速度过快，容易冲毁铸型型腔而产生夹砂；浇注速度过低，铸型内表面受金属液长时间烘烤而易变形脱落。

2. 浇注系统的组成

浇注系统是将金属液导入铸型的通道，它由浇口杯、直浇道、横浇道和内浇道四部分组成，如图9-19所示。简单铸件一般只有直浇道和内浇道两部分，大型铸件或结构较复杂的铸件才增设浇口杯和横浇道，其作用如下。

（1）浇口杯

在直浇道顶部，用以承接并导入熔融金属，还可以起缓冲和挡渣的作用。

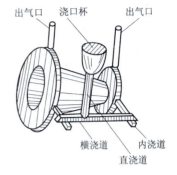

图9-19 浇注系统示意图

（2）直浇道

垂直通道，调节金属液的速度和静压力，直浇道越高，金属液的充型能力越强。

（3）横浇道

水平通道，截面多为梯形，用以分配金属液进入内浇道，并有挡渣作用。

（4）内浇道

直接与铸型型腔相连，用以引导金属液进入型腔。

一般情况下，直浇道的截面积应大于横浇道，横浇道的截面积应大于内浇道，以保证在浇注过程中金属液始终充满浇注系统，从而使熔渣浮集在横浇道上部，保证流入铸型中金属液的纯净。

有些大型铸件由于铸型内金属液较多，冷却时其体积收缩量较大，为保证尺寸和形状要求，必须增设冒口。冒口的主要作用就是补缩，它一般设置在铸件的厚大部位，浇注后其内部储存有足够的金属液，当型腔内的金属液因收缩而体积变小时，冒口将向型腔中补充金属液。

四、落砂、清理和铸件质量检验

落砂是用手工或机械使铸件和型砂、砂箱分开的操作过程。铸型浇注后，铸件应在砂型内冷却到适当的温度才能落砂。过早进行落砂，会使铸件产生大的内应力，导致其变形或开裂，而铸铁件表层还会产生白口组织，使切削加工困难。铸件的冷却时间应根据其形状、大小和壁厚决定。

清理是落砂后从铸件上清除表面黏砂、型芯和多余金属等的操作过程。铸钢件、非铁合金铸件的浇冒口、浇道可用铁锤敲击、气割、锯削等方式除去；表面黏砂、飞翅、氧化皮等可用清理滚筒、喷砂或抛丸机等设备清理。

铸件的质量检验包括外观质量、内部质量和使用质量的检验。砂型铸造由于工艺较复杂，铸件质量受型砂质量、造型、金属熔炼和浇注等诸多因素的影响，容易产生铸造缺陷。常见的铸造缺陷有气孔、缩孔、砂眼、黏砂和裂纹等。

第四节 零件结构的铸造工艺性

零件结构的铸造工艺性通常是指零件本身的结构应符合铸造生产的要求,既便于整个铸造工艺过程的进行,又有利于铸件质量。

一、铸件质量对铸件结构的要求

1. 铸件的壁厚应合理

由于受合金流动性的限制,铸造合金能浇注出的铸件壁厚存在一个最小值。实际铸件壁厚若小于这个最小值,则易出现冷隔、浇不足等缺陷。表 9-3 列出了几种常用铸造合金在砂型铸造时铸件最小允许壁厚的参考数据。

表 9-3 砂型铸造时铸件的最小允许壁厚   mm

铸件尺寸	铸钢	灰铸铁	球铁	可锻铸铁	铝合金	铜合金	镁合金
200×200 以下	6~8	5~6	6	4~5	3	3~5	
(200×200)~(500×500)	10~12	6~10	12	5~8	4	6~8	3
500×500 以上	18~25	15~20			5~7		

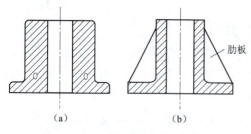

图 9-20 采用加强肋减小壁厚
(a) 不合理;(b) 合理

铸件壁厚过大将导致晶粒出现粗大、缩孔和缩松等缺陷,铸件结构的强度也不会因其厚度的增加而成正比地增加。对于过厚的铸件壁,可采用加强肋使之减小,如图 9-20 所示。

2. 铸件的壁厚应尽量均匀

如图 9-21(a)所示,铸件由于壁厚不均匀而产生缩松和裂纹,改为图 9-21(b)结构后可避免这类缺陷。铸件上的内壁和肋等散热条件差,故应比外壁薄些,以减少热应力。铸件内、外壁的厚度差为 10%~20%。

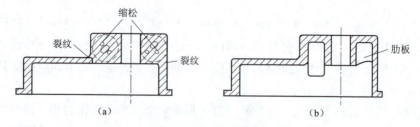

图 9-21 铸件壁厚设计

3. 铸件壁的连接应采用圆角和逐步过渡

铸件壁间的连接采用铸造圆角,可以避免直角连接引起的热节和应力集中,减少缩孔和裂纹,如图 9-22 所示。圆角结构还有利于造型,并且铸件外形美观。

铸件上的肋或壁的连接应避免交叉和锐角，壁厚不同时还应采用逐步过渡的方式，以防接头处热量的聚集和应力集中，如图9-23所示。

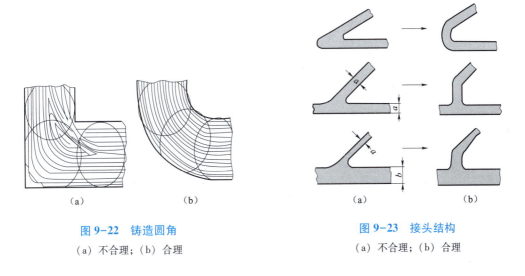

图9-22 铸造圆角
(a) 不合理；(b) 合理

图9-23 接头结构
(a) 不合理；(b) 合理

4. 铸件结构应能减少变形和受阻收缩

壁厚均匀的细长件和大的平板件都容易产生变形，采用对称式结构或增设加强肋后，提高了结构刚性可减少变形，如图9-24所示。

铸件收缩受阻时即会产生收缩应力甚至裂纹。因此，铸件设计时应尽量使其能自由收缩。图9-25所示为几种轮辐设计，图9-25（a）所示为直条形偶数轮辐，在合金线收缩时轮辐中产生的收缩力互相抗衡，容易出现裂纹。其余的几种结构可分别通过轮缘、轮辐和轮毂的微量变形来减小应力。

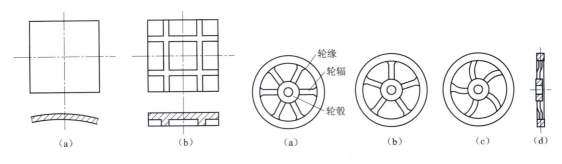

图9-24 防止变形的铸件结构

图9-25 轮辐的设计

二、铸造工艺对零件结构的要求

1. 铸件应具有尽量少而简单的分型面

铸件需要多个分型面时，不仅造型工艺复杂，而且容易出现错型、偏芯和铸件精度下降等。图9-26（a）所示为端盖铸件，由于外形中部存在侧凹，需要两个分型面进行三箱造型，或增设外型芯后用两箱造型，造型工艺较复杂。将其改为图9-26（b）所示结构，则仅需一个分型面，简化了造型。

铸件上的分型面最好是一个简单的平面。如图 9-27（a）所示摇臂铸件，要用曲面分型生产。将结构改成图 9-27（b）所示形式，则铸型的分型面为一个水平面，造型、合型均方便。

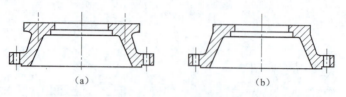

图 9-26 端盖铸件

(a) 存在侧凹；(b) 不侧凹

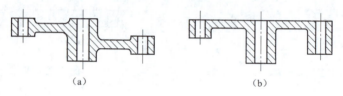

图 9-27 摇臂铸件的结构

(a) 曲面分型；(b) 平面分型

2. 铸件结构应便于起模

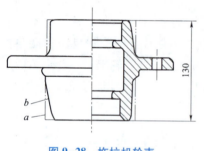

图 9-28 拖拉机轮壳

为了便于造型中的起模，铸件在垂直于分型面的非加工表面都应设计出铸造斜度。图 9-28 所示为拖拉机轮壳，在起模方向设计出铸造斜度后（实线 b），起模操作就较为方便了。

有些铸件上的凸台、肋板等常常妨碍起模，使得工艺中要增加型芯或活块，从而增加造型、制模的工作量。如果对其结构稍加改进，就可避免这些缺点。如图 9-29 所示的铸件凸台阻碍起模，若将凸台向上延伸到顶部，则可避免活块而顺利起模。

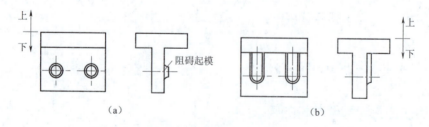

图 9-29 铸件凸台设计

(a) 原结构；(b) 改进后的结构

3. 避免不必要的型芯

图 9-30 所示为悬臂托架铸件，原结构采用封闭式中空结构［图 9-30（a）］，需采用悬

臂型芯，既费工时，型芯又难以固定，改成图 9-30（b）的工字截面后，铸件省去了型芯。

图 9-30 悬臂托架

4. 应便于型芯的固定、排气和清理

型芯在铸型中应能可靠地固定和排气，以免铸件产生偏芯、气孔等缺陷。型芯的固定主要是依靠型芯头。

图 9-31（a）所示轴承支架铸件需要两个型芯，其中右边的大型芯呈悬臂状，须用型芯撑作辅助支撑。型芯的固定、排气与清理都较困难，若改为图 9-31（b）所示结构后，型芯为一个整体，上述问题均能得到解决。

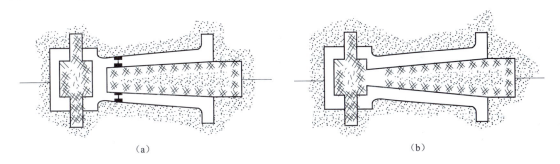

图 9-31 轴承支架铸件

第五节 铸造工艺设计简介

铸造工艺设计是指为了获得合格的铸件，在生产之前，根据零件的结构特点、技术要求、生产批量和生产条件等情况编制出的控制该铸件生产工艺的技术文件。铸造工艺设计主要包括合理绘制铸造工艺图、铸件毛坯图、铸型装配图和编写铸造工艺卡片等。铸造工艺设计的内容和一般程序见表 9-4。

表 9-4 铸造工艺设计的内容和一般程序

项目	内容	用途	设计程序
铸造工艺图	在零件图上用规定的红、蓝等各色符号表示出：浇注位置和分型面，加工余量，收缩率，起模斜度，反变形量，浇冒口系统，内外冷铁，铸肋，砂芯形状、数量及芯头大小等	是制造模样、模底板、芯盒等工装以及进行生产准备和验收的依据	（1）产品零件的技术条件和结构工艺性分析 （2）选择造型方法 （3）确定分型面和浇注位置 （4）选用工艺参数 （5）设计浇冒口、冷铁等 （6）型芯设计

续表

项目	内容	用途	设计程序
铸件图	把经过铸造工艺设计后，改变了零件形状、尺寸的地方都反映在铸件图上	是铸件验收和机加工夹具设计的依据	(7) 在完成铸造工艺图的基础上，画出铸件图
铸型装配图	表示出浇注位置，型芯数量，固定和下芯顺序，浇冒口和冷铁布置，砂箱结构和尺寸大小等	是生产准备、合型、检验、工艺调整的依据	(8) 在完成砂箱设计后画出
铸造工艺卡片	说明造型、造芯、浇注、落砂、清理等工艺操作过程及要求	是生产管理的重要依据	(9) 综合整个设计内容

铸造工艺设计既是铸件生产的指导性文件，也是生产准备、管理和铸件验收的依据。因此，铸造工艺设计的好坏，对铸件的质量、生产率及成本起着决定性的作用。下面以砂型铸造为例，进行探讨。

一、浇注位置和分型面的选择

浇注位置是指浇注时铸件所处的空间位置。分型面是相邻两铸型的分界面，它往往也是模样的分型面。确定浇注位置和分型面的原则有以下几点。

1. 铸件的重要表面应朝下

浇注时，由于金属液中的砂粒、渣粒和气体上浮的结果，铸件处于上方部分缺陷比较多，组织也不如下部致密。图 9-32 所示的机床导轨面、齿轮工作面都是重要表面，浇注时应朝下放置。

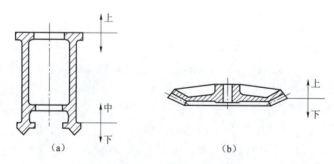

图 9-32 床身和锥齿轮的浇注位置

2. 铸件上的大平面应尽可能朝下

铸件上表面除容易产生砂眼、气孔和夹渣等缺陷外，铸件朝上的大平面还极容易产生夹砂缺陷。这是由于大平面浇注时，金属液上升速度慢，铸型顶面型砂在高温金属液的强烈烘烤下，会急剧膨胀起拱或开裂，造成铸件夹砂，严重时会使铸件报废。图 9-33 所示为平台铸件的合理浇注位置。

3. 铸件的薄壁部位应置于下部

置于铸型下部的铸件因浇注压力高，可以防止浇不足、冷隔等缺陷。图 9-34 所示为某机器箱盖正确的浇注位置。若铸件需要补缩，还应将其厚大部分置于铸型上方，以便设置冒口补缩；为了简化造型，浇注位置还应有利于下芯、合型和检验等。

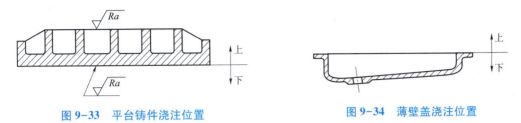

图 9-33　平台铸件浇注位置　　　　　图 9-34　薄壁盖浇注位置

4. 应使分型面数量最少且形状简单

在可能的情况下，应尽量使铸件只有一个分型面，而且是最简单的平面，这样可大大简化造型工艺，保证铸件质量。

5. 尽量使铸件位于同一砂箱内

铸件集中在一个砂箱内，可减少错型引起的缺陷，有利于保证铸件上各表面间的位置精度，方便切削加工。若整个铸件位于一个砂箱有困难，则应尽量使铸件上的加工面与加工基准面位于同一砂箱内。如图 9-35 所示铸件的分型方案中，图 9-35（a）中的方案不易错型，且下芯、合型也较方便，故是合理的。

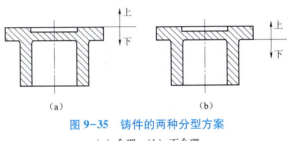

图 9-35　铸件的两种分型方案
（a）合理；（b）不合理

二、铸造工艺参数的确定

1. 机械加工余量

机械加工余量是指为保证铸件加工面尺寸和零件精度，在铸件工艺设计时预先增加而在切削加工时切去的金属层厚度。加工余量大小应根据铸件的材质、造型方法、铸件大小、加工表面的精度要求以及浇注位置等因素来确定，具体数值可查阅相关的铸造工艺手册。

2. 最小铸出孔

对于铸件上的孔、槽，一般来说，小于 30～50 mm 的孔，在单件小批量生产时不铸出，而是在切削加工时进行钻削；较大的孔、槽应当铸出，以减少切削加工工时，节约金属材料，并可减小铸件上的热节。对于零件图上不要求加工的孔、槽以及弯曲孔等，一般均应铸出。

3. 线收缩率

线收缩率是指铸件从线收缩起始温度冷却至室温的收缩率，常以模样与铸件的长度差除以模样长度的百分比表示。制造模样或芯盒时要按确定的线收缩率，将模样（芯盒）尺寸放大一些，以保证冷却后铸件尺寸符合要求。铸件冷却后各尺寸的收缩余量可由下式求得：

$$收缩余量 = 铸件尺寸 \times 线收缩率$$

表 9-5 为砂型铸造时，各种合金的铸造线收缩率的经验数据，一般按阻碍收缩率来考虑。

表 9-5 铸造合金线收缩率

铸件种类			收缩率/%	
			阻碍收缩	自由收缩
灰铸铁		中、小型铸件	0.8～1.0	0.9～1.1
		大、中型铸件	0.7～0.9	0.8～1.0
		特大型铸件	0.6～0.8	0.7～0.9
球墨铸铁		珠光体球墨铸铁件	0.6～0.8	0.9～1.1
		铁素体球墨铸铁件	0.4～0.6	0.8～1.0
蠕墨铸铁		蠕墨铸铁件	0.6～0.8	0.8～1.2
可锻铸铁	黑心可锻铸铁件	壁厚>25 mm	0.5～0.6	0.6～0.8
		壁厚<25 mm	0.6～0.8	0.8～1.0
	白心可锻铸铁件		1.2～1.8	1.5～2.0
铸钢		碳钢与合金结构钢铸件	1.3～1.7	1.6～2.0
		奥氏体、铁素体钢铸件	1.5～1.9	1.8～2.2
		纯奥氏体钢铸件	1.7～2.0	2.0～2.3

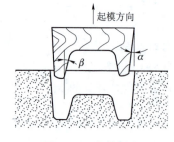

图 9-36 起模斜度

4. 起模斜度

起模斜度是指为使模样容易从铸型中取出或型芯自芯盒脱出,平行于起模方向在模样或芯盒壁上的斜度,如图 9-36 所示。起模斜度的大小与造型方法、模样材料、垂直壁高度等有关,通常为 15′～3°。木模的斜度比金属模要大;机器造型比手工造型的斜度小些;铸件的垂直壁越高斜度越小;模样的内壁斜度 β 应比外壁斜度 α 略大,通常为 3°～10°。

5. 芯头

芯头是指伸出铸件以外不与金属液接触的砂芯部分,其功用是定位、支撑和排气。为了承受砂芯本身重力及浇注时液体金属对砂芯的浮力,芯头的尺寸应足够大;浇注后,砂芯所产生的气体应能通过芯头排至铸型以外,在设计芯头时,除了要满足上面的要求以外,还应做到下芯、合型方便,应留有适当斜度,芯头与芯座之间要留有间隙。图 9-37 所示为芯头与芯座之间间隙的形成。

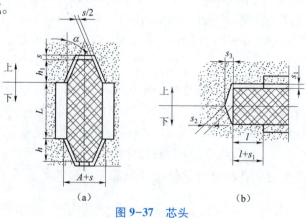

图 9-37 芯头

三、铸造工艺图

铸造工艺图是表示铸型分型面、浇冒口系统、浇注位置、型芯结构尺寸、控制凝固措施（如放置冷铁）等的图样，如图 9-38 所示。

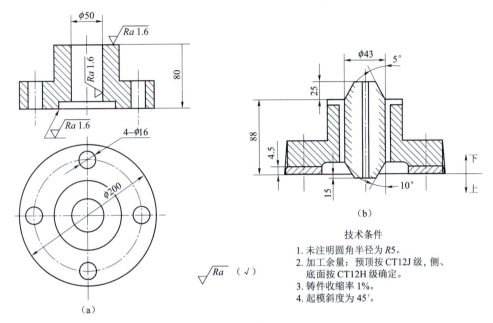

图 9-38 联轴器零件图及铸造工艺图

根据生产规模的不同，铸造工艺图可直接在铸件零件图上用红、蓝色笔绘出规定的工艺符号和文字，也可以用墨线另行单独绘制。

铸造工艺图中应明确表示出铸件的浇注位置、分型面、型芯、浇冒口设置和工艺参数等内容。工艺参数可在技术条件中用文字作集中说明，以使图面清晰明了。对个别不宜集中说明的参数，可在图上单独注明，如铸件上的加工余量，若某个表面由于特别需要而采用非标准的加工余量值，则可在相应表面上标出具体数值。

第六节　特　种　铸　造

一、熔模铸造

1. 熔模铸造工艺过程（图 9-39）

1) 根据铸件的要求设计和制造压型（制造蜡模的模具）。
2) 用压型将易熔材料压制成蜡模。
3) 把若干个蜡模焊在一根蜡制的浇注系统上组成蜡模组。
4) 将蜡模组浸入水玻璃和石英粉配制的涂料中，取出后撒上石英砂，并放入硬化剂中进行硬化，如此重复数次，直到蜡模表面形成一定厚度的硬化壳。
5) 将带有硬壳的蜡模组放入 80℃～90℃ 的热水中加热，使蜡熔化后从浇口中流出，形成铸型空腔。

6) 烘干并焙烧（加热到 850 ℃～950 ℃）后，在型壳四周填砂，即可浇注。

7) 清理型壳即可得到铸件。

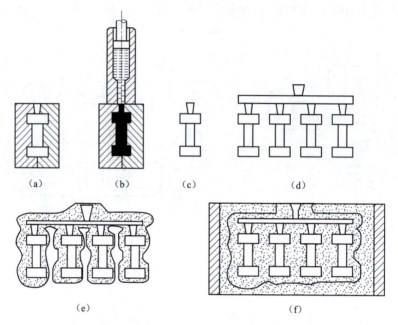

图 9-39 熔模铸造工艺过程

(a) 制压型；(b) 注蜡模；(c) 蜡模；(d) 制成蜡模组；(e) 壳型；(f) 准备浇注

2. 熔模铸造的特点及应用范围

1) 铸件精度高，表面质量好。尺寸公差等级可达 CT4～CT7，表面粗糙度 Ra 值可达 1.6～12.5 μm。可节约加工工时，实现了少屑或无屑加工，显著提高了金属材料的利用率。

2) 可制造形状复杂的铸件。由于蜡模可以焊接拼制，模样可熔化流出，故可以铸出形状极为复杂的铸件，铸出孔最小直径为 0.5 mm，最小壁厚可达 0.3 mm。

3) 适用于各种合金铸件。尤其用于高熔点和难切削合金的铸造，更显示出其优越性。

4) 生产批量不受限制。从单件到大批量生产都适用，能实现机械化流水作业。

熔模铸造主要用于生产形状复杂、精度要求高、熔点高和难切削加工的小型（质量在 25 kg 以下）零件，如汽轮机叶片、切削刀具、风动工具、变速箱拨叉、枪支零件以及汽车、拖拉机、机床上的小零件等。

二、金属型铸造

金属型铸造是在重力下将液态金属注入金属制成的铸型中，以获得金属铸件的方法。

1. 金属型的构造

金属型可分为水平分型式、垂直分型式、复合分型式和铰链开合式等。

垂直分型式由于开设浇口和取出铸件都比较方便，也易于实现机械化，所以应用较多。图 9-40 (a) 所示为铸造铝活塞的金属型，它由左、右两个半型和底型组成。浇注时两个半型合紧，凝固后分开两个半型即可取出铸件。

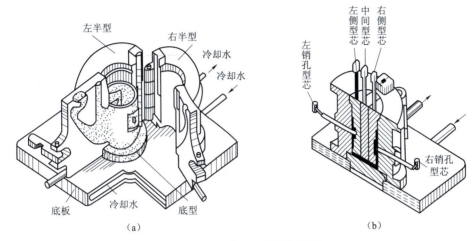

图 9-40 铸造铝活塞的金属型
(a) 铰链开合式金属型；(b) 组合式金属型芯

金属型一般用铸铁制成，有时也选用碳钢制造。铸件的内腔可用金属型芯或砂芯得到。为了从较复杂的内腔中取出金属型芯，型芯可采用组合式，其结构如图 9-40（b）所示，浇注后，先抽出中间型芯，再抽出两侧型芯。

2. 金属型铸造的特点及应用范围

1）金属型铸件的尺寸精度高，表面质量好，加工余量小。金属型的尺寸准确，表面光洁，铸件的尺寸公差等级可达 CT7～CT9，表面粗糙度 Ra 值可达 6.3～12.5 μm。

2）金属型铸件的组织致密，力学性能好。如铝合金的金属型铸件的抗拉强度可提高 25%。

3）金属型可以一型多铸，生产率高，劳动条件好。金属型铸造主要应用于有色金属铸件的大批量生产中，如铝合金的活塞、气缸体、气缸盖、铜合金轴瓦、轴套等。对于黑色金属，只限于形状简单的中、小零件。

三、压力铸造

压力铸造是将液态金属在高压下迅速注入铸型，并在压力下凝固而获得铸件的铸造方法，简称压铸。常用压铸的压强为几兆帕至几十兆帕，充填速度在 0.5～70 m/s。

1. 压铸机及压铸工艺过程

压铸是在专门的压铸机上进行的。压铸机按压射部分的特征可分为热压室式和冷压室式两大类。冷压室式应用较广，又可分为立式和卧式两种。

卧式冷压室式压铸机，其压射头水平布置，压室不包括金属液保温炉，压室仅在压铸的短暂时间内接触金属液。

压铸机所用铸型由专用耐热钢制成，其结构与垂直分型的金属型相似，由定型和动型两部分组成。定型固定在压铸机定模板上，动型固定在动模板上并可做水平移动。推杆和芯棒通过相应机构控制，完成推出铸件和抽芯等动作。图 9-41 所示为卧式冷压室式压铸机的工作原理。

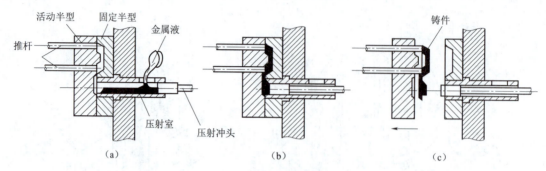

图 9-41 卧式冷压室式压铸机工作原理
(a) 合型、浇入金属液；(b) 进行压射；(c) 开型、推出铸件

2. 压铸的特点及应用范围

1) 铸件尺寸精度高，表面质量好。压铸件尺寸公差等级可达 CT6～CT8，表面粗糙度 Ra 值为 0.8～3.2 μm，一般不经切削加工或只需精加工即可使用。

2) 可压铸出形状复杂、轮廓清晰的铸件。锌合金压铸件的最小壁厚可达 0.8 mm，最小孔径达 0.8 mm，最小螺距达 0.75 mm。这是由于压型精密，在高压高速下浇注，极大地提高了合金的充型能力。

3) 铸件强度高。由于压型冷却快，又在压力下结晶，因而铸件的内部组织致密，强度比砂型铸件高 20%～40%。

4) 生产率高。压铸是所有铸造方法中生产率最高的一种，每小时可压铸 50～500 次，而且操作十分简便，易于实现半自动化和自动化。

5) 便于采用镶嵌法。镶嵌法是将预先制好的嵌件放入压型中，通过压铸使嵌件与压铸合金结合成整体而获得镶嵌件的方法。镶嵌法可以制出通常难以制出的复杂件、双金属件、金属与非金属的结合件等。

压铸存在下列缺点：

1) 压铸设备投资大，制造压型费用高、周期长，故不适合单件、小批量生产。

2) 压铸高熔点合金（如钢、铸铁）时，压型寿命低。内腔复杂的铸件也难以适应。

3) 由于压铸速度高，压型内的气体很难排除，所以铸件内部常有小气孔，影响铸件的内部质量。

4) 压铸件不能进行热处理，也不宜在高温下工作。因压铸件中的气孔是在高压下形成的，在加热时气孔中的空气膨胀所产生的压力有可能使铸件变形或开裂。

四、离心铸造

离心铸造是将液态金属浇入高速旋转（250～1 500 r/min）的铸型中，使金属液在离心力作用下充填铸型并结晶的铸造方法。

1. 离心铸造的基本类型

离心铸造的铸型可用金属型、砂型或复砂金属型。为使铸型旋转，离心铸造必须在离心铸造机上进行。根据铸型旋转轴空间位置的不同，离心铸造机可分为立式和卧式两大类。

图 9-42 所示为离心铸造示意图，图 9-42（a）所示为立式离心铸造，其铸型是绕垂直轴旋转的。液态金属浇入铸型后，由于受离心力和自身重力的共同作用，使铸件的自由表面（内表面）呈抛物面形状，造成铸件壁上薄下厚，但铸型的固定和浇注较方便。立式离心铸造主要用来生产高度小于直径的圆环类零件。图 9-42（b）所示为卧式离心铸造，其铸型是绕水平轴旋转的。铸件各部分的成型条件基本相同，铸出的中空铸件在轴向和径向的壁厚都较均匀。卧式离心铸造常用于生产长度较大的套筒、管类铸件，是最常用的离心铸造方法。

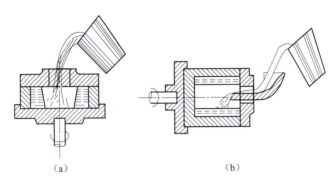

图 9-42 离心铸造示意图
(a) 立式离心铸造；(b) 卧式离心铸造

2. 离心铸造的特点和应用范围

1) 铸件组织致密，无缩孔、缩松、气孔、夹渣等缺陷，力学性能好。因为在离心力的作用下，金属中的气体、熔渣等夹杂物因密度小而集中在内表面，铸件呈由外向内的定向凝固，补缩条件好。

2) 简化工艺，提高金属利用率。如铸造中空铸件时，可以不用型芯和浇注系统，简化了生产工艺，提高了金属利用率。

3) 便于浇注流动性差的合金铸件和薄壁铸件。这是由于在离心力的作用下，金属液的充型能力得到了提高。

4) 便于铸造双金属件。如钢套镶铜轴承等，其结合面牢固，可节约贵重金属，降低成本。

目前离心铸造主要用于生产回转体的中空铸件，如铸铁管、气缸套、双金属轴承、钢套、特殊钢的无缝管坯和造纸机滚筒等。

习　　题

1. 试述铸造生产的特点，并举例说明其应用情况。
2. 型砂由哪些材料组成？试述型砂的主要性能及其对铸件质量的影响。
3. 试分析比较整模造型、分模造型、挖砂造型、活块造型和刮板造型的特点和应用情况。
4. 试结合一个实际零件用示意图说明其手工造型方法和过程。
5. 典型浇注系统由哪几个部分组成？各部分有何作用？

6. 铸铁通常是在什么炉中熔炼的？所用炉料包括哪些？
7. 什么是合金的铸造性能？试比较铸铁和铸钢的铸造性能。
8. 什么是合金的流动性？合金流动性对铸造生产有何影响？
9. 铸件为什么会产生缩孔、缩松？如何防止或减少它们的危害？
10. 什么是铸造应力？铸造应力对铸件质量有何影响？如何减小和防止这种应力？
11. 砂型铸造时铸型中为何要有分型面？举例说明选择分型面应遵循的原则。
12. 零件、铸件、模样之间有何联系？又有何差异？
13. 试确定题13图中灰铸铁零件的浇注位置和分型面，绘出其铸造工艺图（批量生产、手工造型，浇、冒口设计略）。

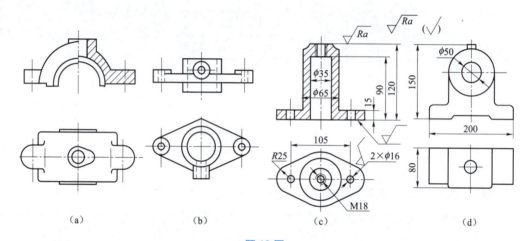

题 13 图

(a) 轴承盖；(b) 支座；(c) 支架；(d) 轴承座

14. 为什么要规定铸件的最小壁厚？灰铸铁件的壁过薄或过厚会出现哪些问题？
15. 为什么铸件壁的连接要采用圆角和逐步过渡的结构？
16. 试述铸造工艺对铸件结构的要求。
17. 熔模铸造、金属型铸造、压力铸造和离心铸造各有何特点？应用范围如何？
18. 下列铸件在大批量生产时，采用什么铸造方法为宜？

铝活塞　汽轮机叶片　大模数齿轮滚刀　车床床身　发动机缸体　大口径铸铁管　汽车化油器　钢套　镶铜轴承

第十章

锻压成型

锻压成型是锻造成型和冲压成型的合称,是指对金属施加外力,使金属产生塑性变形,改变坯料的形状和尺寸,并改善其内部组织和力学性能,获得一定形状、尺寸和性能的毛坯或零件的成型加工方法,属于金属压力加工生产的一部分。

锻压主要用于加工金属制件,也可用于加工某些非金属,如工程塑料、橡胶、陶瓷坯、砖坯以及复合材料的成型等,广泛用于机械、电力、电器、仪表、电子、交通、冶金、矿山、国防和日用品等部门。例如飞机的锻压件重量约占其全部零件重量的85%;汽车约占80%;机车约占60%;在电器、仪表和日用品中,冲压件占绝大多数。

锻压包括轧制、挤压、拉拔、自由锻造、模型锻造和冲压等加工方法,其典型工序实例如图10-1所示。

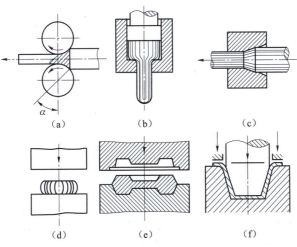

图10-1 常用的锻压加工方法

(a) 轧制;(b) 挤压;(c) 拉拔;(d) 自由锻造;(e) 模型锻造;(f) 冲压

锻压加工是以金属的塑性变形为基础的,各种钢和大多数非铁金属及其合金都具有不同程度的塑性,因此,它们可在冷态或热态下进行锻压加工,而脆性材料(如灰铸铁、铸造铜合金、铸造铝合金等)则不能进行锻压加工。

金属锻压加工的主要特点:

1) 能改善金属内部组织,提高金属的力学性能。

2) 节省金属材料。与直接切削钢材的成型相比,还可以节省金属材料的消耗,节省加工工时。

3）生产效率较高。如齿轮轧制、滚轮轧制等制造方法均比机械加工的生产率高出几倍甚至几十倍以上。

4）不能获得形状很复杂的制件，其制件的尺寸精度、形状精度和表面质量还不够高。

5）加工设备比较昂贵，制件的成本比铸件高。

第一节　锻造概述

锻造成型是借助锻锤、压力机等设备或工、模具对坯料施加压力，使其产生塑性变形，获得所需形状、尺寸和一定组织性能的型材、体材、板材和线材等锻件的加工方法。锻造是机器零件或毛坯生产的主要方法之一。

一、锻造成型分类

1. 按成型方式分

按成型方式的不同，锻造可分为自由锻造（简称自由锻）和模型锻造（简称模锻）。锻造过程中，金属经塑性变形，压合了原材料内的一些内部缺陷（如气孔、微裂纹等），晶粒得到细化，组织致密并呈流线状分布，改善和提高了材料的力学性能。所以，承受重载及冲击载荷的重要零件，如机床主轴、传动轴、发动机曲轴、起重机吊钩等，多以锻件为毛坯。但由于锻造属于固态成型，金属的流动受到限制，因此锻件的形状不能太复杂。

2. 按坯料加工时的温度分

按坯料在加工时的温度可分为冷锻和热锻。冷锻一般是在室温下加工，热锻是在高于坯料金属的再结晶温度上加工。有时还将处于加热状态，但温度不超过再结晶温度时进行的锻造称为温锻。不过这种划分在生产中并不完全统一。

二、锻造成型特点

1. 锻件的组织性能好

锻造时金属的形变和相变都会对锻件的组织结构造成影响。如果在锻造过程中对锻件的形变和相变加以控制，通常可以获得组织性能较好的锻件。

2. 成型困难且适应性差

锻造时金属的塑性流动类似于铸造时熔融金属的流动，但固态金属的塑性流动除必须施加外力条件外，通常还必须采取加热等工艺措施才能实现。因此，塑性差的金属材料如灰铸铁等不能进行锻造，形状复杂的零件也难以锻造成型。

3. 成本较高

一方面锻造成型困难，锻件毛坯与零件的形状相差较大，材料利用率较低；另一方面锻造设备也比较贵重，故锻件的成本通常较高。

第二节　金属的锻造性能

金属的锻造性能是材料在锻造过程中经受塑性变形而不开裂的能力，指金属锻造成型的难易程度，常用塑性和变形抗力两个指标来综合衡量。塑性越高，变形抗力越小，则金属的锻造性能越好。金属锻造性能是金属材料重要的工艺性能。

一、影响锻造性能的主要因素

影响锻造性能的主要因素是金属的内在因素和金属的外部变形条件。

1. 金属内在因素的影响

（1）化学成分

不同材料具有不同的塑性和变形抗力。纯金属的锻造性能比其合金好。碳素钢随含碳量增加，锻造性能变差。合金钢中合金元素种类和含量越多，锻造性能越差，特别是加入能提高高温强度的元素（如钨、钼、钒、钛等）后，其锻造性能更差。

（2）组织结构

纯金属与固溶体具有良好的可锻性，尤其是奥氏体，其塑性好、变形抗力小、锻造性能好，所以钢材大多加热至奥氏体状态进行锻造加工；化合物（如渗碳体等）因其高硬度和低塑性，锻造性能很差。另外，金属中晶粒越细小、越均匀，其塑性越高、可锻性越好。铸态组织中晶粒细小而均匀组织的锻造性能比柱状组织及粗晶粒组织好。

2. 外部变形条件的影响

（1）变形温度

在不产生过热的条件下，金属的变形温度升高，可锻性变好。提高金属变形温度，可使原子动能增加、结合力减弱、塑性增加、变形抗力减小。高温下再结晶过程很迅速，能及时克服冷变形强化现象。因此，适当提高变形温度可改善金属锻造性能。

（2）变形速度

变形速度即单位时间内的变形量，随着变形速度的提高，金属的冷变形强化现象不能通过回复和再结晶及时克服，使塑性下降，变形抗力增加，锻造性能变差。但是，当变形速度超过临界值后，由于塑性变形的热效应使金属温度升高，加快了再结晶过程，使其塑性增加、变形抗力减小。变形速度越高，金属热效应越明显。根据这个原理，利用高速锤锻造、爆炸成型等工艺来加工低塑性材料，可显著提高其可锻性。但生产中常用的锻造设备都不可能超过临界变形速度，因此，塑性较差的金属（如高合金钢等）或大型锻件，宜采用较小的变形速度，以防锻裂坯料。

（3）应力状态

用不同的锻造方法使金属变形时，其内部产生的应力大小和性质（压或拉）是不同的，甚至在同一变形方式下，金属内部不同部位的应力状态也可能不同（图10-2）。挤压是三向压应力状态；拉拔是轴向受拉，径向受压；自由锻镦粗时，锻件中心是三向压应力，而侧表面层水平方向为拉应力。实践证明，三个方向中压应力数目越多，可锻性越好；拉应力数目越多，可锻性越差。这是因为在三向压应力状态下，金属中的某些缺陷难以扩展，而拉应力的出现使这些缺陷易于扩展，从而易导致金属的破坏。因此，许多用普通锻造效果不好的材料改用挤压后即可达到加工的要求。

二、锻造流线和锻造比

1. 锻造流线

锻造流线（也称流纹）是指在锻造时，金属的脆性杂质被打碎，并顺着金属主要伸长

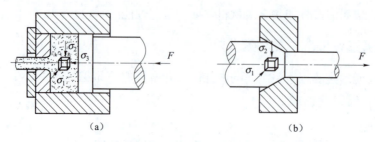

图 10-2 变形时的应力状态
(a) 挤压时金属的应力状态;(b) 拉拔时金属的应力状态

方向呈碎粒状或链状分布,而塑性杂质随着金属变形沿主要伸长方向呈带状分布,这样热锻后的金属组织就具有一定的方向性,其沿着流线方向(纵向)抗拉强度较高,而垂直于流线方向(横向)抗拉强度较低。

生产中若能利用流线组织纵向强度高的特点,使锻件中的流线组织连续分布并且与其受拉力方向一致,则会显著提高零件的承载能力。例如,吊钩采用弯曲工序成型时,就能使流线方向与吊钩受力方向一致,如图 10-3 (a) 所示,从而可提高吊钩承受拉伸载荷的能力。如图 10-3 (b) 所示的锻压成型的曲轴中,其流线的分布是合理的。图 10-3 (c) 所示为切削成型的曲轴,由于其流线不连续,所以流线分布不合理。

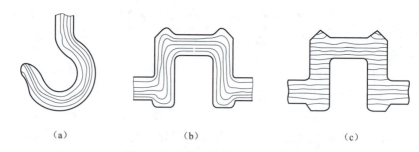

图 10-3 吊钩、曲轴中的流线分布
(a) 吊钩;(b) 锻压成型曲轴;(c) 切削成型曲轴

2. 锻造比

锻造比是锻造时金属变形程度的一种表示方法。锻造比以金属变形前后横断面积的比值、长度比值或高度比值 Y 来表示。不同的锻造工序,锻造比的计算方法各不相同。

拔长时锻造比为

$$Y = S_0/S = L/L_0$$

墩粗时锻造比为

$$Y = S/S_0 = H_0/H$$

式中,S_0,H_0,L_0——坯料变形前的横断面积、高度和长度;

S,H,L——坯料变形后的横断面积、高度和长度。

一般情况下,增加锻造比可以改善金属的组织和性能,但是不能太大。当锻造比 $Y=2$ 时,原始铸态组织中的疏松、气孔被压合,组织得到细化,工件在各个方向的力学性能均有显著提高;当 $Y=2\sim5$ 时,工件组织中的流线明显,呈各向异性;当 $Y>5$ 时,工件在沿流线方向的力学性能不再提高，而垂直于流线方向的力学性能急剧下降。因此，以钢锭为坯料进行锻造时，应按零件的力学性能要求选择锻造比。对于主要在流线方向受力的零件，选择的锻造比应稍大一些；对于主要在垂直于流线方向受力的零件，如吊钩等，锻造比取 2～2.5 即可；若用钢材为坯料进行锻造，因钢材在轧制过程中已经产生了流线，所以一般不考虑锻造比。

第三节 锻造工艺过程

锻造的基本方法有自由锻造、模型锻造、胎模锻造和特种锻造等。一般锻件的生产工艺过程是：下料→坯料加热→锻造成型→冷却→锻件检验→热处理→锻件毛坯。

一、锻造加热

1. 锻造加热的目的

用于锻造的金属必须具有良好的塑性。少数具有良好塑性的金属在常温下也能锻造成型，但其变形量会受到一定限制，而且变形抗力很大，有时难以达到预期的成型要求。加热金属材料，随着其温度的升高，材料的塑性提高，强度降低，并能使其内部组织均匀化。因此，金属材料在高温下锻造，可以提高材料的塑性变形量，降低变形抗力。锻造前对金属材料进行加热，是锻造工艺过程中的一个重要环节。

2. 锻造温度范围

锻造温度范围是指金属开始锻造的温度（始锻温度）至终止锻造的温度（终锻温度）间的温度间隔。

始锻温度的确定原则是：保证金属在加热过程中不产生过热和过烧的前提下，尽可能取高的温度。这样便能扩大锻造温度的范围，以便有充足的时间进行锻造，减少加热次数，降低材料的烧损，提高生产率。钢的始锻温度通常低于其固相线 100 ℃～200 ℃。

终锻温度的确定原则是：保证金属停锻前具有足够的塑性，并且在停锻后能获得细小的晶粒组织。终锻温度过高，不仅会缩小锻造温度范围，而且停锻后金属在冷却过程中晶粒会继续长大，因而降低了锻件的强度和冲击韧性等力学性能；若终锻温度过低，则材料的塑性差，变形抗力大，难以继续变形，易出现锻裂现象，且容易损坏锻造设备。

常用钢材的锻造温度范围可参见表 10-1。

表 10-1 常用钢材的锻造温度范围

种类	牌号列举	始锻温度/℃	终锻温度/℃
碳素结构钢	Q235，Q255	1 250	700
优质碳素结构钢	08，15，20，35	1 250	800
	40，45，60	1 200	800
合金结构钢	12Mn，16Mn，30Mn	1 250	800
	30Mn2，40Mn2，30Cr，40Cr，45Cr，30CrMnTi，40Mn	1 200	800
	40CrNiMo，35CrMo	1 150	850

续表

种类	牌号列举	始锻温度/℃	终锻温度/℃
碳素工具钢	T8，T8A	1 150	800
	T10，T10A	1 100	770
合金工具钢	5CrMnMo，5CrNiMo	1 100	800
	W18Cr4V	1 150	900

3. 锻造加热缺陷及防止措施

金属在加热过程中受到加热条件的限制，可能会产生缺陷。常见的缺陷有氧化、脱碳、过热、过烧和裂纹等。

（1）氧化

加热时，工件表层金属与炉气中的氧化性气体（O_2、CO_2、H_2 和 SO_2 等）发生化学反应而生成氧化皮，这种现象称为氧化。氧化皮的形成造成金属材料的损耗，同时影响锻件的质量和炉子的寿命，在模锻时还会加剧锻模的磨损。锻件每加热一次，由于氧化而造成的烧损量占坯料质量的 2%～3%。

对于一般的火焰炉，减少坯料氧化的措施是在保证加热质量的前提下，尽量采用快速加热的方法，缩短加热时间，尤其是高温阶段的时间；尽量采用少装料、勤装料的操作方法；在燃料完全燃烧的情况下，严格控制送风量，以免炉内氧气过剩，产生过多的氧化皮；或采用中性、还原性气氛加热等。

（2）脱碳

钢材在加热过程中，其表层的碳与炉气内的氧化性气体发生化学反应，造成钢材表层中碳元素的烧损而降低表层的含碳量，这种现象称为脱碳。钢材脱碳后，其表层的性质变软，强度和耐磨性降低。对于重要零件和精密锻件是不允许有脱碳层存在的。如果脱碳层的深度小于锻件的加工余量，则脱碳层会被后续的切削加工除去，对零件使用性能不构成危害，否则就会严重影响零件的使用性能。

减少坯料脱碳的措施是加热前在坯料的表面涂保护涂料；控制炉内气氛中氧和氢的含量；采用快速加热的方法，缩短高温阶段的加热时间，加热好的坯料尽快出炉锻造等。

（3）过热

当坯料加热温度过高或在高温下停留时间过长，使组织晶粒显著长大变粗的现象称为过热。过热的坯料锻造时容易产生裂纹，锻后组织的晶粒仍粗大，降低了材料的力学性能。

坯料过热主要与加热温度有关。当温度未达到过热温度时，加热时间的长短对晶粒显著粗化的影响并不大。对过热所造成的粗晶粒组织，可用再次锻造或正火等热处理方法消除，但会增加工序、降低生产效率并提高成本，故在锻造时要严格控制加热温度和时间，防止出现过热现象。

（4）过烧

当坯料加热温度接近或超过其固相线时，坯料组织的晶界出现氧化及熔化的现象称为过烧。过烧的材料一经锻打即会碎裂，是无法挽救的缺陷。

避免坯料过烧的方法是严格控制锻造加热温度。一般钢材的加热温度必须低于其熔点

100 ℃以上，合金钢的加热温度还应更低一些。

（5）裂纹

大型锻件或导热性能较差的金属材料在加热时，若加热速度过快，坯料内外温差较大，会产生很大的热应力，严重时会导致坯料内部产生裂纹。裂纹也是无法挽救的缺陷。

为防止裂纹产生，对于大型锻件或导热性能较差的金属材料，要防止坯料入炉温度过高和加热速度过快，一般应采取预热措施。

二、锻造成型

1. 自由锻成型

自由锻是指只用简单的通用性工具或在锻造设备的上、下砧间直接使坯料变形而获得所需几何形状及内部质量锻件的方法。自由锻可分为手工自由锻（简称手工锻）和机器自由锻（简称机锻）。

自由锻的工艺特点：

1）应用设备和工具有很大的通用性，且工具简单，所以只能锻造形状简单的锻件，操作强度大，生产效率低。

2）自由锻可以锻出质量从不到 1 kg 到 200～300 t 的锻件。对大型锻件，自由锻是唯一的加工方法，因此，自由锻在重型机械制造中有特别重要的意义。

3）自由锻依靠操作者控制其形状和尺寸，锻件精度低，表面质量差，金属消耗也较多。

所以，自由锻主要用于品种多、产量不大的单件小批量生产，也可用于模锻前的制坯工序。如自由锻是生产水轮发电机机轴、涡轮盘、船用柴油机曲轴、轧辊等重型锻件（质量可达 250 t）唯一可行的方法，在重型机械制造厂中占有重要的地位。

自由锻的基本工序有镦粗、拔长、冲孔、扩孔、弯曲、扭转、切割和错移。

（1）镦粗

镦粗是使坯料的横截面积增大、高度减小的锻造工序。一般用来制造盘套类锻件，如法兰盘、齿轮坯等，在锻造套筒、环类等空心锻件时，镦粗是冲孔前的预备工序，以减小冲孔高度。

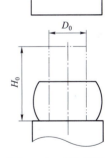

图 10-4　完全镦粗

镦粗可分为完全镦粗（图 10-4）和局部镦粗（图 10-5）。

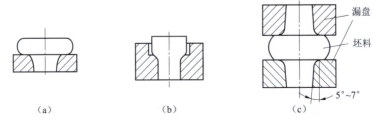

图 10-5　局部镦粗

（a）漏盘上镦粗；（b）胎膜内镦粗；（c）中间镦粗

完全镦粗是指坯料沿整个高度产生变形；局部镦粗是借助漏盘或胎模使坯料的一端镦粗或中间镦粗。对某些材料有可能锻裂。

镦粗时，坯料的两个端面与上下砧铁间产生的摩擦力具有阻止金属流动的作用，故圆柱形坯料经镦粗后成鼓形。为防止镦粗时坯料产生纵向弯曲，坯料的高度（H）与直径（D）之比应小于 2.5～3.0，坯料两端面要平整，并垂直于轴线。

（2）拔长

拔长是使坯料横截面积减小、长度增加的锻造工序。拔长主要用来制造光轴、台阶轴、曲轴、拉杆和连杆等具有长轴线的锻件。拔长有平砧铁拔长、芯轴拔长等，如图 10-6 所示。

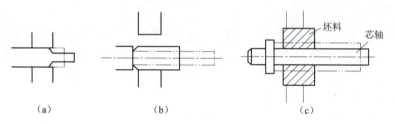

图 10-6　拔长

(a) 拔长；(b) 局部拔长；(c) 芯轴拔长

在平砧铁上将直径较大的圆坯料拔长为直径较小的圆坯料时，应先将坯料锻打成方形截面后再进行拔长，当拔长到方形的边长接近工件的直径时，将方形锻成八角形，最后倒棱滚打成圆形，如图 10-7 所示。锻造带台阶或凹档的锻件时，首先在坯料上用小直径圆棒压痕或用三角刀切肩，然后再局部拔长，锻打成所需形状，如图 10-8 所示。锻造有孔的长轴线锻件，应将已冲孔的坯料套入接近孔径的芯轴中拔长，使壁厚减小、长度增加，为提高拔长效率，可在上平、下 V 型砧铁或上、下 V 型砧铁中锻打。

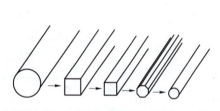

图 10-7　大直径坯料拔长时的变形过程

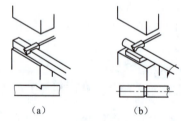

图 10-8　压肩

(a) 方料压肩；(b) 圆料压肩

（3）冲孔

冲孔是用冲子在坯料上冲出通孔或不通孔的锻造工序。冲孔主要用于制造带孔的锻件。冲孔可分为实心冲头冲孔和空心冲头冲孔。

实心冲头冲孔时，冲头为一实心体，主要用于冲直径较小的孔。对于薄的坯料常采用单面冲孔［图 10-9 (a)］，较厚的坯料常采用双面冲孔［图 10-9 (b)］。空心冲头冲孔时，冲头为一空心圆环，多用于冲孔径大于 400 mm 的孔（图 10-10）。

冲孔前，一般须将坯料镦粗，以减小冲孔深度，并避免冲孔时坯料胀裂。坯料加热到始锻温度，内外均匀热透，以便在冲子冲入后，坯料仍有良好的塑性和低的变形抗力，避免冲裂。

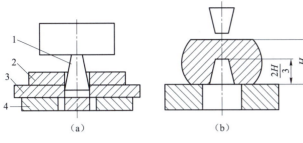 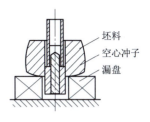

图 10-9　实心冲头冲孔

（a）薄坯料冲孔；（b）厚坯料冲孔
1—冲头；2—坯料；3—垫环；4—芯料

图 10-10　空心冲头冲孔

（4）扩孔

扩孔是指减小空心坯料的壁厚，增大其内、外径或只增大内径的锻造工序。扩孔主要用来制造环形锻件，如轴承圈等。扩孔基本方法可分为冲头扩孔和芯棒扩孔两种。

1）冲头扩孔是指用直径比坯料孔径大的冲头依次将坯料孔径扩大到所要求的尺寸，如图 10-11（a）所示。冲头扩孔适用于坯料外径与内径之比大于 1.7 的情况。采用冲头扩孔时，每次孔径扩大量不宜太大，否则坯料易胀裂。

2）芯棒扩孔又称马架上扩孔，是指将带孔的坯料套在芯棒上，芯棒架在马架上，围绕圆周对坯料进行锤击，每锤击一、二次，必须旋转送进坯料，经进行多次圆周旋转锤击后，坯料的壁厚减小，内、外径增大，达到所要求的尺寸，如图 10-11（b）所示。芯棒扩孔时扩孔量大，可以锻造大孔径的薄壁锻件。

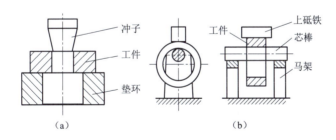

图 10-11　扩孔

（a）冲头扩孔；（b）芯棒扩孔

（5）弯曲

使坯料弯成一定角度或形状的锻造工序称为弯曲。弯曲用于锻造吊钩、链环、弯板等锻件。弯曲时锻件的加热部分最好只限于被弯曲的一段，加热必须均匀。在空气锤上进行弯曲时，将坯料夹在上下砧铁间，使欲弯曲的部分露出，用手锤或大锤将坯料打弯，如图 10-12（a）所示，或借助于成型垫铁、成型压铁等辅助工具使其产生成型弯曲，如图 10-12（b）所示。

（6）扭转

扭转是将坯料的一部分相对于另一部分绕轴线旋转一定角度的锻造工序，如图 10-13 所示。采用扭转的方法，可使由几部分不同平面内组成的锻件，如曲轴等，先在一个平面内锻造成型，然后再分别扭转到所要求的位置，从而简化锻造工序。

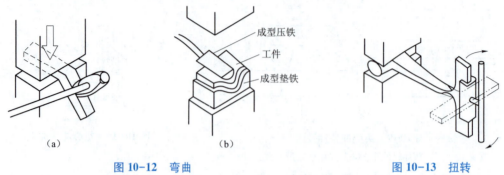

图 10-12　弯曲

(a) 角度弯曲；(b) 成型弯曲

图 10-13　扭转

(7) 切割

切割是使坯料分开的工序，如切去料头、下料和切割成一定形状等。用手工切割小毛坯时，把工件放在砧面上，錾子垂直于工件轴线，边錾边旋转工件，当快切断时，应将切口稍移至砧边处，轻轻将工件切断。大截面毛坯是在锻锤或压力机上切断的，方形截面的切割是先将剁刀垂直切入锻件，至快断开时，将工件翻转 180°，再用剁刀或克棍把工件截断，如图 10-14 (a) 所示。切割圆形截面锻件时，要将锻件放在带有圆凹槽的剁垫上，边切边旋转锻件，如图 10-14 (b) 所示。

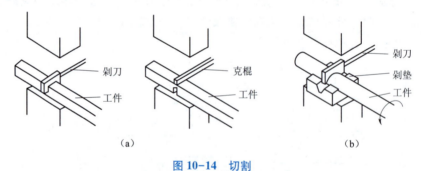

图 10-14　切割

(a) 方料的切割；(b) 圆料的切割

(8) 错移

错移是将坯料的一部分相对于另一部分错开，两部分的轴线仍保持平行的锻造工序。错移常用于锻造曲轴类锻件。错移前，毛坯须先进行压肩等辅助工序，如图 10-15 所示。错移时应先在错移部位切肩，然后再锻打错开。

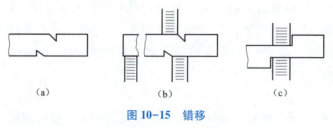

图 10-15　错移

(a) 压肩；(b) 锻打；(c) 修整

通过自由锻造基本工序可使金属坯料产生各种变形，以获得所需形状、尺寸及其他要求的锻件。在开始进行基本工序之前，有时也需要进行一些辅助性的工序，如切痕、压肩等。在基本工序完成之后，有时也需要一些精整工序，以消除锻件表面凹凸不平及毛刺等。上述三类工序配合起来应用，就可完成各种锻件的自由锻造。

2. 模锻成型

将加热到锻造温度的金属坯料放到固定在锻造设备上的锻模模膛内，使坯料受压产生塑形变形，充满锻模模膛以成型锻件的方法称为模型锻造，也称为模锻。

模锻时坯料的变形完全在锻模模膛内进行，可以锻制形状较为复杂的锻件，锻件形状和尺寸较精确，加工余量小，材料消耗低，生产效率高，操作简单，劳动强度小，易实现机械化和自动化生产；但锻模制造复杂，周期长、成本高，模锻设备昂贵而且能源消耗大，故适用于中、小型锻件的中批和大批生产。

生产中常用的模锻成型方法有锤上模锻、胎模锻及压力机上模锻等。其中锤上模锻工艺适用性广，可生产各种类型的模锻件，设备费用也相对较低，是我国模锻生产中应用最多的模锻方法。

（1）锤上模锻

锤上模锻是将上模固定在锤头上，下模紧固在模垫上，通过随锤头做上下往复运动的上模，对置于下模中的金属坯料施以直接锻击，来获取锻件的锻造方法。

锤上模锻使用的设备有蒸汽-空气锤、无砧座锤、高速锤等。

锤上模锻的工艺特点是：金属在模膛中是在一定速度下经过多次连续锤击而逐步成型的；锤头的行程、打击速度均可调节，能实现轻重缓急不同的打击，因而可进行制坯工作；由于惯性作用，金属在上模模膛中具有更好的充填效果；锤上模锻的适应性广，可生产多种类型的锻件，可以单膛模锻，也可以多膛模锻。

由于锤上模锻打击速度较快，对变形速度较敏感的低塑性材料（如镁合金等）进行锤上模锻不如在压力机上模锻的效果好。

锤上模锻的锻模结构如图 10-16 所示。锤上模锻用的锻模由带燕尾的上模 2 和下模 4 两部分组成，上、下模通过燕尾和楔铁分别紧固在锤头和模垫上，上、下模合在一起在内部形成完整的模膛。根据模膛功用不同，可将其分为制坯模膛和模锻模膛两大类。

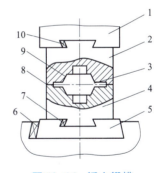

图 10-16　锤上锻模

1—锤头；2—上模；3—飞边槽；
4—下模；5—模垫；
6，7，10—紧固楔铁；
8—分模面；9—模膛

1）制坯模膛。

对于形状复杂的模锻件，为了使坯料基本接近模锻件的形状，以便模锻时金属能合理分布，并很好地充满模膛，必须预先在制坯模膛内制坯。制坯模膛有以下几种：

① 拔长模膛，减小坯料某部分的横截面积，增加其长度。如图 10-17 所示。

② 滚挤模膛，减小坯料某部分的横截面积，以增大另一部分的横截面积，主要是使金属坯料能够按模锻件的形状来分布。滚挤模膛也分为开式和闭式两种，如图 10-18 所示。

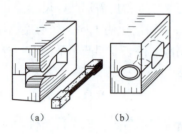 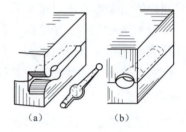

图 10-17　拔长模膛 　　　　　　　图 10-18　滚挤模膛
(a) 开式；(b) 闭式　　　　　　　　(a) 开式；(b) 闭式

③ 弯曲模膛，使坯料弯曲，如图 10-19 所示。

④ 切断模膛，在上模与下模的角部组成一对刃口，用来切断金属，如图 10-20 所示。可用于从坯料上切下锻件或从锻件上切钳口，也可用于多件锻造后分离成单个锻件。

图 10-19　弯曲模膛　　　　　　　　图 10-20　切断模膛

此外，还有成型模膛、镦粗台及击扁面等制坯模膛。

2) 模锻模膛。

模锻模膛包括预锻模膛和终锻模膛。所有模锻件都要使用终锻模膛，预锻模膛则要根据实际情况决定是否采用。

① 终锻模膛，使金属坯料最终变形到所要求的形状与尺寸。由于模锻需要加热后进行，锻件冷却后尺寸会有所缩减，所以终锻模膛的尺寸应比实际锻件尺寸放大一个收缩量，对于钢锻件收缩量可取 1.5%。

飞边槽：飞边槽用以增加金属从模膛中流出的阻力，促使金属充满整个模膛，同时容纳多余的金属，还可以起到缓冲作用，减弱对上、下模的打击，防止锻模开裂。飞边槽的常见形式如图 10-21 所示，图 10-21 (a) 为最常用的飞边槽形式；图 10-21 (b) 用于不对称锻件，切边时须将锻件翻转 180°；图 10-21 (c) 用于锻件形状复杂，坯料体积偏大的情况；图 10-21 (d) 设有阻力沟，用于锻件难以充满的局部位置。飞边槽在锻后可利用压力机上的切边模去除。

对于具有通孔的锻件，由于不可能靠上、下模的凸起部分把金属完全挤压掉，故终锻后会在孔内留下一薄层金属，称为冲孔连皮。图 10-22 所示为带有飞边槽与冲孔连皮的模锻件。

② 预锻模膛，用于预锻的模膛称为预锻模膛。终锻时常见的缺陷有折叠和充不满等，工字型截面锻件的折叠如图 10-23 所示。这些缺陷都是由于终锻时金属不合理的变形流动或变形阻力太大引起的。为此，对于外形较为复杂的锻件，常采用预锻工步，使坯料先变形

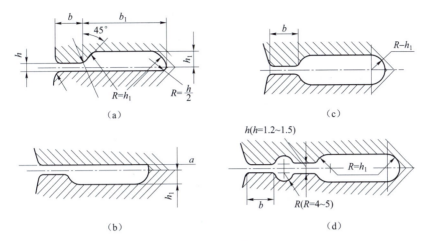

图 10-21 飞边槽形式

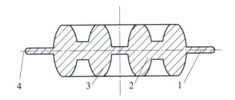

图 10-22 带有飞边槽与冲孔连皮的模锻件

1—飞边；2—锻件；3—冲孔连皮；4—分模面

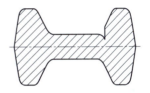

图 10-23 工字型截面锻件的折叠

到接近锻件的外形与尺寸，以便合理分配坯料各部分的体积，避免折叠的产生，并有利于金属的流动，易于充满模膛，同时可减小终锻模膛的磨损，延长锻模的寿命。预锻模膛和终锻模膛的主要区别是前者的圆角和模锻斜度较大，高度较大，一般不设飞边槽。只有当锻件形状复杂、成型困难，且批量较大的情况下，设置预锻模膛才是合理的。

根据模锻件的复杂程度不同，所需的模膛数量不等，可将锻模设计成单膛锻模或多膛锻模。弯曲连杆模锻件所用多膛锻模如图 10-24 所示。

（2）胎模锻

胎模锻是在自由锻造设备上使用可移动的简单模具生产锻件的一种介于自由锻与模锻间的锻造方法。对于形状较为复杂的锻件，通常是先采用自由锻方法使坯料初步成型，然后再在胎模中终锻成型。锻件的主要尺寸和形状是靠胎模的型腔来保证的。胎模不固定在设备上，根据工艺过程的需要随时放上或取下。

胎模锻与自由锻相比，可获得形状较为复杂、

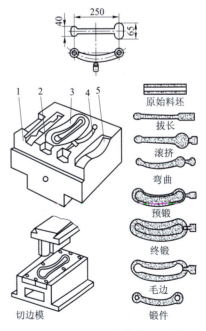

图 10-24 弯曲连杆锻模（下模）
与模锻工序

1—拔长模膛；2—滚挤模膛；3—终锻模膛；
4—预锻模膛；5—弯曲模膛

尺寸较为精确的锻件，节约金属，提高生产效率，但需准备专用工具——胎模；与模锻相比，胎模锻可利用自由锻设备组织生产各类锻件，不需要昂贵的设备，胎模制造简单，使用方便，成本较低，但劳动强度大，辅助操作多，在锻件质量、生产效率、模具寿命等方面均低于模锻。胎模锻适用于小件批量不大的生产。

胎模结构可分为以下几类，如图10-25所示。

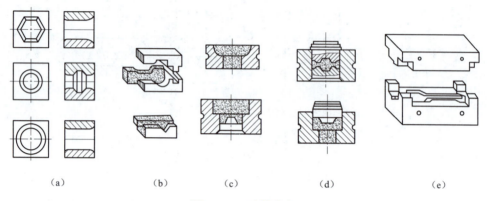

图 10-25　胎模种类

(a) 摔模；(b) 扣模；(c) 开式套筒模；(d) 闭式套筒模；(e) 合模

摔模：用于锻造回转体锻件；
扣模：用于平整侧面；
套筒模：用于镦粗锻件；
合模：用于锻造比较复杂的锻件。

(3) 压力机上模锻

目前在锻压生产中锤上模锻的锻造方法有广泛的应用，但是模锻锤在工作中存在振动和噪声大、劳动条件差、蒸汽效率低和能源消耗多等难以克服的缺点。因此，近年来大吨位模锻锤有逐步被压力机所取代的趋势。

用于模锻生产的压力机有摩擦压力机、平锻机、水压机和曲柄压力机等，其工艺特点的比较见表10-2。

表 10-2　压力机上模锻方法的工艺特点比较

锻造方法	设备构造特点	工艺特点	应用
摩擦压力机上模锻	滑块行程可控，速度为0.5~1.0m/s，带有顶料装置，机架受力，形成封闭力系，每分钟行程次数少，传动效率低	特别适合于锻造低塑性合金钢和非铁金属；简化了模具设计与制造，同时可锻造更复杂的锻件；承受偏心载荷能力差；可实现轻、重打，能进行多次锻打，还可进行弯曲、精压、切飞边、冲连皮、校正等工序	中、小型锻件的小批和中批生产
曲柄压力机上模锻	工作时，滑块行程固定，无振动，噪声小，合模准确，有顶杆装置，设备刚度好	金属在模膛中一次成型，氧化皮不易除掉，终锻前常采用预成型及预锻工步，不宜拔长、滚挤，可进行局部镦粗，锻件精度较高，模锻斜度小，生产率高，适合短轴类锻件	大批大量生产

续表

锻造方法	设备构造特点	工艺特点	应用
平锻机上模锻	滑块水平运动,行程固定,具有互相垂直的两组分模面,无顶出装置,合模准确,设备刚度好	扩大了模锻适用范围,金属在模膛中一次成型,锻件精度较高,生产率高,材料利用率高,适合锻造带头的杆类和有孔的各种合金锻件,对非回转体及中心不对称的锻件较难锻造	大批大量生产
水压机上模锻	行程不固定,工作速度为 0.1~0.3 m/s,无振动,有顶杆装置	模锻时一次压成,不宜多膛模锻,适合于锻造镁铝合金大锻件、深孔锻件,不太适合于锻造小尺寸锻件	大批大量生产

3. 其他锻造成型方法

随着工业生产的发展和科学技术的进步,锻造的方法有了突破性的进展,并涌现出了许多新工艺、新技术,极大地提高了制品的精度和复杂度,突破了传统锻造只能成型毛坯的局限,可直接成型各种复杂形状的精密零件,实现了少、无切削的加工方法。

(1) 精密锻造

精密锻造是在热模锻的工艺基础上增加精压工序,利用精锻模提高锻件的精度。精密锻造与一般模锻相比,具有锻件表面质量好、加工余量小、尺寸精度高、材料利用率高等优点。锻造时先用粗锻模锻造,粗锻件留有一定的精锻余量;然后,切下粗锻件的飞边并清除氧化皮,重新加热到 700 ℃~900 ℃,用精锻模终锻成型。

(2) 辊锻

用一对装有模具的相反转向的锻辊使坯料产生塑性变形,从而获得所需锻件或锻坯的锻造工艺称为辊锻。辊锻的特点是振动小、噪声小、劳动环境好、成型力小、材料消耗少、生产效率高和易实现自动化生产。辊锻的成型过程如图 10-26 所示。

(3) 超塑性模锻

超塑性是指当材料具有超细的等轴晶粒(晶粒大小为 0.5~5 μm)并在一定的成型温度 [$T = (0.5~0.7) T_{熔}$] 下,以极低的应变速率($\varepsilon = 10^{-2}~10^{-4}$/s)变形,某些金属或合金呈现出超高的塑性和极低的变形抗力的现象。超塑性模锻就是利用某些金属或合金具有的超塑性,使其在

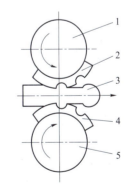

图 10-26 辊锻成型过程
1—上锻辊;2—辊锻上模;3—毛坯;
4—辊锻下模;5—下锻辊

模具中成型的方法。超塑性模锻主要用于小批量生产高温合金和钛合金等难加工、难成型材料的高精度零件。

(4) 挤压成型

挤压是指坯料在三向不均匀压应力作用下从模具的孔口或缝隙中挤出,使之横截面积减小、长度增加,成为所需制品的加工方法。挤压的生产率很高,锻造流线分布合理;但变形抗力大,多用于有色金属件。

三、锻后处理

(1) 锻后冷却

热锻成型的锻件锻后通常要根据其化学成分、尺寸、形状复杂程度等来确定相应的冷却方法。低、中碳钢小型锻件锻后常采用单个或成堆放在地上空冷；低合金钢锻件及截面宽大的锻件则需要放入坑中，埋在砂、石灰或炉渣等填料中缓慢冷却；高合金钢锻件及大型锻件的冷却速度更要缓慢，通常要随炉缓冷。冷却方式不当，会使锻件产生内应力、变形甚至裂纹。冷却速度过快还会使锻件表面产生硬皮，难以切削加工。

(2) 其他锻后处理

锻件冷却后应仔细进行质量检验，合格的锻件应进行去应力退火、正火或球化退火，然后准备切削加工。变形较大的锻件应进行矫正，技术条件允许焊补的锻件缺陷应焊补。

第四节 自由锻造工艺设计简介

一、自由锻造工艺设计

自由锻造工艺设计（即自由锻造工艺规程的制定）是进行自由锻造生产必不可少的技术准备工作，是组织生产进程、规定操作规范、控制和检查锻件质量的依据。

自由锻造工艺设计的原则是：应根据实际的生产条件编制工艺规程；按工艺规程生产的锻件应能满足产品的全部技术要求；在保证产品质量的基础上，应尽可能提高生产效率、节约金属材料消耗量和降低消耗生产成本。

自由锻造工艺设计主要包括绘制锻件图、确定坯料的质量和尺寸、确定变形工序、确定锻造温度范围及锻后处理规范等。

1. 绘制锻件图

锻件图是指在零件图的基础上，根据自由锻造的特点，考虑加工余量、锻件公差、工艺余块等所绘制的图样。零件的图形用双点画线表示，锻件的轮廓用粗实线表示。锻件的基本尺寸与公差标注在尺寸线的上面或左面；零件的基本尺寸标注在尺寸线的下面或右面，并且用圆括号括住。对于大型锻件，必须在同一坯料上锻造出用于性能检验的试样，试样的形状和尺寸也应在锻件图上表示出来。图 10-27 所示为一台阶轴的锻件图。

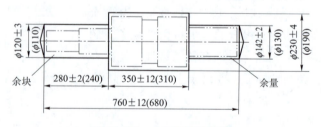

图 10-27 一台阶轴的锻件

(1) 加工余量和工艺余块

加工余量是指为使零件具有一定的精度和表面质量，在锻件表面需要切削加工的部位增加一层供切削加工用的金属。零件越大、形状越复杂，则加工余量越大。工艺余块是指为简化锻件的外形及锻造过程，在锻件的某些部位添加的一些大于加工余量的金属块。锻件的加工余量和工艺余块如图 10-27 所示。

（2）锻件公差

锻件公差是指锻件尺寸允许的变动量。自由锻造的锻件实际尺寸不可能刚好达到锻件的基本尺寸，允许有一定范围内的偏差。锻件的尺寸越大、精度越低，则锻件公差越大。锻件的加工余量和公差可查相关标准确定。

2. 计算坯料的质量和尺寸

坯料的质量可按下式计算：

$$坯料质量 = 锻件质量 + 坯料氧化烧损量 + 切料损失量$$

式中，锻件质量可以按锻件体积和密度计算；坯料氧化烧损量为总加热次数中的金属损失量，首次加热取锻件质量的 2%～3%，以后每次加热取锻件质量的 1.5%～2%；切料损失量包括冲孔时的料芯和修切端部产生的料头等锻造过程中人为去掉的金属质量。

坯料尺寸选择与锻造工序有关，即要考虑锻造比（Y）的问题。镦粗时，为避免镦弯及下料方便，锻造比应满足以下关系：$1.25 \leq Y \leq 2.5$；拔长时，为使坯料有足够的变形以改善内部组织，锻件最大截面处的锻造比应满足以下关系：$Y \geq 2.5$（钢锭）或 $Y \geq 1.3$（轧材）。

根据计算所得的坯料质量、锻件的尺寸和相应的锻造比，即可确定坯料尺寸。

3. 确定变形工序

选择变形工序的主要依据是锻件的结构形状。一般轴类锻件的主要变形工序是拔长；环类等空心锻件的主要变形工序是镦粗和冲孔；齿轮坯、凸缘等锻件主要变形工序是镦粗或局部镦粗；曲轴类锻件的主要变形工序是拔长和错移。

4. 选择锻造设备

根据锻件的尺寸选择相应的锻造设备。

5. 确定锻造温度范围及锻后处理规范

坯料的锻造温度范围可根据锻件材料查相关的资料确定；坯料的加热方式、锻件的冷却方式及热处理工艺、锻件的检验标准和检验方法等内容，也应根据实际生产条件和锻件技术要求确定，并记录在工艺规程卡上。

二、典型锻件自由锻造工艺过程示例

自由锻件形状多样，一般需要采取几种基本工序才能锻造成型。尽管自由锻基本工序的选择和安排有很大的灵活性，但制定出某种锻件合理的锻造工艺仍需要对多种工艺方案进行综合分析比较，使生产符合"优质、高效、低耗"的基本原则，即在满足优质的前提条件下，尽量减少工序次数和合理安排各工序的顺序位置、缩短工时、提高生产率、节约材料和能源消耗量。

1. 齿轮轴自由锻工艺过程

齿轮轴自由锻工艺过程见表 10-3。

表 10-3 齿轮轴自由锻工艺过程

锻件名称	齿轮轴毛坯	工艺类型	自由锻
材料	45 钢	设备	75 kg 空气锤
加热次数	2 次	锻造温度范围	800 ℃ ~1 200 ℃
锻件图		坯料图	

序号	工序名称	工序简图	使用工具	操作工艺
1	压肩		圆口钳 压肩摔子	边轻打边旋转锻件
2	拔长		圆口钳	将压肩一端拔长至直径不小于 ϕ 40 mm
3	摔圆		圆口钳 摔圆摔子	将拔长部分摔圆至 ϕ（40 mm±1 mm）
4	压肩		圆口钳 压肩摔子	截出中段长度 88 mm 后，将另一端压肩
5	拔长		尖口钳	将压肩一端拔长至直径不小于 ϕ 40 mm
6	摔圆修整		圆口钳 摔圆摔子	将拔长部分摔圆至 ϕ（40 mm±1 mm）

2. 齿轮坯的自由锻造工艺

齿轮坯自由锻工艺过程见表10-4。

表10-4 齿轮坯自由锻工艺过程

锻件名称	齿轮毛坯	工艺类型	自由锻
材料	45钢	设备	65 kg 空气锤
加热次数	1次	锻造温度范围	850 ℃～1 200 ℃
锻件图		坯料图	

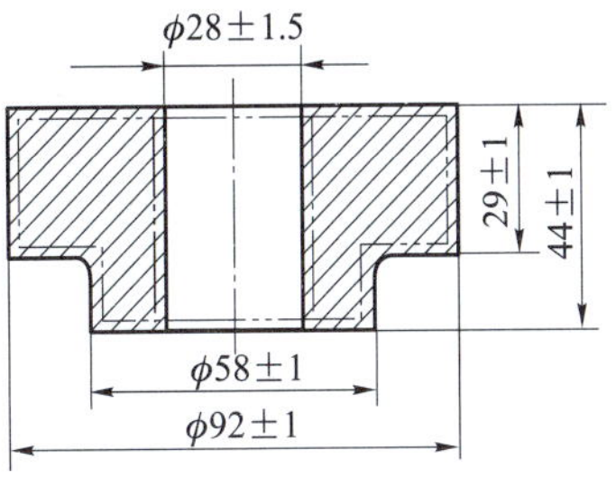

序号	工序名称	工序简图	使用工具	操作工艺
1	镦粗	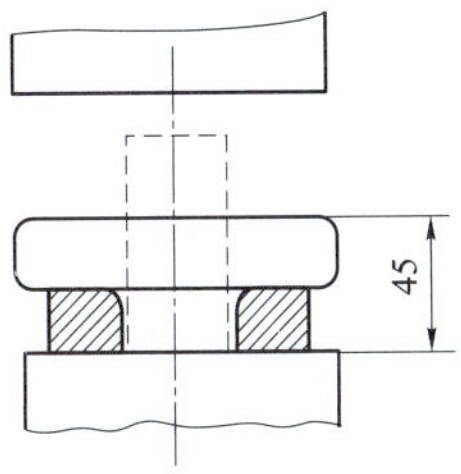	火钳 镦粗漏盘	控制镦粗后的高度，顶面与镦粗漏盘的底面距离为45 mm
2	冲孔	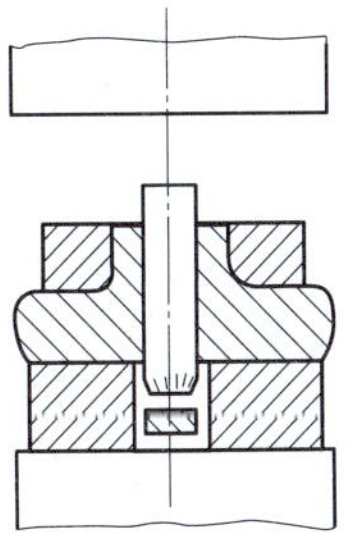	火钳 镦粗漏盘 冲子 冲子漏盘	1. 注意冲子对中。 2. 采用双面冲孔，左图为工件翻转后将孔冲透的情况
3	修正外圆	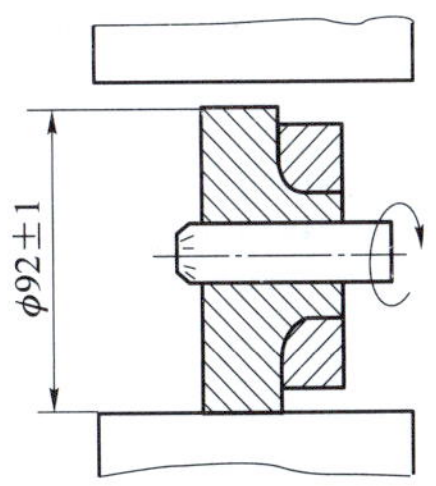	火钳 冲子	边轻打边旋转锻件，使外圆清除鼓形，并达到 ϕ (92 mm±1 mm)

续表

序号	工序名称	工序简图	使用工具	操作工艺
4	修整平面	（44±1）	火钳	轻打（如端面不平还要边打边转动锻件），使锻件厚度达到 44 mm±1 mm

第五节　零件结构的锻造工艺性

零件结构的锻造工艺性是指所设计的零件在满足使用性能要求的前提下锻造成型的可行性和经济性，即锻造成型的难易程度。良好的锻件结构应与材料的锻造性能、锻件的锻造工艺相适应。

一、锻造性能对结构的要求

不同金属材料的锻造性能不同，对结构的要求也不同。例如，$\omega(C) \leq 0.65\%$ 的碳素钢塑性好，变形抗力较小，锻造温度范围宽，能够锻出形状较复杂、肋较高、腹板较薄和圆角较小的锻件；高合金钢的塑性差，变形抗力大，锻造温度范围窄，若采用一般锻造工艺，锻件的结构形状应较简单，其截面尺寸的变化应较平缓。

二、锻造工艺对结构的要求

1. 自由锻件的结构工艺性

（1）形状简单，避免锥体和斜面结构

为减少锻造难度又不增加过大的余量和余块，锻件毛坯零件的结构应尽量简单。锻造具有锥体或斜面结构的锻件，需制造专用工具，锻件成型也比较困难，应尽量避免，如图 10-28 所示。

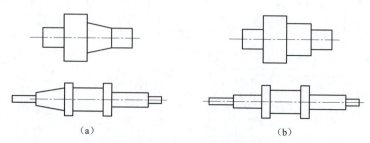

图 10-28　避免锥体和斜面结构

（a）工艺性差的结构；（b）工艺性好的结构

（2）避免曲面交接

图 10-29（a）所示为圆柱面与圆柱面相交，锻件成型十分困难。图 10-29（b）所示为平面相交，锻造成型容易。

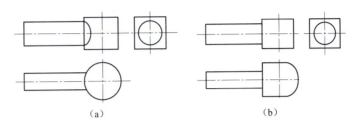

图 10-29 避免曲面交接

(a) 工艺性差的结构；(b) 工艺性好的结构

（3）自由锻件上不应设计出加强肋、凸台、工字形截面

如图 10-30（a）所示，锻件上的肋难以锻出，应尽量避免；如图 10-30（b）所示，锻件上的凸台锻出困难，应设计成凹坑，改进后具有较好的锻造工艺性。

（4）自由锻件横截面若有急剧变化或形状较复杂时的结构

自由锻件横截面若有急剧变化或形状较复杂时，应设计成由几个简单件构成的组合体，再用焊接或机械连接方法连接，如图 10-31 所示。

2. 模锻件的结构工艺性

1）模锻件应具有合理分模面，保证易于从锻模中取出锻件，且敷料消耗最少、锻模容易制造。

2）锻件上与分模面垂直的表面，应设计有模锻斜度，非加工表面所形成的角都应按模锻圆角设计。

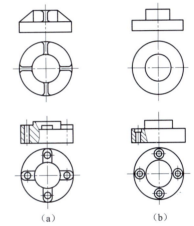

图 10-30 避免肋、凸台结构

(a) 工艺性差的结构；(b) 工艺性好的结构

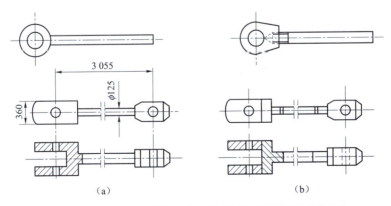

图 10-31 自由锻件横截面急剧变化或形状较复杂时的结构

(a) 工艺性差的结构；(b) 工艺性好的结构

3) 零件外形力求简单、平直和对称，尤其应避免零件截面间尺寸差别过大或具有薄壁、高筋、凸起等结构，以利于金属充满模膛和减少工序。

如图 10-32（a）所示，零件的小截面直径与大截面直径之比为 0.5，不符合模锻生产的要求；如图 10-32（b）所示，模锻件扁而薄，模锻时，薄部金属冷却快，变形抗力剧增，易损坏锻模；如图 10-32（c）所示，零件有一个高而薄的凸缘，金属难以充满模膛，且使锻模制造和成型后取出锻件较为困难，可改为图 10-32（d）所示的形状，使之易于锻制成型。

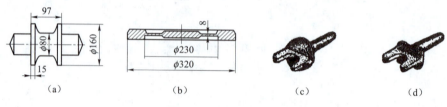

图 10-32　模锻件形状

4) 模锻件应尽量避免窄沟、深槽和深孔、多孔结构，以便于模具制造和延长锻模寿命。图 10-33 中 4×φ20 mm 孔不能锻出。

5) 形状复杂的模锻件应采用锻焊结构（图 10-34），以减少余块，简化模锻工艺。

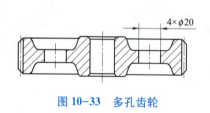

图 10-33　多孔齿轮

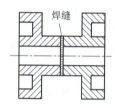

图 10-34　锻焊联合结构

第六节　板料冲压成型

板料冲压是指利用冲模在压力机上使板料分离或变形，从而获得冲压件的加工方法。板料冲压的坯料厚度一般小于 4 mm，通常在常温下冲压，故又称为冷冲压，简称冲压。板料厚度超过 8～10 mm 时，才用热冲压。

冲压主要用于具有塑性的金属材料，如低碳钢、奥氏体不锈钢、铜或铝及其合金等，也可以是非金属材料，如胶木、云母、纤维板、皮革等。

板料冲压的特点：

1) 冲压生产操作简单，生产率高，易于实现机械化和自动化。

2) 冲压件的尺寸精确，表面光洁，质量稳定，互换性好，一般不需要再进行机械加工即可作为零件使用。

3) 金属薄板经过冲压塑性变形获得一定几何形状，并产生冷变形强化，使冲压件具有质量轻、强度高和刚性好的优点。

4) 冲模是冲压生产的主要工艺装备，其结构复杂，精度要求高，制造费用相对较高，故冲压适用于大批量生产。

一、冲压成型的基本工序

冲压基本工序可分为落料、冲孔、切断等分离工序和拉深、弯曲等变形工序两大类。

1. 分离工序

分离工序是使板料的一部分与另一部分分离的加工工序。

切断：指使板料按不封闭轮廓线分离的工序。

落料：指从板料上冲出一定外形的零件或坯料的工序，冲下部分是成品。

冲孔：指在板料上冲出孔的工序，冲下部分是废料。冲孔和落料又统称为冲裁。

（1）冲裁变形过程

冲裁的刃口必须锋利，凸模和凹模之间留有间隙，板料的冲裁过程可分为三个阶段，如图 10-35 所示。

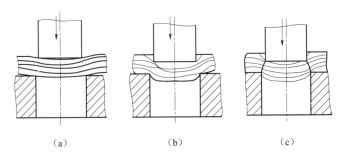

图 10-35　冲裁时金属板料的分离过程示意图
（a）弹性变形；（b）塑性变形；（c）分离

1）弹性变形阶段：当凸模压下后，凸、凹模刃口附近的材料将产生弹性变形。

2）塑性变形阶段：凸模继续下压，由于凸、凹模刃口的作用，板料产生塑性变形，出现裂纹。

3）剪裂分离阶段：当板料上、下裂纹汇合时，冲裁件实现与坯料的分离。

（2）排样

冲裁件在条料上的布置方法称为排样。排样方法可分为以下三种，如图 10-36 所示。

1）有废料排样法：如图 10-36（a）所示，沿冲裁件周边都有工艺余料（称为搭边），冲裁沿冲裁件轮廓进行，冲裁件质量和模具寿命较高，但材料利用率较低。

2）少废料排样法：如图 10-36（b）所示，沿冲裁件部分周边有工艺余料。这样的排样法，冲裁沿工件部分轮廓进行，材料的利用率较有废料排样法高，但冲裁件精度有所降低。

3）无废料排样法：如图 10-36（c）所示，沿冲裁件周边没有工艺余料，采用这种排样法时，冲裁件实际是由切断条料获得，材料的利用率高，但冲裁件精度低，模具寿命不高。

2. 变形工序

变形工序是使坯料的一部分相对于另一部分产生塑性变形而不被破坏的工序，如拉深、

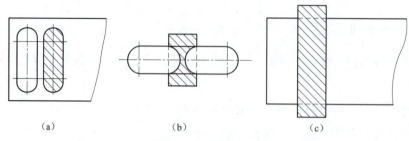

图 10-36 排样方法

(a)有废料排样法；(b)少废料排样法；(c)无废料排样法

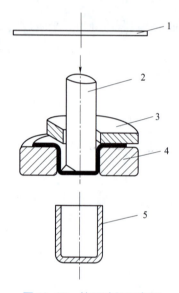

图 10-37 拉深过程示意图

1—坯料；2—凸模；3—压边圈；
4—凹模；5—工件

弯曲、翻边等。

(1) 拉深

拉深是指变形区在一拉一压的应力状态作用下，使板料（浅的空心坯）成为空心件（深的空心件）而厚度基本不变的加工方法，如图 10-37 所示。拉深是一个重要的冲压工序，应用很广，如汽车、农机及工程机械的覆盖件，仪器仪表的壳体，日用品中的金属容器等都需用拉深工序制作。拉深时，平板坯料放在凸模和凹模之间，并由压边圈适度压紧，以防止坯料厚度方向发生变形。

为防止坯料被拉穿和起皱（图 10-38），应采取以下工艺措施。

1) 凸凹模必须有合理的圆角。拉深模的工作拐角必须是圆角，否则将成为锋利的刃口。对钢料来说，其凹模圆角半径 r_m 一般为板厚 δ 的 10 倍，凸模圆角半径 $r_n = (0.6\sim1)r_m$，若两个圆角半径过小，则坯料容易拉裂。

2) 合理的凹凸模间隙 z。间隙过小，金属进入凹模阻力增大，容易拉穿；间隙过大，则拉深件起皱，影响精度。间隙一般取 $z=(1.1\sim1.2)\delta$。

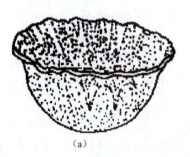

图 10-38 坯料的起皱和拉穿

(a)起皱；(b)拉穿

3）合理的拉深系数 m。拉深后工件直径 d 与拉深前坯料直径 D 的比值称为拉深系数 m，即 $m=d/D$。拉深系数反映拉深件的变形程度，m 越小，说明坯料直径相等时，拉深后工件直径越小，变形量越大，坯料越易拉穿。因此，一般 $m=0.5\sim0.8$。若拉深件成品要求直径很小，则可采用小变形量多次拉深工艺。为消除多次拉深中的冷变形强化，应注意在多次拉深中间安排再结晶退火。

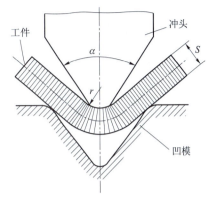

图 10-39　弯曲变形过程简图

（2）弯曲

将金属材料弯曲成一定角度和形状的工艺方法称为弯曲，弯曲方法可分为压弯、拉弯、折弯和滚弯等，最常见的是在压力机上压弯。弯曲变形过程如图 10-39 所示。

当凸模下压时，板料内侧产生压缩变形，处于压应力状态；板材外侧产生拉伸变形，处于拉应力状态，其中板料外表面的拉应力值最大。当拉应力超过材料的抗拉强度时，将产生弯裂现象。为防止弯裂，弯曲模的弯曲半径要大于限定的最小弯曲半径 $r_{\min}=(0.25\sim1)\delta$（$\delta$ 为板厚）。

塑性弯曲时，材料产生的变形由塑性变形和弹性变形两部分组成。外载荷去除后，塑性变形保留下来，弹性变形消失，使形状和尺寸发生与加载时变形方向相反的变化，从而抵消了一部分弯曲变形的效果，该现象称为回弹。为抵消回弹现象对弯曲件的影响，弯曲模的角度应小于弯曲件的角度。

（3）翻边

翻边是指将工件上的孔或边缘翻出竖立成有一定角度的直边，如图 10-40（a）所示。翻边的种类较多，常用的是圆孔翻边。

（4）胀形

胀形是指利用模具使空心件或管状件由内向外扩张的成型方法，如图 10-40（b）所示，是冲压成型的一种基本形式，也常和其他方式结合出现于复杂形状零件的冲压过程之中。胀形主要有平板坯料胀形、管坯胀形、球体胀形和拉形等几种方式。

（5）缩口

缩口是指利用模具使空心件或管状件的口部直径缩小的局部成型工艺，如图 10-40（c）所示。

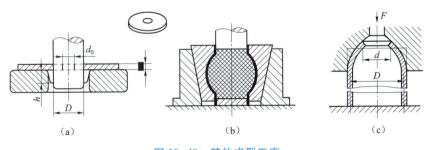

图 10-40　其他成型工序

（a）翻边；（b）胀形；（c）缩口

二、冲压零件的结构工艺性

冲压零件的结构工艺性，是指所设计的零件在满足使用性能要求的前提下冲压成型的可行性和经济性，即冲压成型的难易程度。良好的冲压件结构应与材料冲压性能、冲压工艺相适应。冲压性能主要指材料的塑性。

1. 冲压性能对结构的要求

正确选材是保证冲压成型的前提。例如，平板冲裁件要求金属材料的断后伸长率 A 应为 1%～5%；结构复杂的拉深件要求 A 达到 33%～45%。冲压件对材料的具体要求可查阅有关技术资料。

2. 冲压工艺对结构的要求

（1）冲裁件结构工艺性

冲裁件结构工艺性指冲裁件结构、形状、尺寸对冲裁工艺的适应性，主要包括以下几方面：

1）冲裁件的形状应力求简单、对称，有利于排样时合理利用材料，提高材料的利用率。

2）冲裁件转角处应尽量避免尖角，以圆角过渡。一般在转角处应有半径 $R \geq 0.25\,t$（t 为板厚）的圆角，以减小角部模具的磨损。

3）冲裁件应避免长槽和细长悬臂结构，对孔的最小尺寸及孔距间的最小距离等，也都有一定限制。

4）冲裁件的尺寸精度要求应与冲压工艺相适应，其合理经济精度为 IT9～IT12，较高精度的冲裁件可达到 IT8～IT10。采用整修或精密冲裁等工艺，可使冲裁件精度达到 IT6～IT7，但成本也相应提高。

（2）弯曲零件的结构工艺性

1）要考虑材料的最小弯曲半径和锻造流线方向。

2）要考虑最小弯边高度。对坯料进行 90°弯曲时，弯边的直线高度 H 应大于板厚 δ 的两倍。如果最小弯边的直线高度 $H < 2\delta$，则应在弯曲处先压槽再弯边；也可以先加高弯曲，再切除多出部分的高度。

3）弯曲带孔零件时，应注意孔的位置。

（3）拉深件的结构工艺性

形状应简单、对称，高度不易过大，转弯处应有一定圆角。圆柱、圆锥、球、非回转体等形状的拉深件，其拉深难度依次增加。设计拉深件时应尽量减少拉深工艺的难度。

三、冲压工艺举例

冲压件的变形工序应根据零件的结构形状、尺寸及每道工序所允许的变形程度确定。在生产实际中，绝大多数冲压件要经过好几道工序才能生产出来。图 10-41 所示为挡油盘环的冲压生产过程。图 10-41 中第一道工序是落料和拉深；第二道工序是冲出 $\phi 27$ mm 的孔和三个 $\phi 4$ mm 的孔；第三道工序是孔翻边；第四道工序是孔扩胀形工序。

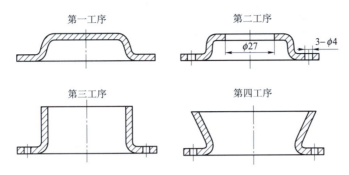

材料：08钢　板厚：1.1 mm　毛坯直径：65.4 mm

图 10-41　挡油盘环的冲压生产过程

习　题

1. 金属锻压加工有哪些特点？
2. 何谓金属的锻造性能？影响锻压性能的主要因素有哪些？
3. 何谓锻造比？原始坯料长 150 mm，若拔长到 450 mm，其锻造比是多少？
4. 简述一般锻件的生产工艺过程。
5. 指出自由锻的生产特点和应用范围，并说明自由锻的基本工序有哪些。
6. 锤上模锻的模膛中，预锻模膛起什么作用？为何终锻模膛四周要开设飞边槽？
7. 试比较自由锻造、锤上模锻、胎膜锻造的优缺点。
8. 板料冲压生产有何特点？应用范围如何？
9. 设计冲压件时应注意哪些问题？
10. 落料和冲孔的区别是什么？凸模和凹模的间隙对冲裁质量和工件尺寸有何影响？
11. 如题 11 图所示零件，批量为 10 件/月，材料为 45 钢，试：
（1）根据生产批量选择锻造方法。
（2）绘制该零件的锻件图。
（3）分析该零件的锻造生产工序。
12. 试分析题 12 图所示零件的冲压过程。

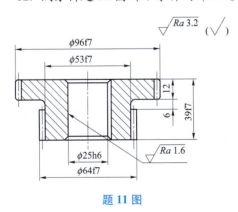

题 11 图

题 12 图

第十一章

焊接与胶接成型

在金属结构和机械零件的制造过程中，经常需要将分离的金属机件连接成整体，形成所需要的结构，其连接方法有螺纹连接、销钉连接、铆接、焊接和胶接等（图11-1）。焊接与胶接是常见的永久性连接方法。

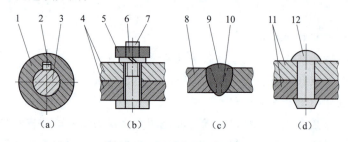

图 11-1　零件常见连接方法
（a）键连接；（b）螺栓连接；（c）焊接；（d）铆接
1—轮；2—键；3—轴；4，8，11—零件；5—垫圈；6—螺母；7—螺栓；9—焊缝；10—坡口；12—铆钉

第一节　焊　接　概　述

一、焊接生产的实质

焊接是通过局部加热或加压，或者两者并用等手段，并且用或不用填充材料，借助于金属内部原子的结合力，使分离的金属连接成牢固整体的一种工艺方法。

焊接的主要特点是：

1）节省材料，减轻质量。
2）简化复杂零件和大型零件的制造。
3）适应性好，可实现特殊结构的生产。
4）满足特殊连接要求，可实现不同材料间的连接成型。
5）焊接结构不可拆卸，修理部分的零部件更换不便，焊接易产生残余应力，焊缝易产生裂纹、夹渣、气孔等缺陷，会降低焊接件的承载能力，缩短其使用寿命，甚至造成脆断。

二、焊接方法的分类

生产上常采用的焊接方法有几十种，大致可分为熔焊、压焊和钎焊三大类，如图11-2所示。

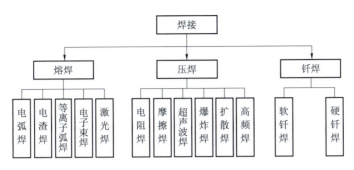

图 11-2　焊接方法分类

　　熔焊是指在焊接过程中,将焊件接头加热至熔化状态,不加压力完成焊接的方法。熔焊时利用电能或化学能使焊件接头局部熔化,然后冷却结晶,使焊件连接成一体。

　　压焊是指在焊接过程中,必须对焊件施加压力(加热或不加热)以完成焊接的方法。压焊时加压使焊接件接头产生塑性变形,连接成一体。

　　钎焊是指采用比母材(被焊接材料)熔点低的金属材料作钎料,将焊件和钎料加热到高于钎料熔点、低于母材熔点的温度,利用液态钎料润湿母材,填充接头间隙并与母材相互扩散实现焊接的方法。

第二节　金属的焊接性能

一、金属焊接性的概念

　　金属材料的焊接性是指被焊金属在采用一定的焊接方法、焊接材料、工艺参数及结构形式条件下,获得优质焊接接头的难易程度,即金属材料在一定的焊接工艺条件下表现出"好焊"和"不好焊"的差别。它包括两方面的内容:一是接合性能,即在一定焊接工艺条件下,一定的金属形成焊接缺陷的敏感性(主要是对产生裂纹的敏感性);二是使用性能,即在一定焊接工艺条件下,一定金属的焊接接头对使用要求的适应性。例如,镍铬奥氏体不锈钢的接合性能良好,但当工艺选择不当时,焊接接头耐蚀性将下降,即使用性能不好。在这种情况下,也不能说该金属的焊接性好。

　　金属材料的焊接性与焊接时焊接接头中产生的组织及其性能有关。焊接同种金属和合金时,在接头内通常会形成一种与焊件相同或相近的组织,焊接性较好;焊接异种材料时,由于它们的物理和化学性能不同,在接头内可能形成其晶格与某一被焊材料相同的固溶体,也可能形成其晶格与被焊材料有明显区别的金属化合物,焊接性较差;如果焊接接头中形成又脆又硬的组织,则焊接性更差。

　　焊接时,金属材料局部加热或受力,然后经历冷却过程,在这些过程中焊件内部将产生焊接应力,即热应力、形变应力和组织应力的矢量和。焊接应力会导致焊接接头产生裂纹及使焊件变形。如果被焊材料的塑性(包括高温时的塑性)好,则可能通过塑性变形减缓其应力,从而减少产生裂纹的倾向性。因此,材料的塑性是影响其焊接性的重要因素。

二、常用金属材料的焊接

1. 钢材的焊接

生产中常根据钢材的化学成分判断其焊接性。钢的碳含量对其焊接性的影响最明显。通常把钢中合金元素（包括碳）的含量按其作用换算成碳的相当含量，称为碳当量，用符号 $w(CE)$ 表示，碳钢及低合金结构钢的碳当量经验公式为

$$w(CE) = w(C) + \frac{w(Mn)}{6} + \frac{w(Cr) + w(Mo) + w(V)}{5} + \frac{w(Ni) + w(Cu)}{15}$$

实践证明：碳当量越高，钢材的焊接性越差。

当 $w(CE) < 0.4\%$ 时，钢材塑性良好，淬硬倾向不明显，焊接性良好。在一般的焊接工艺条件下，焊件不会产生裂缝，能获得优良的焊接接头。因此，低碳钢、低合金高强度结构钢，如 10 钢、20 钢、Q175A、Q235A、Q295A、Q345A 等，常选用焊接结构用钢。但对厚大工件或低温下焊接时应考虑预热。另外，沸腾钢含氧量较高，硫、磷等杂质分布也不均匀，焊接性能不好，应避免选用。

当 $w(CE) = 0.4\% \sim 0.6\%$ 时，钢材塑性下降，淬硬倾向明显，焊接性较差。焊前工件需要适当预热，焊后应注意缓冷，要采取一定的焊接工艺措施才能防止裂缝。例如中碳钢焊接时一般要预热到 150 ℃ ~ 250 ℃。

当 $w(CE) > 0.6\%$ 时，钢材塑性较低，淬硬倾向很强，焊接性不好。焊前工件必须预热到较高温度，焊接时要采取减少焊接应力和防止开裂的工艺措施，焊后要进行适当的热处理，才能保证焊接接头质量。例如高碳钢焊接前常需要预热到 250 ℃ ~ 350 ℃，仅用于补焊工作。

应当指出，用碳当量评定钢材的焊接性是不精确的，其没有考虑焊件的结构刚度、使用条件等重要因素的影响。钢材的实际焊接性应根据焊件的具体情况通过实验测定。

2. 铸铁的焊接

铸铁的焊接性很差，它不能以较大的塑性变形减缓焊接应力，容易产生焊接裂纹，并且在焊接过程中由于碳、硅等元素的烧损，冷却速度较快，容易产生白口组织，给铸件进一步加工带来困难。因此，铸铁的焊接只用于修补焊件缺陷和修复局部损坏的铸铁件。

为修补工件（铸件、锻件、机械加工件或焊接结构件）的缺陷而进行的焊接称为补焊。铸铁的补焊方法有热焊和冷焊之分。热焊时，焊前将工件全部或局部预热到 400 ℃ ~ 700 ℃，在补焊过程中焊件温度应不低于 400 ℃，焊后在炉中缓慢冷却，避免产生白口铸铁组织和裂纹。热焊法主要用于需要进一步切削加工的铸铁件。冷焊时，焊前不预热或预热温度较低，容易产生白口铸铁组织，此方法只用于焊接铸铁件的非加工表面。

3. 铝及铝合金的焊接

工业上用于焊接的材料主要有纯铝（熔点 658 ℃）、铝锰合金、铝镁合金及铸铝。铝及铝合金的焊接比较困难，其焊接特点如下：

1) 铝与氧的亲和力很大，极易氧化生成氧化铝。氧化铝组织致密，熔点高达 2 050 ℃，它覆盖在金属表面，能阻碍金属熔合。此外，氧化铝密度大，易使焊缝夹渣。

2) 铝的导热系数较大，要求使用大功率或能量集中的热源，厚度较大时应考虑预热。

铝的膨胀系数也较大,易产生焊接应力与变形,并可能导致金属产生裂缝。

3)液态铝能吸收大量的氢,固态铝又几乎不溶解氢,因此在溶池凝固时易生成气孔。

4)铝在高温时强度及塑性很低,焊接时常由于不能支持熔池金属而引起焊缝塌陷,因此常需采用垫板。

目前焊接铝及铝合金的常用方法有氩弧焊、气焊、点焊、缝焊和钎焊。不论采用哪种焊接方法焊接铝及铝合金,焊前必须彻底清理焊件的焊接部位和焊丝表面的氧化膜与油污,清理质量的好坏将直接影响焊缝性能。

4. 铜及铜合金的焊接

铜及铜合金的焊接比低碳钢困难得多,其原因如下:

1)铜的导热性很高(紫铜约为低碳钢的 8 倍),焊接时热量极易散失。因此,焊前工件要预热,焊接时要选用较大电流或火焰,否则容易造成焊不透等缺陷。

2)铜在液态易氧化,生成的氧化铜与铜组成低熔点共晶,分布在晶界形成薄弱环节;又因铜的膨胀系数大,凝固时收缩率也大,容易产生较大的焊接应力。因此,焊接过程中极易引起开裂。

3)铜在液态时吸气性强,特别容易吸氢。凝固时气体从熔液中析出,来不及逸出就会生成气孔。

4)铜的电阻极小,不适于电阻焊接。

5)铜合金中的合金元素有的比铜更易氧化,使焊接的困难增大。例如黄铜(铜锌合金)中的锌沸点很低,极易烧蚀蒸发并生成氧化锌,从而改变接头化学成分、降低接头性能,而且形成氧化锌烟雾易引起焊工中毒。铝青铜中的铝,焊接时易生成难熔的氧化铝,增大熔渣黏度,生成气孔和夹渣。

铜及铜合金可用氩弧焊、气焊、碳弧焊和钎焊等方法进行焊接。采用氩弧焊是保证紫铜和青铜焊接质量的有效方法。

第三节 焊条电弧焊

电弧焊是利用电弧放电所产生的热量将焊条和工件局部加热熔化,冷凝完成焊接。焊条电弧焊是最常用的熔焊方法之一,是用手工操作焊条进行焊接的电弧焊方法。

一、焊条电弧焊焊接过程

焊条电弧焊的焊接回路如图 11-3 所示。焊条电弧焊由焊接电源、焊接电缆、焊钳、焊条、焊件和电弧构成回路,焊接时采用焊条和工件接触引燃电弧,然后提起焊条并保持一定的距离,在焊接电源提供合适电弧电压和焊接电流的条件下电弧稳定燃烧,产生高温,焊条和焊件局部被加热到熔化状态。焊条端部熔化的金属和被熔化的焊件金属熔合在一起,形成熔池(图 11-4)。在焊接中,电弧随焊条不断向前移动,熔池也随着移动,熔池中的液态金属逐步冷却结晶后便形成了焊缝,两焊件被焊接在一起。另外,电弧所产生的高温使焊条药皮熔化,熔化过程中产生的气体和熔渣不仅使熔池和电弧周围的空气隔绝,而且会和熔化了的焊芯、母材发生一系列冶金反应,使熔池金属冷却结晶后形成符合要求的焊缝。

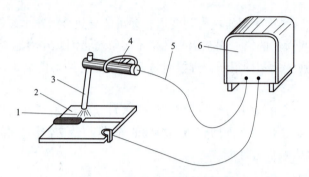

图 11-3　焊条电弧焊焊接回路简图

1—电弧；2—焊件；3—焊条；4—焊钳；5—电缆；6—弧焊电源

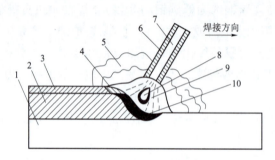

图 11-4　焊条电弧焊

1—弹性；2—焊缝；3—渣壳；4—熔渣；5—气体；
6—药皮；7—焊芯；8—熔液；9—电弧；10—熔渣

焊条电弧焊具有设备简单、操作灵活、成本低等优点，且焊接性好，对焊接接头的装配尺寸无特殊要求，可在各种条件下进行各种位置的焊接，是生产中应用最广的焊接方法。但焊条电弧焊时有强烈的弧光和烟尘污染，劳动条件差，生产率低，对工人技术水平要求较高，焊接质量不够稳定。因此，主要应用于单件小批量生产中焊接碳素钢、低合金结构钢、不锈钢、耐热钢和对铸铁的补焊等，其适宜板厚为 3～20 mm。

二、焊接冶金过程特点

在焊接冶金过程中，焊接熔池可以看成是一座微型的冶金炉，进行着一系列的冶金反应。但焊接冶金过程与一般冶金过程不同。

1. 焊接冶金过程特点

1）冶金温度高，焊接材料中的元素烧损强烈，氧化、氮化严重，易在焊缝中产生氧化物、氮化物夹渣，降低焊缝的力学性能，使之变脆。

2）熔池体积小，冷却快，反应不平衡，成分不均匀，渣气不易浮出，形成气孔、夹渣，进一步导致焊缝力学性能下降。

3）电离出的氢原子大量溶于金属，导致金属脆化。

2. 保证焊接质量需要采取的措施

1）对熔化金属进行保护，防空气侵入。可采用气体保护，用化学性质不活泼的气体充满焊缝周围，排开空气，如手工电弧焊中，焊条药皮燃烧产生 CO_2 保护气体；也可采用熔渣保护，焊接过程中产生的熔渣覆盖在焊缝表面，以防金属被氧化、氮化。

2）补充易烧损的元素，保证焊缝的化学成分。

3）脱氧、硫、磷（石灰石、氟石等脱硫磷）。

三、焊条

1. 焊条的组成及作用

焊条是指涂有药皮供焊条电弧焊用的熔化电极，由焊芯和药皮两部分组成，如图 11-5 所示。

（1）焊芯

焊芯指焊条中被药皮包覆的金属芯。焊芯在焊接过程中既是导电的电极，同时本身又熔化作为填充金属，与熔化的母材共同形成焊缝

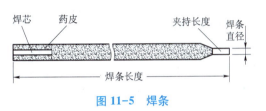

图 11-5　焊条

金属。为了保证焊缝的质量，焊芯必须由专门生产的金属丝制成，这种金属丝称为焊丝。焊条直径是由焊丝直径来表示的，一般有 1.6 mm、2.0 mm、2.5 mm、3.2 mm、4.0 mm、5.0 mm、6.0 mm、8.0 mm 等规格，长度为 300~450 mm。

（2）药皮

药皮是指压涂在焊芯表面上的涂料层，由各种粉料、黏结剂等按一定比例配制，主要作用是在焊接过程中造气，起保护作用，防止空气进入焊缝；同时具有冶金作用，如脱氧、脱硫、脱磷和渗合金等；并具有稳弧、脱渣等作用，以保证焊条具有良好的工艺性能，形成美观的焊缝。

2. 焊条的分类和编号

（1）焊条的分类

1）焊条按用途可分为 11 大类：碳钢焊条、低合金钢焊条、钼和铬钼耐热钢焊条、低温钢焊条、不锈钢焊条、堆焊焊条、铸铁焊条、镍及镍合金焊条、铜及铜合金焊条、铝及铝合金焊条和特殊用途焊条。

2）焊条按熔渣的化学性质分为两大类：酸性焊条和碱性焊条。

酸性焊条：熔渣呈酸性，药皮中含大量酸性氧化物，如 SiO_2、TiO_2、MnO 等。E4303 焊条是典型的酸性焊条。酸性焊条焊接时有碳—氧反应，生成大量的 CO 气体，使熔池沸腾，有利于气体逸出，焊缝中不易形成气孔。另外，酸性焊条药皮中的稳弧剂多，电弧燃烧稳定，交、直流电源均可使用，工艺性能好。但是，酸性药皮中含氢物质多，使焊缝金属的氢含量提高，焊接接头产生裂纹的倾向性大。

碱性焊条：熔渣呈碱性，药皮中含大量碱性氧化物，主要成分为 $CaCO_3$ 和 CaF_2。E5015 是典型的碱性焊条。药皮中的 $CaCO_3$ 焊接时分解为 CaO 和 CO_2，可形成良好的气体保护和渣保护；药皮中的萤石（CaF_2）等去氢物质，使焊缝中氢含量降低，产生裂纹的倾向小。但是，碱性焊条药皮中的稳弧剂少，萤石有阻碍气体被电离的作用，故焊条的工艺性能差。碱性焊条中的氢氧化性能小，焊接时无明显碳—氧反应，对水、油、铁锈的敏感性大，焊缝中容易产生气孔。因此，使用碱性焊条时，一般要求采用直流反接，并且要严格地清理焊接表面。另外，焊接时产生的有毒烟尘较多，使用时应注意通风。

（2）焊条的型号

由国家标准分别规定各类焊条的型号编制方法。标准规定碳钢焊条型号为"E××××"，

其中，字母"E"表示焊条；前二位数字表示熔敷金属抗拉强度的最小值；第三位数字表示焊接位置，"0"及"1"表示焊条适用于全位置（平焊、立焊、横焊、仰焊）焊接，"2"为平焊及平角焊，"4"表示焊条适用于向下立焊；第三位和第四位数字组合时表示焊接电流种类及药皮类型。在第四位数字后附加"R"表示耐吸潮焊条；附加"M"表示耐吸潮和力学性能有特殊规定的焊条；附加"-1"表示冲击性能有特殊规定的焊条。

3. 电焊条的选用原则

1) 等强度原则：低碳钢和普通低合金钢构件，一般都要求焊缝金属与母材等强度，因此，可根据钢材强度等级来选用相应的焊条。

2) 同一强度等级的酸性焊条和碱性焊条的选用。主要应考虑焊接件的结构形状、钢板厚度、载荷性质和抗裂性能而定。焊接形状复杂和刚度大的结构及焊接承受冲击载荷、交变载荷的结构时，应选用抗裂性能好的碱性焊条；焊接难以在焊前清理的焊件时，应选用抗气孔性能好的酸性焊条。

3) 低碳钢与低合金结构钢焊接，可按某一种钢接头中强度较低的钢材来选用相应焊条。

4) 焊接不锈钢或耐热钢等有特殊性能要求的钢材，应选用相应的专用焊条，使焊缝金属的化学成分与焊件的化学成分相近。

四、焊接接头的组织和性能

1. 焊接热循环与焊接接头的组成

焊接时，电弧沿焊件逐渐移动并对焊件进行局部加热。焊件经焊接后所形成的结合部分称为焊缝。焊缝及其邻近区域的总称叫焊缝区。

在焊接过程中，焊缝区金属从常温被加热到最高温度，然后再逐渐冷却到常温。由于焊件上各点所处的位置不同，其被加热的最高温度亦不相同；而热量的传递需要一定的时间，故各点达到其最高温度的时间亦不相同，导致组织和性能也不同。在焊接热源的作用下，焊件上某点的温度随时间变化的过程称为焊接热循环，如图11-6所示。离焊缝越近的点，被加热的温度越高；反之，越远的点，被加热的温度越低。

焊接热循环的特点是加热和冷却速度很快，对易淬火钢，易导致马氏体相变；对其他材料，易产生焊接变形、应力及裂纹。

受热循环的影响，焊缝附近的母材组织和性能发生变化的区域称为焊接热影响区。焊缝和母材的交界线叫熔合线，熔合线两侧有一个很窄的焊缝与热影响区的过渡区，叫熔合区，也叫半熔化区。因此，焊接接头由焊缝、熔合区和热影响区三部分组成。

2. 焊缝的组织和性能

焊缝组织是由熔池金属结晶得到的铸造组织。焊接时，熔池的结晶首先从熔合区中处于半熔化状态的晶粒表面开始，晶粒沿着与散热最快方向的相反方向长大，因受到相

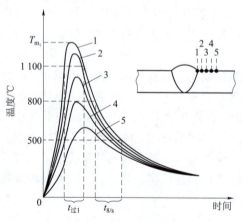

图11-6　焊接热循环曲线

邻的正在长大的晶粒的阻碍,向两侧生长受到限制,因此,焊缝中的晶体是方向指向熔池中心的柱状晶体,如图 11-7 所示。

焊缝中的铸态组织,晶粒粗大,成分偏析,组织不致密。但是,由于焊接熔池小,冷却快,焊条药皮、焊剂或焊丝在焊接过程中的冶金处理作用,使得焊缝金属的化学成分优于母材,硫、磷含量较低,所以容易保证焊缝金属的性能不低于母材,特别是强度容易达到。

显然,焊缝金属的成分主要决定于焊芯金属的成分,但也会受到焊件熔化金属及药皮成分的影响,通过选择焊条可以保证焊缝金属的力学性能。

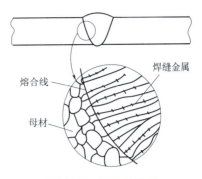

图 11-7 焊缝的组织

3. 热影响区的组织和性能

对应铁碳相图,低碳钢焊接接头因受热温度不同,其热影响区可分为过热区、正火区和部分相变区,如图 11-8 所示。

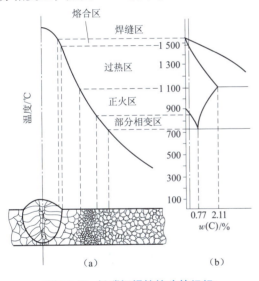

图 11-8 低碳钢焊接接头的组织

（1）过热区

过热区是指焊接时加热到 1 100 ℃ 以上至固相线温度的区域。由于加热温度高,奥氏体晶粒明显长大,冷却后产生晶粒粗大的组织。过热区的塑性、韧性差,容易产生焊接裂纹,是热影响区中性能最差的部位。

（2）正火区

正火区是指在热影响区中,最高加热温度从 $A_{c3} \sim 1\,100$ ℃ 的区域。金属发生重结晶,焊后冷却得到均匀而细小的铁素体和珠光体组织（正火组织）。正火区的性能优于母材。

（3）部分相变区

部分相变区是指在热影响区中,温度在 $A_{c1} \sim A_{c3}$,部分组织发生相变的区域。冷却后,晶粒大小不均,力学性能较差。

4. 熔合区的组织和性能

熔合区（图 11-8）在焊接时处于半熔化状态,组织成分不均匀,晶粒粗大,其性能往往是焊接接头中最差的。

综上所述,熔合区和过热区是焊接接头中的薄弱环节,对焊接质量有严重影响,应尽可能减小。

第四节 焊条电弧焊工艺设计简介

焊条电弧焊的工艺设计通常是指接头形式与坡口形式的确定、焊接位置的确定、焊接工艺参数的确定、其他工艺措施的确定和绘制焊接结构图等。

一、接头形式与坡口形式的确定

1. 接头形式

手工电弧焊焊接碳钢和低合金钢的基本焊接接头形式有对接接头、角接接头、搭接接头和T形接头四种，见表11-1。

表 11-1　焊接接头与坡口形式

接头形式	坡口形式			
对接接头	I形坡口	V形坡口	双V形坡口	
	U形坡口	双U形坡口		
T形接头	I形坡口	单边V形坡口	K形坡口	单边双U形坡口
角接接头	I形坡口	单边V形坡口	V形坡口	K形坡口
搭接接头				

对接接头是焊接结构中使用最多的一种形式，接头上应力分布比较均匀，焊接质量容易保证，但对焊前准备和装配质量要求相对较高。角接接头便于组装，能获得美观的外形，但其承载能力较差，通常只起连接作用，不能用来传递工作载荷。搭接接头便于组装，常用于对焊前准备和装配要求简单的结构，但焊缝受剪切力作用，应力分布不均，承载能力较低，且结构重量大，不经济。T形接头也是一种应用非常广泛的接头形式，在船体结构中约有

70% 的焊缝采用 T 形接头，其在机床焊接结构中的应用也十分广泛。

在设计结构时，设计者应综合考虑结构形状、使用要求、焊件厚度、变形大小、焊接材料的消耗量、坡口加工的难易程度等因素，以确定接头形式和总体结构形式。

2. 坡口形式

为保证厚度较大的焊件能够焊透，常根据设计和工艺要求，将焊件接头边缘加工成一定几何形状的沟槽，称为坡口。坡口除保证焊透外，还能起到调节母材金属和填充金属比例的作用，由此可以调整焊缝的性能。坡口形式的选择主要根据板厚和采用的焊接方法确定，同时兼顾焊接工作量大小、焊接材料消耗、坡口加工成本和焊接施工条件等，以提高生产率和降低成本。

焊条电弧焊常采用的坡口形式有不开坡口（I 形坡口）、V 形坡口、双 V 形坡口、U 形坡口等，见表 11-1。

手工电弧焊板厚 6 mm 以上对接时，一般要开设坡口，对于重要结构，板厚超过 3 mm 就要开设坡口。厚度相同的工件常有几种坡口形式可供选择，V 形和 U 形坡口只需一面焊，可焊性较好，但焊后角变形大，焊条消耗量也大些。双 V 形和双 U 形坡口两面施焊，受热均匀，变形较小，焊条消耗量较小，在板厚相同的情况下，双 V 形坡口比 V 形坡口可节省焊接材料 1/2 左右，但必须两面都可焊到，所以有时受到结构形状限制。U 形和双 U 形坡口根部较宽，容易焊透，且焊条消耗量也较小，但坡口制备成本较高，一般只在重要的受动载的厚板结构中采用。

3. 接头断面

焊缝两侧的板厚应尽可能相同或相近，以便于受热均匀，防止产生焊不透等缺陷。例如，厚板与薄板焊接时常将厚板接头从一侧或两侧削薄，其削薄长度 $L \geqslant (3 \sim 4)(\delta - \delta_1)$，如图 11-9 所示。

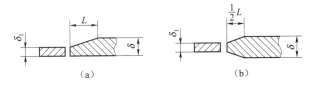

图 11-9 不同厚度钢板的对接

二、焊接位置的确定

采用焊条电弧焊方法焊接时，按照焊件焊缝在空间所处的位置不同，可分为平焊、立焊、横焊和仰焊四种，如图 11-10 所示。

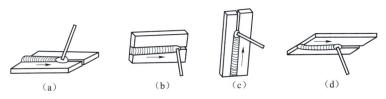

图 11-10 焊接位置

(a) 平焊；(b) 横焊；(c) 立焊；(d) 仰焊

在平焊位置焊接时，熔滴受重力作用垂直下落到熔池，熔融金属不易向四周散失。因此，平焊焊接操作方便，焊缝成型也较好。在立焊位置焊接时，熔池中的熔融金属随时都可能往下淌。因此，立焊焊接普遍采用从下向上的焊接方向。在横焊位置焊接时，熔池中的熔融金属容易流出，因此，横焊焊接的焊件接缝应留有适当的间隙。在仰焊位置焊接时，熔池中的熔融金属随时可能滴落下来。因此，仰焊焊接常采用小电流，以缩小熔池的面积，使熔融金属能附着在母材上。

显然，仰焊位置焊接最困难，平焊位置焊接最方便。在实际焊接中，常借助翻转架等变位机构改变焊缝的焊接位置，使仰焊、立焊、横焊位置转变为平焊位置进行焊接。

三、焊接工艺参数的确定

焊接工艺参数是指焊接时为保证焊接质量而选定的各个物理量的总称。焊条电弧焊的焊接工艺参数主要有电源种类与极性、焊条直径、焊接电流和焊接层数等。

1. 电源的种类与极性

焊条电弧焊电源应具有适当的空载电压和较高的引弧电压，以利于引弧，保证安全；当电弧稳定燃烧时，焊接电流增大，电弧电压应急剧下降；还应保证焊条与焊件短路时，短路电流不应太大；同时焊接电流应能灵活调节，以适应不同的焊件及焊条的要求。常用的电源种类有两种：

（1）交流弧焊机

它是一种特殊的降压变压器，具有结构简单、噪声小、成本低等优点，但电弧稳定性较差。

（2）直流弧焊机

直流弧焊机有弧焊发电机（由一台三相感应电动机和一台直流弧焊发电机组成）和焊接整流器（整流式直流弧焊机）两种类型。直流弧焊机有两种接法，当工件接正极、焊条接负极时称正接法；若工件接负极、焊条接正极则称反接法。由于电弧正极区的温度高，负极区的温度低，因此正接法时，工件的温度高，用于焊接黑色金属；反接法用于焊接有色金属和薄钢板。

电源通常根据焊条的性质进行选择。酸性焊条可采用直流电源，也可采用交流电源；碱性焊条一般选用直流弧焊机。

2. 焊条直径的选择

焊条直径的大小主要取决于下列因素：

（1）焊件厚度

焊件厚度越大，选用的焊条直径也应越大；反之，对薄焊件的焊接应选用小直径的焊条。在一般情况下，焊条直径与焊件厚度的关系可参考表11-2。

表11-2 焊条直径的选择   mm

焊件厚度	≤4	4～12	>12
焊条直径	不超过焊件厚度	3.2～4.0	≥4.0

（2）焊缝的位置

在板厚相同的条件下，焊接平焊缝的焊条直径应大些；立焊焊条直径最大不超过5 mm；仰焊、横焊焊条最大直径不超过4 mm，这样可形成较小的熔池，减少熔化金属下滴。

（3）焊接层数

在进行多层焊道焊接时，第一层焊道应选用直径较小的焊条焊接，一般选 ϕ 2.5 mm 或 ϕ 3.2 mm 的焊条。这是因为若第一层采用的焊条直径过大，焊条就不能深入坡口根部而造成电弧过长，产生未焊透缺陷。

3. 焊接电流的选择

焊接电流是焊条电弧焊最重要的工艺参数，也可以说是唯一的独立参数，因为焊工在操作过程中需要调节的只有焊接电流，而焊接速度和电弧电压都是由焊工控制的。焊接电流越大，熔深就越大（焊缝宽度和余高变化都不大），焊条熔化就快，焊接效率也高。

选择焊接电流时，要考虑的因素主要有焊条直径、焊接位置和焊道层次等。

（1）焊条直径

焊条直径越粗，熔化焊条所需的热量越大，就必须增大焊接电流。每种直径的焊条都有一个最合适的电流范围，表 11-3 给出了各种直径焊条合适的焊接电流参考值。

表 11-3　焊接电流与焊条直径的关系

焊条直径/mm	1.6	2.0	2.5	3.2	4.0	5.0	6.0
焊接电流/A	25～40	40～65	50～80	100～130	160～210	200～270	260～500

（2）焊接位置

在平焊位置焊接时，可选择偏大些的焊接电流。横焊、立焊、仰焊位置焊接时，焊接电流应比平焊位置小 10%～20%。

（3）焊道层次

通常焊接打底焊道时，特别是焊接单面焊双面成型的焊道时，使用的焊接电流应较小，以便于操作和保证背面焊道的质量；焊填充焊道时，为提高效率，保证熔合好，通常使用较大的焊接电流；而焊盖面焊道时，为防止咬边和获得较美观的焊道，使用的电流应稍小些。

4. 电弧电压

电弧电压主要影响焊缝的宽窄，电弧电压越高，焊缝就越宽，因为焊条电弧焊时，焊缝宽度主要靠焊条的横向摆动幅度来控制，因此电弧电压的影响不明显。

5. 焊接速度

焊接速度就是单位时间内完成焊缝的长度。焊条电弧焊时，在保证焊缝具有所要求的尺寸和外形及熔合良好的原则下，焊接速度由焊工根据具体情况灵活掌握。

6. 焊接层数的选择

在厚板焊接时，必须采用多层焊或多层多道焊。多层焊的前一条焊道对后一条焊道起预热作用，而后一条焊道对前一条焊道起热处理作用（退火和缓冷），有利于提高焊缝金属的塑性和韧性。每层焊道厚度不能大于 4～5 mm。

四、其他工艺措施的确定

1. 防止焊接电弧偏吹

电弧偏吹是指焊接过程中，因气流的干扰、磁场的作用或焊条偏心的影响，使电弧中心偏离电极轴线的现象。电弧偏吹会造成电弧燃烧不稳、飞溅加大、熔滴失去保护、焊缝成型不好等。因此,在室外焊接时,电弧周围要设挡风装置,不要选择偏心焊条;采用直流电源焊接时,要设法避免电磁力作用造成的不良影响。

2. 采用合理的运条方法

焊接过程中,焊条相对焊缝所做的各种动作的总称叫运条。正确运条是保证焊缝质量的基本因素之一。运条包括沿焊条轴线的送进、沿焊缝轴线方向的纵向移动和横向摆动三个动作。轴向送进运动影响焊接电弧的长度,纵向移动与横向摆动影响焊接速度与焊缝宽度。焊接工人通过合理的运条方法控制这三种基本运动。常采用的运条方法如图 11-11 所示。

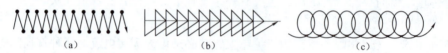

图 11-11 常用的运条方法
(a) 锯齿形运条法;(b) 三角形运条法;(c) 圆圈形运条法

锯齿形运条法如图 11-11 (a) 所示。焊接时焊条末端做连续摆动并向前移动,形成锯齿形轨迹。焊条摆动到两边时应稍停留片刻,其目的在于控制熔融金属的流动和焊缝的宽度,并使焊缝成型良好。锯齿形运条法操作方便,常用于厚板的焊接,以及平焊、仰焊、立焊的对接接头和立焊的角接接头。

三角形运条法如图 11-11 (b) 所示。焊接时焊条末端做三角形运动并向前移动。通过对运动轨迹的控制能够焊接截面更大的焊缝。三角形运条法常用于焊接开坡口的对接焊缝、仰焊的 T 形接头焊缝及横焊焊缝。

圆圈形运条法如图 11-11 (c) 所示。焊接时焊条末端做圆圈形运动并向前移动。通过对运动轨迹的控制能够使熔融金属的保持时间较长,气体、熔渣等容易析出,焊缝质量好。圆圈形运条法常用于焊接较厚钢板的平焊缝。

焊接薄板时,焊条末端不需要做横向摆动,只沿焊接方向直线移动,称为直线形运条法。

3. 预防及消除焊接应力与焊接变形

焊接应力是焊接过程中及焊接过程结束后,存在于焊件中的内应力。焊接变形是由焊接引起的焊件尺寸的改变。

(1) 焊接应力与变形产生的原因

1) 焊件的不均匀受热。

不受约束的焊件在均匀加热时其变形属于自由变形,因此,在焊件加热过程中不会产生任何内应力,冷却后也不会有任何残余应力和残余变形;受约束的焊件在均匀加热时如果加热温度较高,可能出现以下三种情况:

① 如果焊件能充分自由收缩,那么焊件中只出现残余变形而无残余应力;
② 如果焊件受绝对拘束,那么焊件中没有残余变形而存在较大的残余应力;
③ 如果焊件收缩不充分,那么焊件中既有残余应力又有残余变形。

2) 焊缝金属的收缩。

当焊缝金属冷却、由液态转为固态时,其体积要收缩,但焊缝金属与母材是紧密联系的,因此，焊缝金属并不能自由收缩。这将引起整个焊件的变形，同时在焊缝中引起残余应力。

3) 金属组织的变化。

钢在加热及冷却过程中发生金相组织的变化，这些组织的比体积不一样，也会造成焊接应力与变形。

4) 焊件的刚性和拘束。

焊件自身的刚性及受周围的拘束程度越大，则焊接变形越小，而焊接应力越大；反之，焊件自身的刚性及受周围的拘束程度越小，则焊接变形越大，而焊接应力越小。

（2）预防及消除焊接应力的措施

1) 预防焊接应力的措施。

① 从设计方面：

a. 尽量减少结构上焊缝的数量和焊缝尺寸。

b. 避免焊缝过分集中，焊缝间应保持足够的距离（图 11-12）。

c. 采用刚度较小的接头形式（图 11-13）。

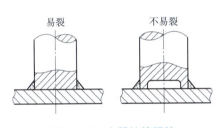

图 11-12　容器接管焊接

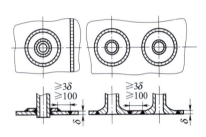

图 11-13　减小接头刚度的措施

② 从工艺方面：

a. 采用合理的装配焊接顺序和方向。

● 在一个平面上的焊缝，焊接时应保证焊缝的纵向和横向收缩均能比较自由，如图 11-14 所示的拼板焊接，合理的焊接顺序应是图中的 1～10，即先焊相互错开的短焊缝，后焊直通长焊缝。

● 收缩量最大的焊缝应先焊。因为先焊的焊缝收缩时受阻较小，因而残余应力比较小。如图 11-15 所示的带盖板的双工字梁结构，应先焊盖板上的对接焊缝 1，后焊盖板与工字梁之间的角焊缝 2，原因是对接焊缝的收缩量比角焊缝的收缩量大。

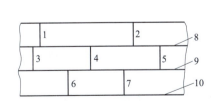

图 11-14　拼接焊缝合理的装配焊接顺序

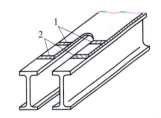

图 11-15　带盖板的双工字梁结构焊接顺序
1—对接焊缝；2—角焊缝

● 工作时受力最大的焊缝应先焊。如图 11-16 所示的大型工字梁，应先焊受力最大的翼板对接焊缝 1，再焊腹板对接焊缝 2，最后焊预先留出来的一段角焊缝 3。

- 对接焊缝与角焊缝交叉的结构（图11-17）。

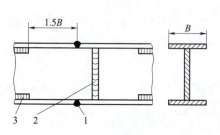

图 11-16　对接工字梁的焊接顺序

1，2—对接焊缝；3—角焊缝

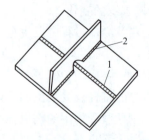

图 11-17　对接焊缝与角焊缝交叉的结构

- 焊接平面交叉焊缝时，在焊缝的交叉点易产生较大的焊接残余应力。焊接顺序如图11-18所示。

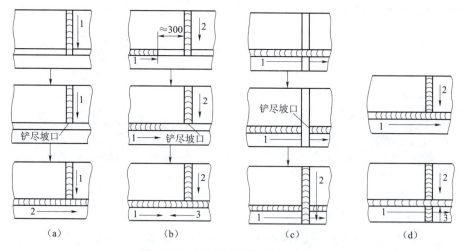

图 11-18　平面交叉焊缝的焊接顺序

b. 预热法。减小焊件各部分的温差，降低焊后冷却速度，减小残余应力。

c. 冷焊法。冷焊法是通过减少焊件受热来减小焊接部位与结构上其他部位间的温度差。

d. 降低焊缝的拘束度。

e. 加热"减应区"法。焊接时加热那些阻碍焊接区自由伸缩的部位，使之与焊接区同时膨胀和同时收缩，起到减小焊接残余应力的作用。

2）消除焊接应力的措施。

① 热处理法。将构件缓慢加热到一定的温度（低碳钢为650 ℃），并在该温度下保温一定的时间（一般按每毫米板厚保温2~4 min，但总时间不少于30 min），然后空冷或随炉冷却。

② 机械拉伸法。在压力容器制造的最后阶段，通常要进行水压试验和起重机的静载试验，其目的之一也是利用加载来消除部分残余应力。

③ 锤击焊缝。锤击焊缝，可使焊缝金属产生延伸变形，能抵消一部分压缩塑性变形，起到减小焊接残余应力的作用。

④ 振动法。利用振动产生的交变应力来消除部分残余应力。

（3）预防及消除焊接变形的措施

1）焊接变形的基本形式。焊接变形分为 5 种基本变形形式，包括收缩变形、角变形、弯曲变形、波浪变形和扭曲变形。

如图 11-19（a）所示的收缩变形是由于焊缝金属沿纵向（焊缝方向）和横向（垂直于焊缝方向）收缩引起的；如图 11-19（b）所示的角变形是由于 V 形坡口对接焊缝截面上下不对称，焊后横向收缩不均匀引起的；如图 11-19（c）所示的 T 形梁的弯曲变形是由焊缝布置不对称、焊缝集中部位的纵向收缩引起的；如图 11-19（d）所示的薄板的波浪形变形是由于焊缝纵向收缩使焊件失稳引起的；如图 11-19（e）所示的工字梁的扭曲变形，是由焊接顺序不合理引起的。

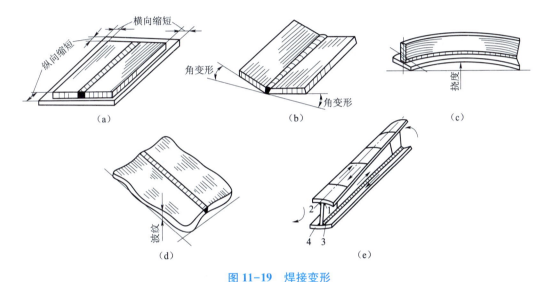

图 11-19　焊接变形

(a) 收缩变形；(b) 角变形；(c) 弯曲变形；(d) 波浪变形；(e) 扭曲变形

2）预防焊接变形的工艺措施。

① 反变形法。通过试验或计算，预先确定焊后可能发生变形的大小和方向，将工件安装在相反方向位置上，如图 11-20（a）所示；或预先使焊接工件向相反方向变形，以抵消焊后所发生的变形，如图 11-20（b）所示。

② 留余量法。在下料时，将零件的实际长度或宽度尺寸比设计尺寸适当加大，以补偿焊件的收缩，主要用于防止焊件的收缩变形。

③ 刚性固定法。当焊件刚性较小时，可利用外加刚性固定以减小焊接变形，如图 11-21 所示。这种方法能有效地减小焊接变形，但会产生较大的焊接应力。

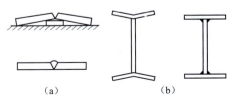

图 11-20　焊接的反变形

(a) 平板焊接的反变形；(b) 工字梁焊接的反变形

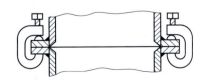

图 11-21　刚性固定防止法兰变形

④ 合理安排焊接次序。双 V 形坡口与对称截面梁焊接次序如图 11-22 所示。长焊缝（1 m 以上）焊接时，可采用如图 11-23 所示的方向和顺序进行焊接，以减小其焊后的收缩变形。

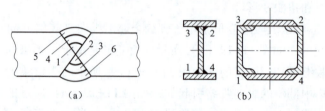

图 11-22　焊接次序

(a) 双 V 形坡口焊接次序；(b) 对称断面梁的焊接次序

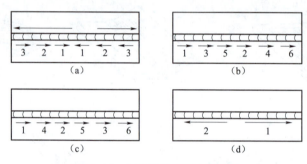

图 11-23　长焊缝的不同焊接顺序

(a) 逐步退焊法；(b) 跳焊法；(c) 分中逐步退焊法；(d) 分中对称焊法

⑤ 强制冷却法（散热法）。使焊缝处热量迅速散走，减小金属受热面，以减少焊接变形，如图 11-24 所示。

⑥ 焊前预热，焊后处理。预热可以减小焊件各部分温差、降低焊后冷却速度、减小残余应力。在允许的条件下，焊后进行去应力退火或用锤子均匀迅速地敲击焊缝，使之得到延伸，均可有效地减小残余应力，从而减小焊接变形。

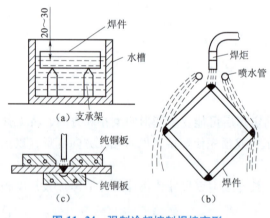

图 11-24　强制冷却控制焊接变形

(a) 水中冷却；(b) 喷水冷却；(c) 水冷铜块冷却

3) 焊接变形的矫正方法。焊接过程中，即使采取了上述工艺措施，有时也会产生超过允许值的焊接变形，因此，需要对变形进行矫正，矫正方法有以下几种。

① 手工矫正法。手工矫正法就是利用锤子、大锤等工具锤击焊件的变形处。

② 机械矫正法。利用机器或工具来矫正焊接变形，其原理就是将缩短的尺寸拉长，使之与较长的部分相适应，从而恢复到原来的尺寸或达到技术条件对几何尺寸的要求。图 11-25 (a) 所示为利用加压机构矫正工字梁焊后的弯曲变形，图 11-25 (b) 所示为利用圆盘形辗辊辗压薄板焊缝及其两侧，使之伸长来消除薄板焊后的残余变形，也可采用辊床、压力机、矫直机等。这种方法适用于低碳钢和普通低合金钢等塑性好的材料。

③ 火焰加热矫正法。火焰加热矫正法就是利用火焰对焊件进行局部加热，并随之快冷，使焊件伸长的部位缩短，达到矫正变形的目的，如图11-26所示。此法一般使用的是气焊炬，无须专门设备，操作简单方便、机动灵活，可在大型复杂结构上进行矫正，适用于低碳钢和没有淬硬倾向的普通低合金钢。

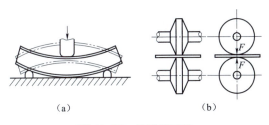

图11-25　机械矫正法

（a）工字梁机械矫形；（b）薄板辗压矫形

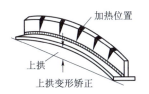

图11-26　火焰加热矫正法

第五节　其他焊接方法

一、埋弧自动焊

埋弧自动焊是利用焊剂层下燃烧的电弧的热量熔化焊丝、焊剂和母材而形成焊缝的一种电弧焊焊接方法（图11-27）。其固有的焊接质量稳定、焊接生产率高、无弧光及烟尘很少等优点，使其成为压力容器、管段制造和箱型梁柱等重要钢结构制作中的主要焊接方法。

1. 埋弧焊的焊接原理

埋弧焊时，连续送进的焊丝在一层可熔化的颗粒状焊剂覆盖下引燃电弧。当电弧热使焊丝、母材和焊剂熔化以至部分蒸发后，在电弧区便由金属和焊剂蒸汽构成一个空腔，电弧就在这个空腔内稳定燃烧。空腔底部是熔化的焊丝和母材形成的金属熔池，顶部则是熔融焊剂形成的熔渣。电弧附近的熔池在电弧力的作用下处于高速紊流状态，气泡快速溢出熔池表面，熔池金属受熔渣和焊剂蒸气的保护不与空气接触。随着电弧向前移动，电弧力将液态金属推向后方并逐渐冷却凝固成焊缝（图11-28），熔渣则凝固成渣壳覆盖在焊缝表面。

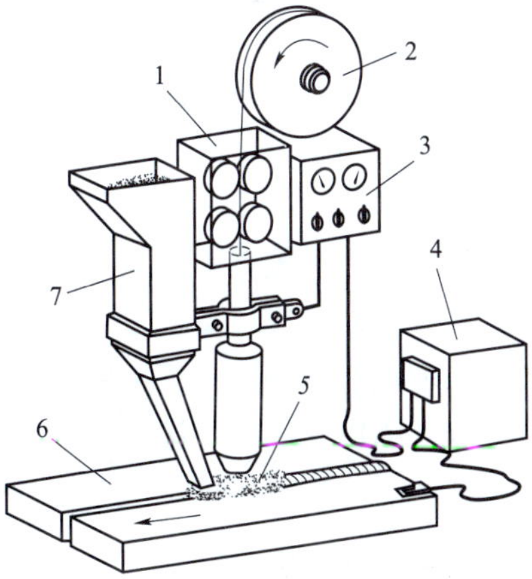

图11-27　埋弧自动焊示意图

1—送丝轮；2—焊丝盘；3—操作面板；4—控制箱；5—焊剂；6—工件；7—焊剂盒

2. 焊接材料

埋弧自动焊焊接材料有焊丝和焊剂。焊丝除了作电极和填充材料外，还可以起到渗合金、脱氧、去硫等冶金处理作用。焊剂的作用相当于焊条药皮，分为熔炼焊剂和非熔炼焊剂两类。熔炼焊剂主要起保护作用；非熔炼焊剂除保护作用外，还有冶金处理作用。焊剂容易吸潮，使用前要按要求烘干。

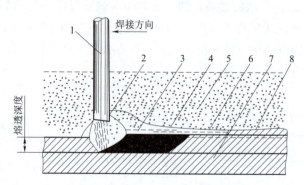

图 11-28 埋弧焊时焊缝的形成过程

1—焊丝；2—电弧；3—熔池金属；4—熔渣；5—焊剂；6—焊缝；7—焊件；8—渣壳

3. 埋弧焊的特点和应用

埋弧焊是当今生产效率较高的机械化焊接方法之一，具有以下特点：

(1) 生产效率高

一方面焊丝导电长度缩短，电流和电流密度提高，加上焊剂和熔渣的保护，电弧的熔渣能力和焊丝的熔敷速度都大大提高；另一方面由于焊剂和熔渣的隔热作用，电弧上基本没有热的辐射散失，飞溅也少，虽然用于熔化焊剂的热量损耗有所增大，但总的热效率仍然大大增加。

(2) 焊缝质量高

熔渣隔绝空气的保护效果好，焊接参数可以通过自动调节保持稳定，对焊工技术水平要求不高，焊缝成分稳定，力学性能比较好。

(3) 劳动条件好

除了减轻手工焊操作的劳动强度外，它没有弧光辐射，这是埋弧焊的独特优点。

(4) 埋弧焊的缺点

适应性差，不及手工焊灵活，一般只适合于水平位置或倾斜度不大的焊缝；工件边缘准备和装配质量要求较高，费工时；埋弧操作，看不到熔池和焊缝形成过程，因此，必须严格控制焊接规范；焊接设备较复杂，维修保养工作量大。

根据埋弧焊的特点，其主要适用于成批生产中长直焊缝和较大直径环缝的平焊。对于狭窄位置的焊缝以及薄板焊接，则受到一定限制。因此，埋弧焊被广泛用于大型容器和钢结构焊接生产中。

二、气体保护焊

1. 氩弧焊

氩弧焊是使用氩气作为保护气体的一种焊接技术，又称氩气体保护焊，是在电弧焊的周围通上氩气保护性气体，将空气隔离在焊区之外，防止焊区的氧化。

氩弧焊按照电极的不同分为熔化极氩弧焊和非熔化极氩弧焊两种。

(1) 非熔化极氩弧焊的工作原理及特点

非熔化极氩弧焊（又称钨极氩弧焊）是电弧在非熔化极（通常是钨极）和工件之间燃

烧，在焊接电弧周围流过一种不和金属起化学反应的惰性气体（常用氩气），形成一个保护气罩，使钨极端部、电弧和熔池及邻近热影响区的高温金属不与空气接触，能防止氧化及吸收有害气体，从而形成致密的焊接接头，其力学性能非常好，如图11-29（a）所示。

非熔化极氩弧焊的特点如下：

1）可以焊接化学性质非常活泼的金属及合金。惰性气体氩或氦即使在高温下也不与化学性质活泼的铝、钛、镁、铜、镍及其合金起化学反应，也不溶于液态金属中。

2）可获得优质的焊接接头。用这种焊接方法获得的焊缝金属纯度高，气体和气体金属夹杂物少，焊接缺陷少。对焊缝金属质量要求高的低碳钢、低合金钢及不锈钢常用这种焊接方法来焊接。

3）可焊接薄件、小件。

4）可单面焊双面成型及全位置焊接。因电弧稳定，特别是小电流时也很稳定，熔池温度容易控制。

5）焊接生产率低，氩气价格较高，因此成本较高。

（2）熔化极氩弧焊的工作原理及特点

焊丝通过送丝轮送进、导电嘴导电，在母材与焊丝之间产生电弧，使焊丝和母材熔化（与埋弧自动焊相似），并用惰性气体氩气保护电弧和熔融金属来进行焊接，如图11-29（b）所示。

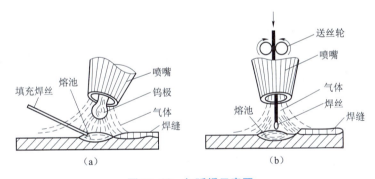

图11-29 氩弧焊示意图

（a）钨极；（b）熔化极

熔化极氩弧焊与钨极氩弧焊相比，有如下特点：

1）效率高，其电流密度大，热量集中，熔敷率高，焊接速度快，且容易引弧。

2）需加强防护，因弧光强烈，烟气大，所以要加强防护。

氩弧焊适用于焊接易氧化的有色金属和合金钢（目前主要用于Al、Mg、Ti及其合金和不锈钢的焊接）；适用于单面焊双面成型，如打底焊和管子焊接；钨极氩弧焊还适用于薄板焊接。

2. CO_2气体保护焊

CO_2气体保护焊以CO_2作为保护气体，以焊丝作电极，以自动或半自动方式进行焊接（图11-30）。目前常用的是半自动焊，即焊丝送进是靠机械自动进行并保持弧长，由操作人员手持焊枪进行焊接。

CO_2气体保护焊的特点：

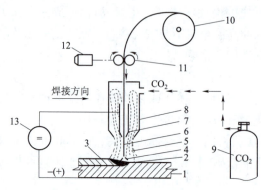

图 11-30　CO_2 气体保护焊示意图

1—母材；2—熔池；3—焊缝；4—电弧；
5—CO_2 保护区；6—焊丝；7—导电嘴；
8—喷嘴；9—CO_2 气瓶；10—焊丝盘；
11—送丝轮；12—送丝电动机；13—直流电源

1) 焊接成本低。CO_2 气体来源广、价格低。

2) 生产效率高。CO_2 气体保护焊使用较大的电流密度，对 10 mm 以下的钢板可以不开坡口，对于厚板可以减少坡口、加大钝边进行焊接，同时具有焊丝熔化快、不用清理熔渣等特点，效率可比手弧焊提高 2.5~4 倍。

3) 焊接质量比较好。CO_2 气体保护焊的电弧热量集中，加热面积小，CO_2 气流有冷却作用，因此焊件焊后变形小，特别是薄板的焊接更为突出。

4) 操作性能好。CO_2 气体保护焊电弧是明弧，可清楚看到焊接过程，适合全位置焊接。

5) 抗锈能力强。CO_2 气体保护焊和埋弧焊相比，具有较高的抗锈能力，所以焊前对焊件表面的清洁工作要求不高，可以节省生产中大量的辅助时间。

6) 焊缝成型差，飞溅大，烟雾较大，控制不当易产生气孔。由于 CO_2 气体本身具有较强的氧化性，因此在焊接过程中会引起合金元素烧损，产生气孔和引起较强的飞溅。

7) 设备使用和维修不便。送丝机构容易出故障，需要经常维修。

因此，CO_2 气体保护焊适用于低碳钢和强度级别不高的普通低合金钢焊接，主要用于焊接薄板。对单件小批生产和不规则焊缝采用半自动 CO_2 气体保护焊；大批生产和长直焊缝可用 CO_2+O_2 等混合气体保护焊。

三、电渣焊

电渣焊是利用电流通过液态熔渣所产生的电阻热作为热源进行焊接的方法。电渣焊一般都是在垂直立焊位置进行焊接，两个工件接头相距 25~35 mm。其焊接过程如图 11-31 所示。

固态熔剂熔化后形成的渣池 3 具有较大的电阻，当电流通过时产生大量电阻热，使渣池温度保持在 1 700 ℃~2 000 ℃；焊丝 2 和工件 1 被渣池加热熔化而形成金属熔池 4；工件待焊端面两侧各装有冷却铜滑块 5，这样可保证液态熔渣及金属熔池不会外流；冷却水从滑块内部流过，迫使熔池冷却并凝固成为焊缝 6。在焊接过程中，焊丝不断地送进并被熔化。熔池和渣池逐渐上升，冷却滑块也同时配合上升，从而使立焊缝由下向上顺次形成。

由于渣池热量多、温度高，与熔渣接触的待焊端面被熔化一层，而且焊丝在焊接时还可左右摆动，因此很厚的工件也可用电渣焊一次焊成。

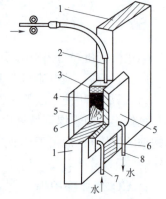

图 11-31　电渣焊示意图

1—工件；2—焊丝；3—渣池；
4—熔池；5—冷却铜滑块；
6—焊缝；7，8—冷却水进、出管

电渣焊与其他焊接方法相比有以下特点：

1）可一次焊接很厚的工件。在重型机器的制造过程中，可采用铸—焊、锻—焊的复合结构拼小成大，以代替巨大的铸造和锻造整体结构，可节省大量的金属材料和铸锻设备投资。

2）生产率高，成本低。焊接厚度在 40 mm 以上的工件，即使采用埋弧焊也必须开坡口进行多层焊。而电渣焊对任何厚度的工件都不需开坡口，只要使焊接端面之间保持 25～35 mm 的间隙，就可一次焊成。因此，生产率高、消耗的焊接材料较少、成本低。

3）焊缝金属比较纯净。电渣焊的熔池保护严密，保持液态的时间较长，因此冶金过程的进行比较完善，熔池中的气体和杂质有充分的时间浮出。冷却条件可使焊缝金属的结晶有序进行，有利于排出低熔点杂质。

4）焊后冷却速度较慢，焊接应力较小，因而适合于焊接塑性稍差的中碳钢与合金结构钢工件。另一方面，焊缝和热影响区金属在高温停留时间较长，热影响区比其他焊接方法都宽，晶粒粗大，易产生过热组织。因此一般要进行焊后热处理，如正火处理，以改善其性能。

电渣焊适用于板厚 40 mm 以上工件的焊接。一般用于直焊缝焊接，也可用于环缝焊接，已在我国水轮机、水压机、轧钢机和重型机械等大型设备的制造中得到广泛应用。

四、电阻焊

电阻焊是利用电流通过焊件及其接触处所产生的电阻热，将焊件局部加热到塑性或熔化状态，然后在压力下形成焊接接头的焊接方法。

电阻焊生产率高、焊接变形小、劳动条件好、无须另加焊接材料、操作简便、易实现机械化等。但其设备较一般熔焊复杂、耗电量大，且适用的接头形式与可焊工件厚度（或断面尺寸）受到限制。

电阻焊分为点焊、缝焊和对焊三种形式。

1. 点焊

点焊是利用柱状电极加压通电，在搭接工件接触面之间焊成一个个焊点的焊接方法，如图 11-32 所示。

点焊时，先加压使两个工件紧密接触，然后接通电流。由于两工件接触处电阻较大，电流流过所产生的电阻热使该处温度迅速升高，局部金属可达熔点温度，被熔化形成液态熔核。

断电后，继续保持压力或加大压力，使熔核在压力下凝固结晶，形成组织致密的焊点。而电极与工件间的接触处，所产生的热量因被导热性好的铜（或铜合金）电极及冷却水传走，因此温升有限，不会出现焊合现象。

焊完一个点后，电极将移至另一点进行焊接。当焊接下一个点时，有一部分电流会流经已焊好的焊点，称为分流现象。分流将使焊接处电流减小，影响焊接质量，因此，两个相邻焊点之间应有一定距离。工件厚度越大，焊件导电性越好，则

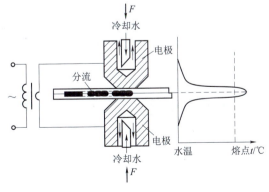

图 11-32　点焊示意图

分流现象越严重,故点距应加大。不同材料及不同厚度工件上焊点间的最小距离见表11-4。

表 11-4 点焊的焊点间最小距离

工件厚度/mm	点距/mm		
	结构钢	耐热钢	铝合金
0.5	10	8	15
1	12	10	18
2	16	14	25
3	20	18	30

影响点焊质量的主要因素有焊接电流、通电时间、电极压力及工件表面清理情况等。因此点焊前必须对焊件进行酸洗、喷砂或打磨处理。

点焊主要适用于厚度为 4 mm 以下的薄板、冲压结构及线材的焊接,每次焊一个点或一次焊多个点。目前,点焊已广泛用于制造汽车、车厢、飞机等薄壁结构以及罩壳和轻工、生活用品等。

2. 缝焊

缝焊(图 11-33)过程与点焊相似,只是用旋转的圆盘状滚动电极代替了柱状电极。焊接时,盘状电极压紧焊件并转动(也带动焊件向前移动),配合断续通电,即形成连续重叠的焊点,因此称为缝焊。

缝焊时,焊点相互重叠 50% 以上,密封性好,主要用于制造要求密封性的薄壁结构,如油箱、小型容器与管道等。

但因缝焊过程分流现象严重,焊接相同厚度的工件时,焊接电流为点焊的 1.5~2 倍。因此要使用大功率焊机,并用精确的电气设备控制间断通电的时间。缝焊只适用于厚度为 3 mm 以下的薄板结构。

3. 对焊

对焊是利用电阻热使两个工件在整个接触面上焊接起来的一种方法,如图 11-34 所示。根据焊接操作方法的不同又可分为电阻对焊和闪光对焊。

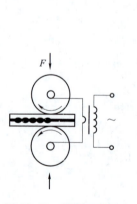

图 11-33 缝焊示意图

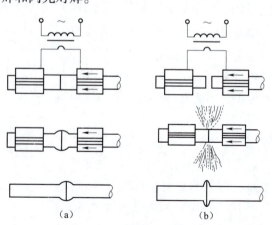

图 11-34 对焊示意图
(a) 电阻对焊;(b) 闪光对焊

（1）电阻对焊

电阻对焊操作简单，接头比较光滑。但焊前应认真加工和清理端面，否则易造成加热不匀、连接不牢的现象。此外，高温端面易发生氧化，质量不易保证。电阻对焊一般只用于焊接截面形状简单、直径（或边长）小于 20 mm 和强度要求不高的工件。

（2）闪光对焊

将两工件端面稍加清理后夹在电极钳口内，接通电源并使两工件轻微接触。因工件表面不平，首先只是某些点接触、强电流通过时，这些接触点的金属即被迅速加热熔化，甚至蒸发，在蒸气压力和电磁力的作用下，液体金属发生爆破，以火花形式从接触处飞出而形成"闪光"。此时应继续送进工件，保持一定闪光时间，待焊件端面全部被加热熔化时，迅速对焊件施加力并切断电源，焊件在压力作用下产生塑性变形而焊在一起。

闪光对焊的特点：在闪光对焊的焊接过程中，工件端面的氧化物和杂质，一部分被闪光火花带出，另一部分在最后加压时随液态金属挤出，因此接头中夹渣少、质量好、强度高。其缺点是金属损耗较大，闪光火花易玷污其他设备与环境，接头处焊后有毛刺需要加工清理。

闪光对焊常用于对重要工件的焊接，可焊相同金属件，也可焊接一些异种金属（铝-铜、铝-钢等）。被焊工件可以是直径小到 0.01 mm 的金属丝，也可以是断面大到 20 000 mm² 的金属棒和金属型材。

不论哪种对焊，焊件断面应尽量相同，圆棒直径、方钢边长和管子壁厚之差均不应超过 25%。图 11-35 所示为推荐的几种对焊接头形式。对焊主要用于刀具、管子、钢筋、钢轨、锚链和链条等的焊接。

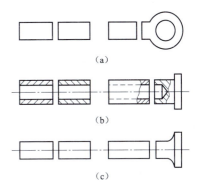

图 11-35　对焊接头形式

五、钎焊

钎焊是利用熔点比焊件低的钎料作为填充金属，加热时钎料熔化而将焊件连接起来的焊接方法。

钎焊时，将表面清理好的工件以搭接形式装配在一起，把钎料放在接头间隙附近或接头间隙之间。当工件与钎料被加热到稍高于钎料的熔点温度后，钎料熔化（此时工件不熔化），借助毛细管作用钎料被吸入并充满固态工件间隙，液态钎料与工件金属相互扩散溶解、冷凝后即形成钎焊接头。

根据钎料熔点的不同，钎焊可分为硬钎焊与软钎焊两类。

1. 硬钎焊

硬钎焊是指焊接钎料熔点在 450 ℃ 以上，接头强度在 200 MPa 以上的钎焊。属于这类的钎料有铜基、银基和镍基钎料等。银基钎料钎焊的接头具有较高的强度、良好的导电性和耐蚀性，而且熔点较低、工艺性好，但银钎料较贵，只用于要求高的焊件；镍铬合金钎料可用于钎焊耐热的高强度合金与不锈钢，工作温度可高达 900 ℃，但钎焊时的温度要求高于 1 000 ℃ 以上，工艺要求很严。

硬钎焊主要用于受力较大的钢铁和铜合金构件（如自行车架、带锯锯条等）以及工具、刀具的焊接。

2. 软钎焊

软钎焊的焊接钎料熔点在 450 ℃ 以下，接头强度较低，一般不超过 70 MPa，这种钎焊只用于焊接受力不大、工作温度较低的工件。常用的钎料是锡铅合金，所以通常称锡焊，这类钎料的熔点一般低于 230 ℃。因其熔化后渗入接头间隙的能力较强，所以具有较好的焊接工艺性能。

软钎焊广泛用于焊接受力不大的常温下工作的仪表、导电元件以及由钢铁、铜及铜合金等制造的构件。

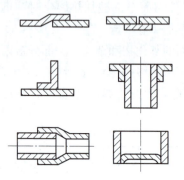

图 11-36　钎焊的接头形式

钎焊构件的接头形式都采用板料搭接和套件镶接，图 11-36 所示为几种常见的形式。这些接头都有较大的钎接面，以弥补钎料强度低的不足，保证接头有一定的承载能力。

接头之间应有良好的配合和适当的间隙：间隙太小，会影响钎料的渗入与湿润，达不到全部焊合；间隙太大，不仅浪费钎料，而且会降低钎焊接头强度。因此，一般钎焊接头间隙值取 0.05~0.2 mm。

在钎焊过程中，一般都需要使用熔剂，即钎剂，其作用是清除被焊金属表面的氧化膜及其他杂质；改善钎料流入间隙的性能（即湿润性）；保护钎料及焊件不被氧化。因此，对钎焊质量影响很大。

常用钎剂：软钎焊时，常用的钎剂为松香或氯化锌溶液；硬钎焊钎剂的种类较多，主要有硼砂、硼酸、氟化物、氯化物等，应根据钎料种类选用。

与一般熔化焊相比，钎焊的特点：

1）工件加热温度较低，组织和力学性能变化很小，变形也小；接头光滑平整，工件尺寸精确。

2）可焊接性能差异很大的异种金属，对工件厚度的差别也没有严格限制。

3）工件整体加热钎焊时，可同时钎焊多条（甚至上千条）接缝组成的复杂形状构件，生产率很高。

4）设备简单，投资费用少。

5）钎焊的接头强度较低，尤其是动载强度低，允许的工作温度不高，焊前清整要求严格，而且钎料价格较贵。

因此，钎焊不适合于一般钢结构件和重载、动载零件的焊接，主要用于制造精密仪表、电气部件、异种金属构件以及某些复杂薄板结构（如夹层结构、蜂窝结构等），也常用于钎焊各类导线与硬质合金刀具。

六、摩擦焊

摩擦焊是利用工件间相互摩擦产生的热量，同时加压而进行焊接的方法。图 11-37 所示为摩擦焊示意图。先将两焊件夹在焊机上，加一定压力使焊件紧密接触。然后焊件 1 做旋转运动，使焊件接触面相对摩擦产生热量，待工件端面被加热到高温塑性状态时，利用制动装置使焊件1骤然停止旋转，并在焊件2的端面加大压力使两焊件产生塑性变形而焊接起来。

摩擦焊的特点：

1) 在摩擦焊过程中，焊件接触表面的氧化膜与杂质被清除，因此，其接头组织致密，不易产生气孔、夹渣等缺陷，接头质量好而且稳定。

2) 可焊接的金属范围较广，不仅可焊接同种金属，也可以焊接异种金属。

3) 焊接操作简单，不需要焊接材料，容易实现自动控制，生产率高。

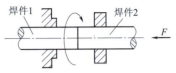

图 11-37　摩擦焊示意图

4) 电能消耗少（只有闪光对焊的 1/10~1/15）。

5) 设备复杂，一次性投资大。

摩擦焊接头一般是等断面的，特殊情况下也可以是不等断面的，但需要至少有一个焊件为圆形或管状。图 11-38 所示为摩擦焊可用的接头形式。

摩擦焊已广泛用于圆形工件、棒料及管类件的焊接。可焊实心焊件的直径为 2~100 mm，管类件外径最大可达 150 mm。

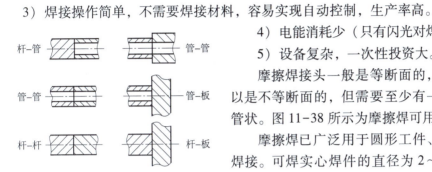

图 11-38　摩擦焊接头形式

第六节　焊接结构工艺性

焊接的结构工艺性是指所涉及的焊接结构在满足使用性能要求的前提下焊接成型的可行性和经济性，即焊接成型的难易程度。良好的焊接结构与焊件的焊接性和焊接工艺相适应。

焊接件的结构工艺性应考虑到各条焊缝的可焊到性和焊缝质量的保证、焊接工作量、焊接变形的控制、材料的合理应用及焊后热处理等因素，具体主要表现在焊件材料的选择、焊缝的布置、焊接接头和坡口形式等。这里主要介绍焊件材料的选择和焊缝的布置。

一、焊接材料的选择

应优先选择焊接性良好的材料，如低碳钢，以便简化焊接工艺。重要的焊接结构应按照相应的材料标准选择。例如，锅炉和压力容器等要求使用专用的锅炉钢。

二、焊缝布置的原则

焊缝位置对焊接接头的质量、焊接应力和变形以及焊接生产率均有较大影响，因此，在布置焊缝时应考虑以下几个方面。

1. 焊缝位置应便于施焊，且有利于保证焊缝质量

焊缝可分为平焊缝、横焊缝、立焊缝和仰焊缝四种形式。其中施焊操作最方便、焊接质量最容易保证的是平焊缝，因此，在布置焊缝时应尽量使焊缝能在水平位置进行焊接。

除焊缝空间位置外，还应考虑各种焊接方法所需要的施焊操作空间。图 11-39 所示为考虑手工电弧焊施焊空间时，对焊缝的布置要求；图 11-40 所示为考虑点焊或缝焊施焊空间（电极位置）时，对焊缝的布置要求。

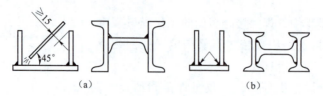

图 11-39　手工电弧焊对操作空间的要求
(a) 合理；(b) 不合理

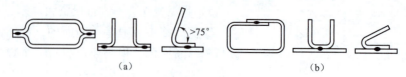

图 11-40　电阻点焊和缝焊时的焊缝布置
(a) 合理；(b) 不合理

另外，还应注意焊接过程中对熔化金属的保护情况。采用气体保护焊时，要考虑气体的保护作用，如图 11-41 所示；采用埋弧焊时，要考虑接头处有利于熔渣形成封闭空间，如图 11-42 所示。

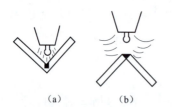

图 11-41　采用气体保护电弧焊时的焊缝布置
(a) 合理；(b) 不合理

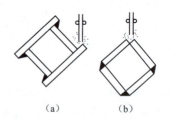

图 11-42　采用埋弧焊时的焊缝布置
(a) 合理；(b) 不合理

2. 焊缝布置应有利于减少焊接应力和变形

通过合理布置焊缝来减小焊接应力和变形主要有以下途径：

（1）尽量减少焊缝数量

采用型材、管材、冲压件、锻件和铸钢件等作为被焊材料。这样不仅能减小焊接应力和变形，还能减少焊接材料消耗，提高生产率。如图 11-43 所示的箱体构件，如采用型材或冲压件 [图 11-43 (b)] 焊接，可较板材 [图 11-43 (a)] 减少两条焊缝。

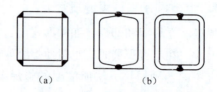

图 11-43　减少焊缝数量

（2）尽可能分散布置焊缝

如图 11-44 所示，焊缝集中分布容易使接头过热、材料的力学性能降低。两条焊缝的间距一般要求大于 3 倍或 5 倍的板厚。

（3）尽可能对称分布焊缝

如图 11-45 所示，焊缝的对称布置可以使各条焊缝的焊接变形相抵消，对减小梁柱结构的焊接变形有明显的效果。

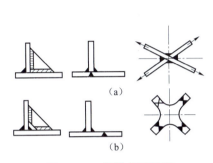

图 11-44 分散布置焊缝

(a) 不合理；(b) 合理

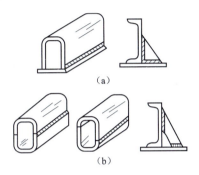

图 11-45 对称分布焊缝

(a) 不合理；(b) 合理

3. 焊缝应尽量避开最大应力和应力集中部位

如图 11-46 所示，焊缝应尽量避开最大应力和应力集中部位，以防止焊接应力与外加应力相互叠加，造成过大的应力而开裂。不可避免时，应附加刚性支撑，以减小焊缝承受的应力。

4. 焊缝应尽量避开机械加工面

一般情况下，焊接工序应在机械加工工序之前完成，以防止焊接损坏机械加工表面。此时焊缝的布置也应尽量避开需要加工的表面，因为焊缝的机械加工性能不好，且焊接残余应力会影响加工精度。如果焊接结构上某一部位的加工精度要求较高，而且又必须在机械加工完成之后进行焊接工序，则应将焊缝布置在远离加工面处，以避免焊接应力和变形对已加工表面精度的影响，如图 11-47 所示。

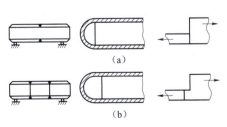

图 11-46 焊缝避开最大应力集中部位

(a) 不合理；(b) 合理

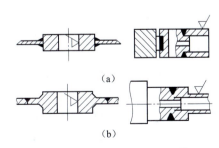

图 11-47 焊缝远离机械加工表面

(a) 不合理；(b) 合理

第七节　胶接成型

一、胶接的概念

胶接，也称粘接，是指利用化学反应或物理凝固等作用，使一层非金属的具有一定的内聚力的胶体材料，与其界面接触的材料产生黏附力，从而由这些胶体材料将两个物体紧密连接在一起的工艺方法。胶粘剂是指一种靠界面作用产生的粘合力将各种材料牢固地连接在一起的物质。

胶接是一种新型的连接工艺，不需要像焊接那样局部加热熔化或局部受压产生严重的塑性变形，也不需要像铆接那样复杂的工艺过程。胶接在室温下就能固化，实现连接；胶接接头为面积连接，应力分布均匀，大大提高了胶接件的疲劳寿命，且密封作用好；胶接接头比铆接、焊接接头更为光滑和平整。

胶接的主要特点如下：

1）能连接材质、形状、厚度和大小等相同或不同的材料，特别适用于连接异型、异质、薄壁、复杂、微小、硬脆或热敏制件。

2）接头应力分布均匀，避免了因焊接热影响区相变、焊接残余应力和变形等对接头的不良影响。

3）可以获得刚度好、重量轻的结构，且表面光滑、外表美观。

4）具有连接、密封、绝缘、防腐、防潮、减振、隔热和衰减消声等多重功能，连接不同金属时，不产生电化学腐蚀。

5）工艺性好，成本低，节约能源。

6）胶接接头的强度不够高，大多数胶粘剂耐热性不高，易老化，且对胶接接头的质量尚无可靠的检测方法。

胶接是航空航天工业中非常重要的连接方法，主要用于铝合金钣金及蜂窝结构的连接。除此以外，在机械制造、汽车制造、建筑装潢、电子工业、轻纺、新材料、医疗和日常生活中，胶接正在扮演越来越重要的角色。

二、常用胶粘剂

胶粘剂根据其来源不同，有天然胶粘剂和合成胶粘剂两大类。其中天然胶粘剂组成较简单，多为单一组分；合成胶粘剂则较为复杂，是由多种组分配制而成的。目前应用较多的是合成胶粘剂，其主要组分有：粘料，是起胶合作用的主要组分，主要是一些高分子化合物、有机化合物或无机化合物；固化剂，其作用是参与化学反应使胶粘剂固化；增塑剂，其作用是降低胶粘剂的脆性；填料，其作用是改善胶粘剂的使用性能（如强度、耐热性、耐腐蚀性、导电性等），一般不与其他组分起化学反应。

胶粘剂的分类方式还有以下几种：按胶粘剂成分性质可分为有机胶粘剂和无机胶粘剂，见表11-5；按固化过程中的物理化学变化可分为反应型、溶剂型、热熔型、压敏型等胶粘剂；按胶粘剂的基本用途可分为结构胶粘剂、非结构胶粘剂和特种胶粘剂三大类。结构胶粘剂强度高、耐久性好，可用于承受较大应力的场合；非结构胶粘剂用于非受力或次要受力部位；特种胶粘剂主要是满足特殊需要，如耐高温、超低温、导热、导电、导磁和水中胶接等。

表 11-5 胶粘剂的分类

分类				典型代表
有机胶粘剂	合成胶粘剂	树脂	热固性胶粘剂	酚醛树脂、不饱和聚酯
			热塑性胶粘剂	α-氰基丙烯酸酯
		橡胶	单一橡胶	氯丁胶浆
			树脂改性	氯丁-酚醛
		混合型	橡胶与橡胶	氯丁-丁腈
			树脂与橡胶	酚醛-丁腈、环氧-聚硫
			热固性树脂与热塑性树脂	酚醛-缩醛、环氧-尼龙
	天然胶粘剂		动物胶粘剂	骨胶、虫胶
			植物胶粘剂	淀粉、松香、桃胶
			矿物胶粘剂	沥青
			天然橡胶胶粘剂	橡胶水
无机胶粘剂			磷酸盐	磷酸-氧化铝
			硅酸盐	水玻璃
			硫酸盐	石膏
			硼酸盐	

三、胶接工艺

1. 胶接工艺过程

胶接是一种新的化学连接技术。在正式胶接之前，先要对被粘物表面进行表面处理，以保证胶接质量。然后将准备好的胶粘剂均匀涂敷在被粘表面上，胶粘剂扩散、流变、渗透、合拢后，在一定的条件下固化，当胶粘剂的大分子与被粘物表面距离小于 5×10^{-10} m 时，形成化学键，同时，渗入孔隙中的胶粘剂固化后，生成无数的"胶钩子"，从而完成胶接过程。

胶接的一般工艺过程有确定部位、表面处理、配胶、涂胶、固化和检验等。

（1）确定部位

胶接大致分为两类，一类是用于产品制造，另一类是用于各种修理，无论是何种情况，都需要对胶接的部位有比较清楚的了解，例如表面状态、清洁程度、破坏情况、胶接位置等，才能为实施具体的胶接工艺做好准备。

（2）表面处理

表面处理的目的是获得最佳的表面状态，其有助于形成足够的黏附力，提高胶接强度和使用寿命。材料经表面处理后可去除被粘表面的氧化物、油污、污物层吸附的水膜和气体，清洁表面；使表面获得适当的表面粗糙度；活化被粘表面，使低能表面变为高能表面、惰性表面变为活性表面等。表面处理的具体方法有表面清理、脱脂去油、除锈粗化、清洁干燥、化学处理和保护处理等，依据被粘表面的状态、胶粘剂的品种、强度要求、使用环境等进行选用。

(3) 配胶

单组分胶粘剂一般可以直接使用，但如果有沉淀或分层，则在使用之前必须搅拌混合均匀。多组分胶粘剂必须在使用前按规定比例调配混合均匀，根据胶粘剂的适用期、环境温度和实际用量来决定每次配制量的大小，且应当随配随用。

(4) 涂胶

以适当的方法和工具将胶粘剂涂布在被粘表面，其操作正确与否对胶接质量有很大影响。涂胶方法与胶粘剂的形态有关，液态、糊状或膏状的胶粘剂可采用刷涂、喷涂、浸涂、注入、滚涂和刮涂等方法，要求涂胶均匀一致，避免空气混入，达到无漏涂、不缺胶、无气泡、不堆积，胶层厚度应控制在 0.08～0.15 mm。

(5) 固化

固化是胶粘剂通过溶剂挥发、乳液凝聚的物理作用或缩聚、加聚的化学作用，变为固体并具有一定强度的过程，是获得良好胶粘性能的关键过程。胶层固化应控制温度、时间和压力三个参数。固化温度是固化条件中最为重要的因素，适当提高固化温度可以加速固化过程，并能提高胶接强度和其他性能。加热固化时要求加热均匀，并严格控制温度，缓慢冷却。适当的固化压力可以提高胶粘剂的流动性、润湿性、渗透和扩散能力，防止气孔、空洞和分离，使胶层厚度更为均匀。固化时间与温度、压力密切相关，升高温度可以缩短固化时间，降低温度则会适当延长固化时间。

(6) 检验

对胶接接头的检验方法主要有目测、敲击、溶剂检查、试压、测量、超声波检查和X射线检查等方法，目前尚无较理想的非破坏性检验方法。

2. 胶接接头

胶接接头的受力情况比较复杂，其中最主要的是机械力的作用。作用在胶接接头上的机械力主要有四种类型：剪切、拉伸、剥离和不均匀扯离，如图 11-48 所示，其中以剥离和不均匀扯离的破坏作用较大。选择胶接接头的形式时，应考虑以下原则。

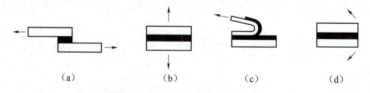

图 11-48　胶接接头受力方式

(a) 剪切；(b) 拉伸；(c) 剥离；(d) 不均匀扯离

1) 尽量使胶层承受剪切力和拉伸力，避免剥离和不均匀扯离。
2) 在可能和允许的条件下适当增加胶接面积。
3) 采用混合连接方式，如胶接加点焊、铆接、螺栓连接和穿销等，可以取长补短，增加胶接接头的牢固耐久性。
4) 注意不同材料的合理配置，如材料线膨胀系数相差很大的圆管套接时，应将线膨胀系数小的套在外面，而线膨胀系数大的套在里面，以防止加热引起的热应力造成接头开裂。

5）接头结构应便于加工、装配、胶接操作及以后的维修。

胶接接头的基本形式是搭接，常见的胶接接头形式如图 11-49 所示。

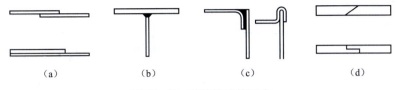

图 11-49　胶接接头的形式

习　题

1. 什么是焊接？焊接成型技术的优缺点有哪些？
2. 什么是金属的焊接性能？金属的焊接性能与哪些因素有关？
3. 什么是酸性焊条、碱性焊条？各有哪些特点？
4. 简述电焊条焊芯和药皮的作用。
5. 焊接接头中力学性能差的薄弱区域在哪里？为什么？
6. 什么是焊接热影响区？低碳钢焊接热影响区的组织与性能怎样？
7. 什么是焊接残余应力和残余变形？焊接残余应力及残余变形产生的根本原因有哪些？
8. 减少和消除焊接残余应力的措施有哪些？减少和消除焊接残余变形的措施有哪些？
9. 焊接残余变形的形式主要有哪些？
10. 简述埋弧焊的焊接原理及特点。
11. 简述 CO_2 气体保护焊的原理与特点。
12. 简述电阻焊的焊接原理、方法及适用场合。
13. 布置焊缝时应遵循哪些原则？
14. 下列情况应选用什么焊接方法？简述理由。

（1）低碳钢桁架结构，如厂房屋架。

（2）厚度 20 mm 的 Q345（16Mn）钢板拼成大型工字梁。

（3）纯铝低压容器。

（4）低碳钢薄板（厚 1 mm）皮带罩。

（5）供水管道维修。

15. 什么是胶接？胶接的主要特点是什么？其应用于哪些场合？

第十二章

毛坯分析与选择

机械零件的制造包括毛坯成型和切削加工两个阶段，毛坯成型不仅会对后续的切削加工产生很大的影响，而且对零件乃至机械产品的质量、使用性能、生产周期和成本等都有影响。因此，正确选择毛坯的类型和生产方法对于机械制造具有重要意义。

第一节　毛坯分析

常见的毛坯种类有以下几种。

1. 铸件

铸造是液态金属充填型腔后凝固成型的成型方法，要求熔融金属流动性、收缩性好，铸造材料利用率高，适用于制造各种尺寸和批量且形状复杂尤其是具有复杂内腔的零件，如支座、壳体、箱体和机床床身等。目前大多数铸件采用砂型铸造，砂型铸造是单件、小批量生产铸件的常用方法；大批量生产常采用机器造型；对尺寸精度要求较高的小型铸件，可采用特种铸造，如永久型铸造、精密铸造、压力铸造、熔模铸造和离心铸造等，特种铸造常用于生产有特殊要求或有色金属铸件。各种铸造方法及工艺特点见表12-1。

2. 锻件

锻造是固态金属在压力下塑性变形的成型方法，要求金属的塑性较好、变形抗力小。锻件毛坯由于经锻造后可得到连续和均匀的金属纤维组织。因此，锻件的力学性能较好，适用于制造受力较大、组织致密、质量均匀的锻件，如转轴、齿轮、曲轴和叉杆等。自由锻锻造工装简单、准备周期短，但产品形状简单，是单件生产和大型锻件的唯一锻造方法；胎模锻是在自由锻设备上采用胎模进行锻造的方法，可锻造较为复杂，中、小批量的中、小型锻件；模锻的锻件较为复杂，材料利用率和生产率远高于自由锻，但只能锻造批量较大的中、小型锻件。其锻造方法及工艺特点见表12-1。

3. 型材

型材主要有板材、棒材、线材等，常用的截面形状有圆形、方形、六角形和特殊截面形状。就其制造方法的不同，型材又可分为热轧和冷拉两大类。热轧型材尺寸较大、精度较低，用于一般的机械零件；冷拉型材尺寸较小、精度较高，主要用于毛坯精度要求较高的中小型零件。

4. 焊接件

焊接是通过加热和（或）加压使被焊材料产生共同熔池或塑性变形或原子扩散而实现

表 12-1 各种毛坯铸造方法及工艺特点

毛坯制造方法	最大质量/kg	最小壁厚/mm	形状的复杂性	材料	生产方式	精度等值(IT)	尺寸公差值/mm	表面粗糙度/μm	其他
手工砂型铸造	不限制	3~5	最复杂	铁碳合金、有色金属及其合金	单件生产及小批生产	14~16	1~8	—	余量大,一般为1~10 mm;由砂眼和气泡造成的废品率高;表面有结砂硬皮;适于铸造大件;生产率很低
机械砂型铸造	250	3~5	最复杂	铁碳合金、有色金属及其合金	大批生产及大量生产	14左右	1~3	—	生产率比手工制砂型高数倍至十数倍,设备复杂,但要求工人的技术低,适于制造中小型铸件
永久型铸造	100	1.5	简单或平常	适于切削困难的材料		11~12	0.1~0.5	12.5	生产率高,单边余量一般为1~3mm;结构细密,能承受较大压力,占用生产面积小
离心铸造	通常为200	3~5	主要是旋转体	铸铁和有色金属		15~16	1~8	12.5	生产率高,每件只需2~5 min;不需要泥芯和浇注系统;少砂眼;壁厚均匀;铸件可无硬皮
压铸	10~16	0.5(锌),1.0(其他合金)	由模子制造难易而定	锌、铝、镁、铜、锡、铅各金属的合金		11~12	0.05~0.15	6.3	生产率最高,每小时可制50~500件;设备昂贵,可直接制取零件或仅需少许加工
熔模铸造	小型零件	0.8	非常复杂	适于切削困难的材料	单件生产及成批生产		0.05~0.2	25	占用生产面积小,每套设备仅需30~40 m²;铸件力学性能好;便于组织流水线生产;铸造延续时间长,铸件可不经加工
壳模铸造	200	1.5	复杂	铸铁和有色金属	小批至大量	12~14		12.5~6.3	生产率高,一个制芯工班产量为0.5~1.7 t;外表面余量为0.25~0.5 mm;孔余量最小为0.08~0.25 mm;便于机械化与自动化;铸件无硬皮
自由锻造(利用锻锤)	不限制	不限制	简单	碳素钢、合金钢	单件及小批生产	14~16	1.5~2.5	—	生产率低且需要高级技工,适用于机械修理厂和重型机械厂的锻造车间
模锻(利用锻锤)	通常为100	2.5	由锻模制造难易而定	碳素钢、合金钢	成批及大量生产	12~14	0.4~2.5	12.5	生产率高且不需要高级技工;材料消耗少;锻件力学性能好,强度增高
精密模锻	通常为100	1.5	由锻模制造难易而定	碳素钢、合金钢	成批及大量生产	11~12	0.05~0.1	6.3~3.2	光压后的锻件可不经机械加工或直接进行精加工

连接的，要求材料在焊接时的淬硬倾向以及产生裂纹和气孔等缺陷的倾向较小。焊接可获得各种尺寸且形状较复杂的零件，其材料利用率高，特别是采用自动化焊接可达到很高的生产率，适用于形状复杂或大型构件的连接成型，也可用于异种材料的连接和零件的修补。其优点是制造简单、生产周期短、节省材料、减轻重量。但其抗振性较差，变形大，需经时效处理后才能进行机械加工。

5. 其他毛坯

其他毛坯包括冲压件、粉末冶金件、冷挤件和塑料压制件等。

冲压是借助冲模使金属产生分离或变形的成型方法，要求金属成型时塑性好、变形抗力小。冲压可获得各种尺寸且形状较为复杂的零件，材料利用率和生产率高。冲压广泛应用于汽车、仪表行业，是大批量制造重量轻、刚度好的零件和形状复杂的壳体的首选成型方法。

粉末冶金是通过成型、烧结等工序，利用金属粉末和（或）非金属粉末间的原子扩散、机械契合、再结晶等获得零件或毛坯的，要求粉料的流动性好、压缩性大。粉末冶金材料利用率和生产率高，制品精度高，适合于制造有特殊性能要求的材料和形状较复杂的中、小型零件，如制造减磨材料、结构材料、摩擦材料、硬质合金、难熔金属材料、特殊电磁性材料、过滤材料等板、带、棒、管、丝各种型材，以及齿轮、链轮、棘轮、轴套类等各种零件；可以制造重量仅百分之几克的小制品，也可制造近两吨重的大型坯料。

塑料成型可在较低的温度下（一般在 400 ℃ 以下）采用注射、挤出、模压、浇注、烧结、真空成型和吹塑等方法制成制品。由于塑料的原料来源丰富、易得，制取方便，成型加工简单，可以实现少、无切削加工，成本低廉，性能优良，所以在国民经济中得到了广泛的应用。

第二节 毛坯选择

每种类型的毛坯都可以有多种成型方法，在选择时我们遵循的原则是在保证毛坯质量的前提下，力求选用高效率、低成本、制造周期短的毛坯生产方法。一般毛坯选择步骤首先是由设计人员提出毛坯材料及加工后要达到的质量要求，然后再由工艺人员根据零件图和生产批量，并综合考虑交货期限及现有可利用的设备、人员和技术水平等选定合适的毛坯生产方法。

一、毛坯的选择原则

1. 满足材料的工艺性能要求

金属是制造机械零件的主要材料，一旦材料确定后，其材料的工艺性能就是影响毛坯成型的重要因素，表 12-2 给出了常用金属材料所适用的毛坯生产方法。

表 12-2 常用材料的毛坯生产方法

毛坯生产方法 \ 材料	低碳钢	中碳钢	高碳钢	灰铸铁	铝合金	铜合金	不锈钢	工具钢（模具钢）	塑料	橡胶
砂型铸造	√	√	√	√	√	√	√	√		
金属型铸造				√	√	√				
压力铸造					√	√				

第十二章 毛坯分析与选择

续表

毛坯生产方法＼材料	低碳钢	中碳钢	高碳钢	灰铸铁	铝合金	铜合金	不锈钢	工具钢（模具钢）	塑料	橡胶
熔模铸造	√	√	√				√	√		
锻造	√	√	√		√	√	√	√		
冷冲压	√	√			√	√				
粉末冶金	√	√			√	√				
焊接	√	√			√	√	√		√	
挤压型材	√				√	√			√	√
冷拉型材	√	√	√		√	√			√	√
备注									可压制及吹塑	可压制

注：表中"√"表示材料适宜或可以采用的毛坯生产方法。

2. 满足零件的使用要求

零件的使用要求主要包括零件的结构形状和尺寸要求、零件的工作条件（通常指零件的受力情况、工作环境和接触介质等）以及对零件性能的要求等。

（1）结构形状和尺寸的要求

机械零件由于使用功能不同，其结构形状和尺寸往往差异较大，各种毛坯生产方法对零件结构形状和尺寸的适应能力也不相同，所以选择毛坯时应认真分析零件的结构形状和尺寸特点，选择与之相适应的毛坯制造方法。对于结构形状复杂的中、小型零件，为了使毛坯形状与零件较为接近，应先确定以铸件作为毛坯，然后再根据使用性能要求等选择砂型铸造、金属型铸造或熔模铸造。对于结构形状很复杂且轮廓尺寸不大的零件，宜选择熔模铸造；对于结构形状较为复杂，且抗冲击能力、抗疲劳强度要求较高的中、小型零件，宜选择模锻件毛坯；对于那些结构形状相当复杂且轮廓尺寸又较大的零件，宜选择组合毛坯。

（2）力学性能的要求

对于力学性能要求较高，特别是工作时要承受冲击和交变载荷的零件，为了提高抗冲击和抗疲劳破坏的能力，一般应选择锻件，如机床、汽车的传动轴和齿轮等；对于由于其他方面原因需采用铸件，但又要求零件的金相组织致密、承载能力较强的零件，应选择相应的能满足要求的铸造方法，如压力铸造、金属型铸造和离心铸造等。

（3）表面质量的要求

为了降低生产成本，现代机械产品上的某些非配合表面有尽量不加工的趋势，即实现少、无切削加工。为保证这类表面的外观质量，对于尺寸较小的有色金属件，宜选择金属型铸造、压力铸造或精密模锻；对于尺寸较小的钢铁件，则宜选择熔模铸造（铸钢件）或精密模锻（结构钢件）。

（4）其他方面的要求

对于具有某些特殊要求的零件，必须结合毛坯材料和生产方法来满足这些要求。例如，某些有耐压要求的套筒零件，要求零件金相组织致密，不能有气孔、砂眼等缺陷，则宜选择型材（如液压油缸常采用无缝钢管）；如果零件选材为铸铁，则宜选择离心铸造（如内燃机的气缸套，其材料为QT600-2，毛坯即为离心铸造铸件）；对于在自动机床上进行加工的中、小型零件，由于要求毛坯精度较高，故宜采用冷拉型材，如微型轴承的内、外圈是在自动车床上加工的，其毛坯采用冷拉圆钢。

3. 满足降低生产成本的要求

要降低毛坯的生产成本，必须认真分析零件的使用要求及所用材料的价格、结构工艺性和生产批量等各方面情况。首先，应根据零件的选材和使用要求确定毛坯的类型，再根据零件的结构形状、尺寸大小和毛坯的结构工艺性及生产批量大小确定具体的生产方法，必要时还可按有关程序对原设计提出修改意见，以利于降低毛坯生产成本。

（1）生产批量较小时的毛坯选择

生产批量较小，毛坯生产的生产率不是主要问题，材料利用率的矛盾也不太突出，这时应主要考虑的是减少设备、模具等方面的投资，即使用价格比较便宜的设备和模具，以降低生产成本。如使用型材、砂型铸造件、自由锻件、胎模锻件和焊接结构件等作为毛坯。

（2）生产批量较大时的毛坯选择

生产批量较大，提高生产率和材料的利用率，降低废品率，对降低毛坯的单件生产成本将具有明显的经济意义。因此，应采用比较先进的毛坯制造方法来生产毛坯。尽管此时的设备造价昂贵、投资费用高，但分摊到单个毛坯上的成本是较低的，并且由于工时消耗、材料消耗及后续加工费用的减少和毛坯废品率的降低，从而有效地降低了毛坯生产成本。

4. 符合生产条件

为了兼顾零件的使用要求和生产成本，在选择毛坯时还必须与本企业的具体生产条件相结合。当对外订货的价格低于本企业生产成本且又能满足交货期要求时，应当向外订货，以降低成本。还要认真分析以下三方面的情况：

1）当代毛坯生产的先进技术与发展趋势，在不脱离我国国情及本厂实际的前提下，尽量采用比较先进的毛坯生产技术。

2）产品的使用性能和成本方面对毛坯生产的要求。

3）本厂现有毛坯生产能力状况，包括生产设备、技术力量（含工程技术人员和技术工人）、厂房等方面的情况。

总之，毛坯选择应在保证产品质量的前提下，获得最好的经济效益。

二、典型零件的毛坯选择

根据毛坯的选择原则，下面分别介绍轴杆类、盘套类和机架箱体类等典型零件毛坯的选择方法。

1. 轴杆类零件的毛坯选择

轴杆类零件是机械产品中支承传动件、承受载荷、传递扭矩和动力的常见典型零件，其结构特征是轴向（纵向）尺寸远大于径向（横向）尺寸，包括各种传动轴、机床主轴、丝杠、光杠、曲轴、偏心轴、凸轮轴、齿轮轴、连杆、摇臂、螺栓和销子等，如图12-1所示。

轴类零件最常用的毛坯是型材和锻件。对于某些大型的、结构形状复杂的轴也可用铸件或焊接结构件；对于光滑的或有阶梯但直径相差不大的一般轴，常用型材（即热轧或冷拉圆钢）作为毛坯；对于直径相差较大的阶梯轴或要承受冲击载荷和交变应力的重要轴，均采用锻件作为毛坯（当生产批量较小时，应采用自由锻件；当生产批量较大时，应采用模锻件）；对于结构形状复杂的大型轴类零件，其毛坯可采用砂型铸造件、焊接结构件或铸—焊结构毛坯。

下面举例说明几种轴杆类零件毛坯的选择。

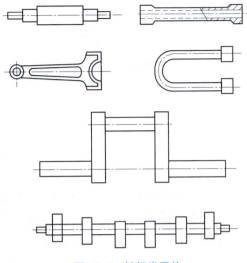

图 12-1 轴杆类零件

例 1：图 12-2 所示为减速器传动轴，工作载荷基本平衡，材料 45 钢，小批量生产。由于该轴工作时不承受冲击载荷，工作性质一般，且各阶梯轴径相差不大，因此，可选用热轧圆钢作为毛坯。下料尺寸为 $\phi 45$ mm×220 mm。

减速器传动轴的加工路线可设计为

热轧棒料下料—粗加工—调质处理—精加工—磨削。

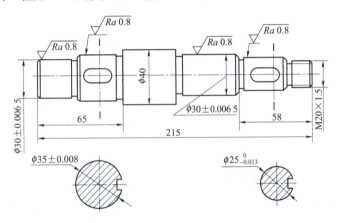

图 12-2 减速器传动轴

例 2：图 12-3 所示为磨床砂轮主轴，生产批量中等，主要用于传递动力。该零件精度要求高，工作中将承受弯曲、扭转和冲击等载荷，要求具有较高的强度。同时，砂轮主轴与滑动轴承相配合，由于主轴转速高容易导致轴颈与轴瓦磨损，故要求轴颈具有较高的硬度和耐磨性。另外，砂轮在装拆过程中易使外圆锥面拉毛，影响加工精度，所以要求这些部位具有一定的耐磨性。根据以上要求，材料选择为 65 Mn，毛坯采用模锻件。

砂轮主轴的加工路线设计为

下料→锻造→退火→粗加工→调质处理→精加工→表面淬火→粗磨→低温人工时效→精磨。

退火的目的是消除锻造应力及组织不均匀性，降低硬度，改善加工性。调质处理是为了提高主轴的综合性能，以满足芯部的强度要求，同时在表面淬火时能获得均匀的硬化层。表

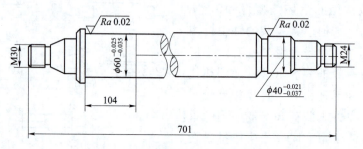

图 12-3　磨床砂轮主轴简图

面淬火是为了使轴颈和外圆锥部分获得高硬度，提高耐磨性。人工时效的作用是进一步稳定淬硬层组织和消除磨削应力，以减少主轴的变形。

例 3：图 12-4 所示为汽车排气阀的外形简图。该零件在高温状态下工作，要求材料为耐热钢，大批量生产。在保证满足零件的使用要求的前提下，为节约较贵重的耐热钢，故采用焊接件毛坯。阀杆部分采用耐热钢，阀帽部分采用碳素结构钢，焊接方法采用电阻焊。

2. 盘套类零件的毛坯选择

盘套类零件是指直径尺寸较大而长度尺寸相对较小的回转体零件（一般长度与直径之比小于1），如图 12-5 所示。属于这类零件的有各种齿轮、带轮、飞轮、联轴节、套环、轴承环、端盖、螺母和垫圈等。

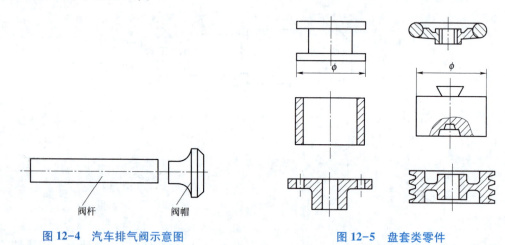

图 12-4　汽车排气阀示意图　　　　图 12-5　盘套类零件

盘套类零件由于其用途不同，所用的材料也不相同，毛坯生产方法也较多。下面主要讨论几种盘套类零件的毛坯选择问题。

（1）带轮的毛坯选择

带轮是通过中间挠性件（各种带）来传递运动和动力的，一般载荷较平稳。因此，对于中小带轮多采用 HT150 制造，其毛坯一般采用砂型铸造，生产批量较小时用手工造型，生产批量较大时可采用机器造型；对于结构尺寸很大的带轮，为减轻重量可采用钢板焊接毛坯。

（2）链轮的毛坯选择

链轮是通过链条作为中间挠性件来传递运动和动力的，其工作过程中的载荷有一定的冲击，且链齿的磨损较快。链轮的材料大多使用钢材，最常用的毛坯为锻件。其单件、小批量生产时，采用自由锻造；生产批量较大时使用模锻；对于新产品试制或修配件，亦可使用型材；对于齿数大于 50 的从动链轮也可采用强度高于 HT150 的铸铁，其毛坯可采用砂型铸造，造型方法视生产批量决定。

3. 圆柱齿轮的毛坯选择

齿轮的毛坯选择取决于齿轮的选材、结构形状、尺寸大小、使用条件及生产批量等因素。对于钢制齿轮，如果尺寸较小且性能要求不高，可直接采用热轧棒料，除此之外，一般都采用锻造毛坯。生产批量较小或尺寸较大的齿轮采用自由锻造；生产批量较大的中小尺寸齿轮采用模锻。对于直径比较大，结构比较复杂的不便于锻造的齿轮，采用铸钢毛坯或焊接组合毛坯。

例 1：机床齿轮。

一般来说，机床齿轮载荷不大，运动平稳，工作条件好，故对齿轮的耐磨性及冲击韧度要求不高，材料选用中碳钢，用热轧圆钢作为毛坯。图 12-6 所示为 C620—1 车床主轴箱中的三联滑移齿轮简图，该齿轮主要用来传递动力并改变转速，通过拨动箱外手柄使齿轮在Ⅲ轴上做滑移运动，与Ⅱ轴上的不同齿轮啮合，以获得不同的转速。考虑到整个齿轮较厚，采用中碳钢难以淬透，生产中也可选用中碳合金钢，如 40Cr。其加工工艺路线为

下料→锻造→正火→粗加工→调质→精加工→齿轮高频淬火及回火→精磨。

正火处理对锻造齿轮毛坯是必需的热处理工序，它可消除锻造压力、均匀组织、改善切削加工性。对于一般齿轮，正火也可作为高频淬火前的最后热处理工序。

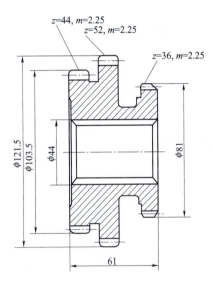

图 12-6 车床主轴箱中三联滑移齿轮简图

调质处理可以使齿轮获得较高的综合力学性能，齿轮可承受较大的弯曲应力和冲击力，并可减少淬火变形。

高频淬火及低温回火提高了齿轮表面的硬度和耐磨性，并且使齿轮表面产生压应力，提高了抗疲劳破坏的能力。低温回火可消除淬火应力，对防止产生磨削裂纹和提高抗冲击能力是有利的。

例 2：载重汽车的变速齿轮。

汽车变速箱中的齿轮主要用来调节发动机曲轴和主轴凸轮的转速比，以改变汽车的运行速度，其工作较为繁重，在疲劳极限、耐磨性以及抗冲击等性能方面均比机床齿轮要求高，因此变速齿轮的材料大多选用合金渗碳钢。图 12-7 所示为汽车变速齿轮，采用 20CrMnTi 钢，经渗碳淬火处理及低温回火后表面硬度为 58～62 HRC，芯部硬度为 30～45 HRC，这种钢具有良好的工艺性能，对大量生产来说极为重要。毛坯生产方法采用模锻，20CrMnTi 钢经锻造及正火后，切削加工性较好，同时具有良好的淬透性、过热倾向小、渗碳速度快及淬火变形小等热处理工艺性能。

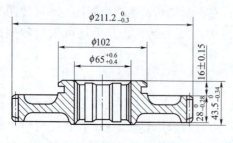

图 12-7 汽车变速齿轮

具体加工工艺路线如下：

下料→模锻→正火→机械粗、半精加工（内孔及端面留磨量）→渗碳（孔防渗）淬火、低温回火→喷丸→校正花键孔→珩（或磨）齿。

正火是为了均匀和细化组织，消除锻造应力，以获得较好的切削加工性。

渗碳、淬火及低温回火是为了使齿面具有高硬度及耐磨性，而芯部可得到低碳马氏体组织，有高的强度和足够的韧性。

喷丸处理是一种强化手段，可使零件渗碳表层的压应力进一步增大，有利于提高疲劳强度，同时也可清除氧化皮。

4. 箱体机架类零件的毛坯选择

箱体机架类零件是机器的基础件，这类零件包括机身、齿轮箱、阀体、泵体和轴承座等，如图 12-8 所示。

由于箱体类零件的结构形状一般都比较复杂，且内部呈腔形，为满足减振和耐磨等方面的要求，其材料一般都采用铸铁。为达到结构形状方面的要求，最常见的毛坯通常为砂型铸造的铸件。在单件小批量生产、新产品试制或结构尺寸很大时，也可采用钢板焊接毛坯。

图 12-9 所示为泵体零件图，材料为 HT150，大批量生产。考虑到该零件是泵的支承件，结构比较复杂，材料为灰铸铁，而且生产批量大等因素，则选择机器造型的砂型铸造方法生产零件毛坯比较适宜。

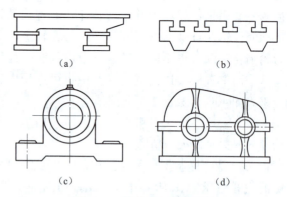

图 12-8 箱体、机架类零件

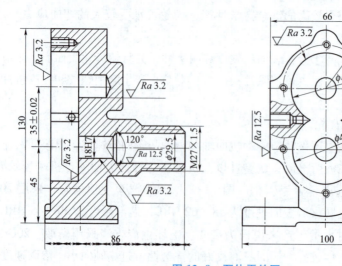

图 12-9 泵体零件图

习 题

1. 常用的毛坯形式有哪几类？选择毛坯应遵循的基本原则是什么？
2. 影响毛坯生产成本的主要因素有哪些？根据不同的生产规模，如何降低毛坯的生产成本？
3. 轴类零件的常用毛坯有哪几种？生产实际中如何选择？
4. 箱体机架类零件的常用毛坯有哪几种？生产实际中如何选择？
5. 试为题 5 图所示的零件选择合适的材料和毛坯生产方式。

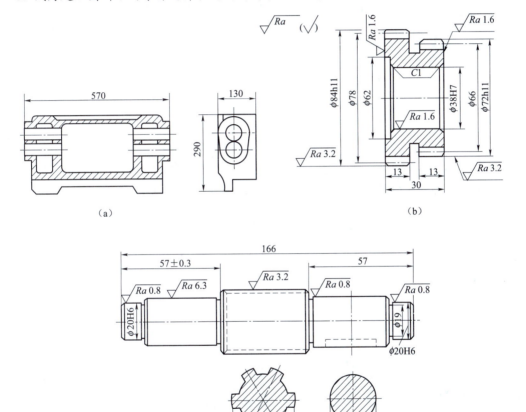

题 5 图

（a）车床进给箱体，材料 HT200，中批量生产；（b）双联齿轮，材料 40Cr，大批量生产；
（c）阶梯轴，材料 45 钢，小批量生产

第三篇

综合性训练与实验

第十三章

工程材料部分综合性训练与实验

第一节　金属的力学性能

综合性训练与实验目的：
1）加深学生对金属在力作用下所显示性能的理解。
2）掌握金属力学性能的主要判据。
3）掌握布氏硬度、洛氏硬度的测试方法。
4）了解拉伸试验过程和冲击吸收能量的测试方法。

一、综合性训练提纲

1. 金属静态力学性能及判据

（1）静态拉应力状态
1）金属在静态拉应力作用下表现出哪些性能？
2）物体在外力作用下改变其形状和尺寸，当外力卸除后又恢复其原始形状和尺寸的性能称为弹性。金属的弹性对金属的成型加工有哪些影响？
3）刚度是指构件抵抗变形的能力。工件在加工中或零件在使用中都要求具有一定的刚度。加工系统的刚度对成型加工有哪些影响？
4）强度是金属材料抵抗永久变形和断裂的能力。金属的强度对金属的加工和金属制品的使用有什么意义？
5）塑性是金属材料在断裂前发生的不可逆永久变形的能力。金属的塑性对金属的加工和金属制品的使用有什么意义？
6）屈服点与抗拉强度之比为屈强比。从使用可靠性考虑，屈强比小些好还是大些好？从强度利用率考虑，屈强比小些好还是大些好？

（2）静态压应力状态
1）金属在静态压应力作用下表现出哪些性能？
2）布氏硬度、洛氏硬度和维氏硬度都属于压痕硬度，三者在原理上有何区别？
3）在生产中为什么广泛采用硬度试验而不采用拉伸试验？
4）为什么说硬度既是一项使用性能指标，又是一项工艺性能指标？
5）耐磨性是机械零件工作表面抵抗磨损的能力。一般来说，耐磨性和硬度之间具有什么样的关系？

2. 金属动态力学行为及其判据

（1）冲击力作用状态

1）机械零件受冲击力的破坏作用比静拉伸力大得多，金属在冲击力作用下表现出哪些性能？

2）金属在断裂前吸收变形能量的性能称为韧性。金属的韧性对金属的成型加工和金属制品的使用有哪些影响？

3）生产中常用一次冲断金属试样的冲击试验测定冲击吸收功来确定金属的韧性。为什么冲击吸收功一般不用于强度计算，而只作为设计构件的参考指标？

4）韧脆转变温度是衡量金属材料冷脆倾向的重要指标。选择金属材料时应如何确定其韧脆转变温度？碳素结构钢在高寒地区冬季常发生脆断现象的根本原因是什么？

（2）交变应力作用状态

1）机械零件多数是因为受交变应力作用而失效。金属在交变应力作用下表现出哪些性能？

2）疲劳是材料在循环应力和应变作用下，在一处或几处产生局部永久性累积损伤，经一定循环次数后产生裂纹，突然发生完全断裂的现象。金属的疲劳对金属的成型加工和金属制品的使用有哪些影响？

3）疲劳极限是衡量金属材料抗疲劳性能的重要指标。在交变应力作用下的零件选材时应如何确定其循环基数和中值疲劳强度？一般情况下，屈服点与疲劳极限哪个数值大？

二、小结

1）强度、塑性是通过拉伸试验确定的金属力学性能。强度、塑性指标是金属材料重要的工艺性能指标和使用性能指标。

2）硬度是通过压痕硬度试验确定的金属力学性能。硬度试验基本上是非破坏性试验，比拉伸试验更适合于生产。硬度指标也是金属材料重要的工艺性指标和使用性能指标。

3）冲击、抗疲劳性分别是通过冲击试验和疲劳试验确定的金属力学性能。冲击韧性和抗疲劳性在动态力作用下测试，更接近于机械零件的实际工作状态。但其影响因素复杂，测定值还不够稳定。冲击吸收功、韧脆转变温度、疲劳极限等也是金属材料重要的工艺性能指标和使用性能指标。

4）金属力学性能的主要判据是选材的主要依据。

三、金属力学性能试验

1. 拉伸试验

拉伸试验是测定材料力学性能的最基本、最重要的试验之一。由本试验所测得的结果，可以说明材料在静拉伸下的一些性能，诸如材料对载荷的抵抗能力的变化规律及材料的弹性、塑性、强度等重要力学性能，这些性能是工程上合理地选用材料和进行强度计算的重要依据。

（1）试验目的要求

1）测定低碳钢的屈服点、抗拉强度、断后伸长率、断面收缩率和铸铁的抗拉强度。

2）根据碳钢和铸铁在拉伸过程中表现的现象，绘出外力和变形间的关系曲线（$F\text{-}\Delta L$

曲线)。

3) 比较低碳钢和铸铁两种材料的拉伸性能和断口情况。

(2) 试验设备和仪器

拉伸试验机、游标卡尺、两脚标规等。

(3) 拉伸试样

金属材料拉伸试验常用的试样形状如图 13-1 所示。图中工作段长度 L_o 称为标距，试样的拉伸变形量一般由这一段的变形来测定，两端较粗是为了便于装入试验机的夹头内。为了使试验测得的结果可以互相比较，必须按国家标准做成标准试样。

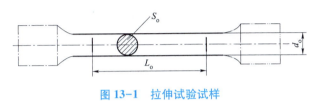

图 13-1　拉伸试验试样

(4) 试验方法与步骤

1) 低碳钢的拉伸试验

① 试样的准备。在试样中段取标准规定的标距，且在标距两端用脚标规打上冲眼作为标志，用游标卡尺在试样标距范围内测量中间和两端三处直径 d（在每处的两个互相垂直的方向各测一次取其平均值），取最小值作为计算试样横截面面积用。

② 试验机的准备。首先了解拉伸试验机的基本构造原理和操作方法，学习试验机的操作规程。根据低碳钢的抗拉强度 R_m 及试样的横截面积，初步估计拉伸试样所需最大载荷，选择合适的测力度盘，并配置相应的摆锤，开动机器，将测力指针调到"零点"，然后调整试验机下夹头位置，将试样夹装在夹头内。

③ 进行试验。试样夹紧后，给试样缓慢均匀加载，用试验机上自动绘图装置绘出外力 F 和变形 ΔL 的关系曲线（F-ΔL 曲线），如图 13-2 所示。从图 13-2 中可以看出，当载荷增加到 A 点时，拉伸图上 OA 段是直线，表明此阶段内载荷与试样的变形成比例关系，即符合虎克定律的弹性变形范围。当载荷增加到 B' 点时，测力计指针停留不动或突然下降到 B 点，然后在小的范围内摆动，这时变形增加很快，载荷增加很慢，这说明材料产生了屈服现象，与 B' 点相应的应力叫上屈服强度，与 B 相应的应力叫下屈服强度，因下屈服强度比较稳定，所以材料的屈服强度一般规定按下屈服强度取值。以 B 点相对应的载荷值 F_e 除以试样的原始截面积 S_o 即得到低碳钢的屈服强度 R_e，即 $R_e = F_e/S_o$。屈服阶段后，试样要承受更大的外力，才能继续发生变形，若要使塑性变形加大，必须增加载荷，C 点至 D 点这一段为强化阶段。当载荷达到最大值（D 点）时，试样的塑性变形集中在某一截面处的小段内，此段发生截面收缩，即出现"颈缩"现象。此时记下最大载荷值 F_m，用 F_m 除以试样的原始截面积 S_o，就得到低碳钢的抗拉强度 R_m，即 $R_m = F_m/S_o$。在试样发生"颈缩"后，由于截面积的减小，载荷迅速下降，到 E 点试样断裂。

关闭机器，取下拉断的试样，将断裂的试样紧对到一起，用游标卡尺测量出断裂后试样标距间的长度 L_u，按下式可计算出低碳钢的断后伸长率 A，即

$$A = \frac{L_u - L_o}{L_o} \times 100\%$$

将断裂试样的断口紧对在一起，用游标卡尺量出断口（细颈）处的直径 d_u，计算出面积 S_u。按下式可计算出低碳钢的断面收缩率 Z，即

$$Z = \frac{S_o - S_u}{S_o} \times 100\%$$

2）铸铁的拉伸试验

① 试样的准备。用游标卡尺在试样标距范围内测量中间和两端三处直径 d，取最小值计算试样截面面积，根据铸铁的抗拉强度 R_m，估计拉伸试样的最大载荷。

② 试验机的准备。与低碳钢拉伸试验相同。

③ 进行试验。开动机器，缓慢均匀加载直到断裂为止。记录最大载荷 F_m，观察自动绘图装置上的曲线，如图 13-3 所示。将最大载荷值 F_m 除以试样的原始截面积 S_o，就得到铸铁的抗拉强度 R_m，即 $R_m = F_m / S_o$。因为铸铁为脆性材料，在变形很小的情况下就会断裂，所以铸铁的断后伸长率和断面收缩率很小，很难测出。

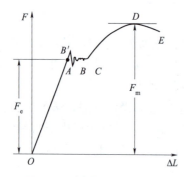

图 13-2　低碳钢 F-ΔL 曲线

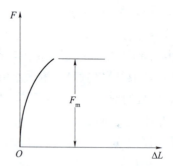

图 13-3　铸铁 F-ΔL 曲线

（5）试验报告要求

1）试验目的。

2）简述低碳钢拉伸试验过程分几个阶段，各有什么特点。

3）根据 F-ΔL 曲线，测定低碳钢的屈服点、抗拉强度、断面收缩率和铸铁的抗拉强度。

2. 布氏硬度试验

（1）布氏硬度试验的基本原理

布氏硬度测试法是用直径为 D 的硬质合金球，在规定试验力 F 的作用下压入被测试金属的表面（图 13-4），停留一定时间后卸除载荷，然后测量被测金属表面上所形成的压痕平均直径 d，由此计算压痕的表面积，进而求出压痕在单位面积上所承受的平均压力值，以此作为被测金属的布氏硬度值，并用符号 HBW 表示。

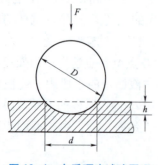

图 13-4　布氏硬度试验原理

由于金属材料有硬有软，所测工件有厚有薄，若只采用同一种载荷（如 3 000 kgf）和压头直径（如 10 mm），则对硬的金属适合，而对极软的金属

就不适合，会发生整个硬质合金球陷入金属中的现象；若对于厚的工件适合，则对于薄件会出现压透的可能，所以在测定不同材料的布氏硬度值时就要求有不同的载荷 P 和压头直径 D。为了得到统一的、可以相互进行比较的数值，必须使 P 和 D 之间维持某一比值关系，以保证所得到的压痕形状的几何相似关系。

具体试验数据和适用范围可参考第一章中的表 1-1、表 1-2。

（2）试样选取

取正火钢 20、45、T10 及铸铁试样各一个，打出压痕，并从相互垂直的两个方向上测量压痕直径，取其平均值，查表求得 HBW 值，将数据填入表 13-1 中。

表 13-1 布氏硬度试验结果（正火态）

材料	20				45				T10				铸铁			
	1	2	3	平均	1	2	3	平均	1	2	3	平均	1	2	3	平均
压痕直径/mm				/				/				/				/
硬度/HBW																

（3）布氏硬度试验机的结构

HB-3000 型布氏硬度试验机的外形结构如图 13-5 所示。其主要部件及作用如下：

机体与工作台：硬度机有铸铁机体，在机体前台面上安装了丝杠座，其中装有丝杠，丝杠上装立柱和工作台，可上下移动。

杠杆机构：杠杆系统通过电动机可将载荷自动加在试样上。

压轴部分：用以保证工作时试样与压头中心对准。

减速器部分：带动曲柄及曲柄连杆，在电机转动及反转时，将载荷加到压轴上或从压轴上卸除。

换向开关系统：是控制电动机回转方向的装置，使加、卸载荷自动进行。

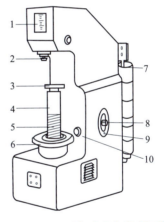

图 13-5 HB-3000 型布氏硬度试验机外形结构

1—指示灯；2—压头；3—工作台；4—立柱；
5—丝杠；6—手轮；7—载荷砝码；8—压紧螺钉；
9—时间定位器；10—加载按钮

（4）试验过程

1）操作前的准备工作：

① 根据表 1-1 和表 1-2 选择合适压头，将压头擦拭干净，并装入主轴衬套中。

② 根据表 1-1 和表 1-2 选定试验力，并加上相应的砝码。

③ 安装工作台。当试样高度<120 mm 时，应将立柱安装在升降螺杆上，然后安装好工作台进行试验。

④ 根据表 1-1 确定持续时间 T，然后将压紧螺钉拧松，把圆盘上的时间定位器（红色指示点）转到与持续时间相符的位置上。

⑤ 接通电源，打开指示灯，证明通电正常。

2) 操作过程

① 将试样放在工作台上,顺时针方向旋转手轮,工作台上升,使压头压向试样表面,直到手轮与下面螺母产生相对滑动为止。

② 按动加载按钮,启动电动机,即开始加载荷。此时因压紧螺钉已拧松,故圆盘并不转动,当红色指示灯闪亮时,迅速拧紧压紧螺钉,使圆盘转动。达到所要求的持续时间后,转动自动停止。

③ 逆时针方向旋转手轮,使工作台降下。取下试样用读数显微镜测量压痕直径 d 值,并查表确定硬度 HBW 数值。

(5) 注意事项

1) 安装砝码时,一定将吊杆的本身质量 187.5 kg 加进去。

2) 试样厚度应不小于压痕直径的 10 倍。试验后,试样背面及边缘呈显变形痕迹时,则试验无效。

3) 压痕直径 d 应 $0.24D<d<0.6D$,否则无效。

4) 压痕中心至试样边缘应大于 D,两压痕中心大于 $2D$。

5) 试样表面必须平整光洁无氧化皮,以使压痕边缘清晰,保证精确测量压痕直径 d。

6) 用显微镜测量压痕直径 d 时,应从相互垂直的两个方向上读取,取其平均值。

3. 洛氏硬度试验

(1) 洛氏硬度试验的基本原理

洛氏硬度同布氏硬度一样也属于压入硬度法,但它不是测定压痕面积,而是根据压痕深度来确定硬度值指标。其试验原理如图 13-6 所示。

洛氏硬度试验所用压头有两种:一种是顶角为 120°的金刚石圆锥,另一种是直径为 1/16″(1.588 mm)的淬火钢球。根据金属材料软硬程度不一,可选用不同的

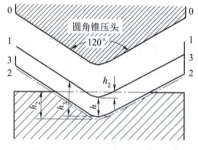

图 13-6 洛氏硬度试验原理图

压头和载荷配合使用,最常用的是 HRA、HRB 和 HRC。这三种洛氏硬度的压头、载荷及使用范围列于表 13-2。

表 13-2 常见洛氏硬度的试验规范及使用范围

标尺所用符号/压头	总载荷/kgf	表盘上刻度颜色	测量范围	应用范围
HRA 金刚石圆锥	60	黑色	20~88HRA	碳化物、硬质合金、淬火工具钢、浅层表面硬化层
HRB 1/16″钢球	100	红色	20~100HRB	软钢(退火态、低碳钢正火态)、铝合金
HRC 金刚石圆锥	150	黑色	20~70 HRC	淬火钢、调质钢、深层表面硬化层

注:金刚石圆锥的顶角为 120°+30′,顶角圆弧半径为 0.21 mm±0.01 mm;初始载荷均为 10 kg。

洛氏硬度测定时,需要先后两次施加载荷(初始载荷及主载荷),预加载荷的目的是使压头与试样表面接触良好,以保证测量结果准确。

（2）试样选取

取淬火态 20 钢、45 钢、T8 试样各一个，用洛氏硬度计测量硬度值，将数据填入表 13-3 中。

表 13-3 洛氏硬度试验结果（淬火态）

材料	20 钢				45 钢				T8			
	1	2	3	平均	1	2	3	平均	1	2	3	平均
HRC												
换算成 HBW	/				/				/			

（3）洛氏硬度试验机的结构

H-100 型杠杆式洛氏硬度试验机的结构如图 13-7 所示，其主要部分及作用如下：

机体及工作台：试验机有坚固的铸铁机体，在机体前面安装有不同形状的工作台，通过手轮的转动，借助螺杆的上下移动而使工作台上升或下降。

加载机构：由加载杠杆（横杆）及挂重架（纵杆）等组成，通过杠杆系统将载荷传至压头而压入试样，借扇形齿轮的转动可完成加载和卸载任务。

千分表指示盘：通过刻度盘指示各种不同的硬度值，如图 13-8 所示。

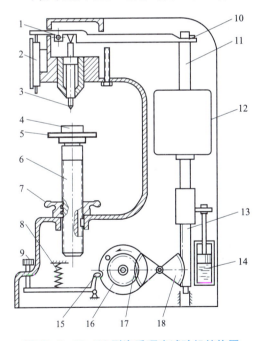

图 13-7 H-100 型洛氏硬度试验机结构图

1—支点；2—指示器；3—压头；4—试样；5—试样台；
6—螺杆；7—手轮；8—弹簧；9—按钮；10—杠杆；
11—纵杆；12—重锤；13—齿轮；14—油压缓冲器；
15—插销；16—转盘；17—小齿轮；18—扇齿轮

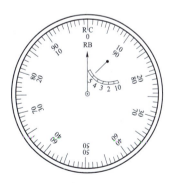

图 13-8 洛氏硬度指示盘

（4）试验过程

1）根据试样预期硬度按表 13-2 确定压头和载荷，并装入试样机。

2）将试样置于工作台上，顺时针旋转手轮，使试样与压头缓慢接触，直到表盘小指针指在"3"或"小红点"处,此时即已预加载荷 10 kgf。然后将表盘大指针调整至零点(HRA、HRC 零点为 0,HRB 零点为 30),稍差一些可转动读数盘调整对准。

3)向前拉动右侧下方水平方向的手柄,以施加主载荷。

4)当指示器指针停稳后,将右后方弧形手柄向后推,卸除主载荷。

5)读数。采用金刚石压头(HRA、HRC)时读外圈黑字,采用钢球压头(HRB)时读内圈红字。

6)逆时针旋转手轮,使工作台下降,取下试样,测试完毕。

(5)注意事项

1)试样表面需平整光洁,不得带有油、氧化皮、裂缝、凹坑等。可用细砂轮或砂纸将工件表面磨平,磨制过程中工件表面温度不得超过 150 ℃。

2)根据工件的大小与形状选择适当的工作台,以保证试件能平稳的安放在工作台上,并使被测表面与压头保持垂直。

3)根据被测金属材料的硬度高低,按表 13-2 选择压头、载荷。

4)试样厚度应不小于压痕深度的 10 倍。两相邻压痕中心距离及压痕中心至试样边缘的距离不应小于 3 mm。

5)加载时力的作用线必须垂直于试样表面。

(6)试验报告要求

(1)试验目的。

(2)简述布氏硬度和洛氏硬度试验原理。

(3)简述布氏、洛氏硬度试验机的结构、操作步骤及注意事项。

(4)将各试样的硬度测量结果填入表 13-1 和表 13-3 中。

4. 夏比冲击试验

在实际工程机械中,有许多构件常受到冲击载荷的作用,机器设计中应力求避免冲击波负荷,但由于结构或运行的特点,冲击负荷难以完全避免,例如内燃机膨胀冲程中气体爆炸推动活塞和连杆,使活塞和连杆之间发生冲击,火车开车、停车时,车辆之间的挂钩也产生冲击,在一些工具机中,却利用冲击负荷实现静负荷难以达到的效果,例如锻锤、冲击、凿岩机等,为了了解材料在冲击载荷下的性能,必须做冲击试验。

(1)试验目的

1)了解冲击试验的意义,材料在冲击载荷作用下所表现的性能。

2)测定低碳钢和铸铁的冲击吸收能量 K。

(2)试验设备和仪器

摆锤式冲击试验机和游标卡尺等。

(3)基本原理

1)冲击试验是研究材料对于动荷抗力的一种试验,和静载荷作用不同,由于加载速度快,使材料内的应力骤然提高,变形速度影响了材料的结构性质,所以材料对动载荷作用表现出另一种反应。往往在静荷下具有很好塑性性能的材料,在冲击载荷下会呈现出脆性的性质。

2)此外在金属材料的冲击试验中,还可以揭示了静载荷时,不易发现的某结构特点和工作条件对机械性能的影响（如应力集中，材料内部缺陷，化学成分和加荷时温度，受力状态以及热处理情况等），因此它在工艺分析比较和科学研究中都具有一定的意义。

（4）冲击试样

工程上常用金属材料的冲击试样一般为带缺口槽的矩形试件，做成制品的目的是便于揭露各因素对材料在高速变形时的冲击抗力的影响，并了解试件的破坏方式是塑性滑移还是脆性断裂。但缺口形状和试件尺寸对材料的冲击吸收能量 K 值的影响极大，要保证试验结果能进行比较，试样必须严格按照国家标准制作。故测定 K 值的冲击试验实质上是一种比较性试验，其冲击试样形状如图 13-9 所示。

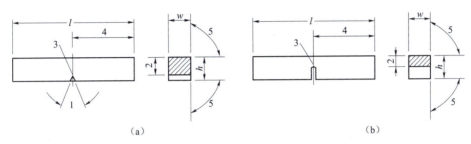

图 13-9　夏比冲击试样

(a) V 形缺口；(b) U 形缺口

图 13-9 中 l、h、w 和数字 1～5 的尺寸见表 13-4。

表 13-4　夏比冲击试样的尺寸与偏差

名称	符号及序号	V 形缺口试样		U 形缺口试样	
		公称尺寸	机加工偏差	公称尺寸	机加工偏差
长度	l	55 mm	±0.60 mm	55 mm	±0.60 mm
高度[a]	h	10 mm	±0.075 mm	10 mm	±0.11 mm
宽度[a]	w				
——标准试样		10 mm	±0.11 mm	10 mm	±0.11 mm
——小试样		7.5 mm	±0.11 mm	7.5 mm	±0.11 mm
——小试样		5 mm	±0.06 mm	5 mm	±0.06 mm
——小试样		2.5 mm	±0.04 mm	—	—
缺口角度	1	45°	±2°	—	—
缺口底部高度	2	8 mm	±0.075 mm	8 mm[b]	±0.09 mm
				5 mm[b]	±0.09 mm
缺口根部半径	3	0.25 mm	±0.025 mm	1 mm	±0.07 mm
缺口对称面-端部距离[a]	4	27.5 mm	±0.42 mm[c]	27.5 mm	±0.42 mm[c]
缺口对称面-试样纵轴角度[a]	—	90°[a]	±2°[a]	90°[a]	±2°[a]
试样纵向面间夹角	5	90°[a]	±2°[a]	90°[a]	±2°[a]
[a] 除端部外，试样表面粗糙度应优于 Ra 5 μm。					
[b] 如规定其他高度，应规定相应偏差。					
[c] 对自动定位试样的试验机，建议偏差用 ±0.165 mm 代替 ±0.42 mm。					

(5) 试验方法与步骤

1) 测量试样尺寸,要测量缺口处的试样尺寸。

2) 首先了解摆锤冲击试验机的构造原理和操作方法,掌握冲击试验机的操作规程,一定要注意安全。

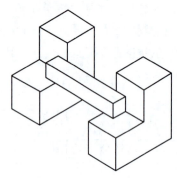

图 13-10 试样的放置

3) 将冲击试验机指针调到"零点",根据试样材料估计所需破坏能量,先空打一次,测定机件间的摩擦消耗能量。

4) 将试样装在冲击试验机上,使没有缺口的面朝向摆锤冲击的一边,缺口的位置应在两支座中间,要使缺口和摆锤冲刃对准,如图 13-10 所示。将摆锤举起同空打时的位置,打开锁杆,使摆锤落下,冲断试样,然后制动,读出试样冲断时消耗的能量,即冲击吸收能量 K。

(6) 注意事项

在试验过程中要特别注意安全,绝对禁止把摆锤举高后安放试样,当摆锤举高后,人就离开摆锤摆动的范围,在放下摆锤之前,应先检查一下有没有人还未离开,以免发生危险。

(7) 讨论题

1) 低碳钢和铸铁在冲击作用下所呈现的性能是怎样的?

2) 材料冲击试验在工程实际中的作用如何?

第二节 铁碳合金

综合性训练与实验目的:

1) 加深学生对成分与性能、结构与性能、组织与性能等关系的理解。

2) 熟练地应用 $Fe-Fe_3C$ 相图分析铁碳合金的结构、组织、状态和性能的变化规律。

3) 掌握选择碳钢的方法。

一、综合性训练提纲

1. 成分与性能

1) 通过炼钢工艺把生铁转变为钢。比较炼钢生铁与钢的成分、性能及应用。

2) 通过脱氧过程把富有 FeO 的钢脱氧成为镇静钢。比较镇静钢与沸腾钢的成分、性能及应用。

3) 通过不同炼钢工艺能炼成碳素结构钢、优质碳素结构钢和高级优质碳素结构钢。比较上述钢中硫、磷等有害杂质的含量及其对钢性能和应用的影响。

4) 通过炼钢工艺中对钢含锰量的控制,能炼成不同含锰量的优质碳素结构钢。比较其成分、性能及应用。

5) 通过炼钢工艺中对钢含碳量的控制,能炼成结构钢和工具钢。比较碳素结构钢与碳素工具钢的成分、性能及应用。

2. 结构与性能

1) 铁在 912 ℃ 以上具有面心立方晶格结构，铝、铜在常温下也具有面心立方晶格结构，分析铝、铜、912 ℃ 以上的铁等金属塑性较好的主要原因是什么。

2) 钢在高温时具有奥氏体的相结构，而在室温时为铁素体和渗碳体的相结构。分析锻造加工时加热工件进行锻造的原因。

3) 比较奥氏体、铁素体和渗碳体的结构、性能及应用。

4) 晶体中原子排列不规则的区域称为晶体缺陷。点缺陷、线缺陷和面缺陷都可以看成是晶体中具有的畸变结构区域。分析不同类型的畸变结构与强化金属材料的基本途径之间的关系。

3. 组织与性能

1) 生产中常采用增加过冷度、变质处理和附加振动等措施获得细晶组织，分析细晶强化的原因。

2) 共晶成分的合金具有特别细小均匀的共晶体组织。试解释生产中常采用 T7、T8 钢材料和接近共晶成分灰铸铁材料的道理。

3) 当钢中硫的含量较高时，FeS 与铁形成低熔点共晶体，分布在奥氏体晶界上。因此，钢具有热脆性。钢的室温组织中出现网状二次渗碳体，对钢的力学性能和形变加工性能为什么会产生不良影响？

4) 高碳钢具有网状二次渗碳体及层片状珠光体组织时，会因硬度太高而难以切削加工。生产中常采用各种工艺方法来消除二次渗碳体，使渗碳体层片球状化。这样处理后的组织为什么具有较好的切削性能？

4. 碳钢材料分析

通常大量使用的钢铁材料有碳素结构钢、优质碳素结构钢、碳素工具钢和铸造碳钢。选用碳钢材料的主要依据是其成分和性能。分析各种碳钢材料的成分、性能及用途。

二、小结

1) 根据金属的成分、结构和组织来判断其性能，是分析金属性能的基本方法。
2) $Fe-Fe_3C$ 相图是铁碳合金理论的核心。
3) 碳素结构钢、优质碳素结构钢、碳素工具钢和铸造碳钢是最常用的机械工程材料。

三、铁碳合金平衡组织观察实验

1. 实验目的

1) 研究和了解铁碳合金（碳钢及白口铸铁）在平衡状态下的显微组织。
2) 分析成分（含碳量）对铁碳合金显微组织的影响，从而加深理解成分、组织与性能之间的相互关系。

2. 概述

铁碳合金的显微组织是研究和分析钢铁材料性能的基础，所谓平衡状态的显微组织是指合金在极为缓慢的冷却条件下（如退火状态，即接近平衡状态）所得到的组织。我们可根据 $Fe-Fe_3C$ 相图来分析铁碳合金在平衡状态下的显微组织。

铁碳合金的平衡组织主要是指碳钢和白口铸铁组织，其中碳钢是工业上应用最广的金属材料，它们的性能与其显微组织密切有关。此外，对碳钢与白口铸铁显微组织的观察和分析，有助于加深对 Fe-Fe$_3$C 相图的理解。

从相图上可以看出，所有碳钢和白口铸铁的室温组织均由铁素体（F）和渗碳体（Fe$_3$C）这两个基本相所组成。但是由于含碳量不同，铁素体和渗碳体的相对数量、析出条件以及分布情况均有所不同，因而会呈现各种不同的组织形态。各种不同成分的铁碳合金在室温下的显微组织见表 13-5。

表 13-5　各种铁碳合金在室温下的显微组织

类型		含碳量/%	显微组织	浸蚀剂
工业纯铁		<0.02	铁素体	4%硝酸酒精溶液
碳钢	亚共析钢	0.02～0.8	铁素体+珠光体	4%硝酸酒精溶液
	共析钢	0.8	珠光体	4%硝酸酒精溶液
	过共析钢	0.8～2.06	珠光体+二次渗碳体	苦味酸钠溶液，渗碳体呈黑色或棕红色
白口铸铁	亚共晶白口铸铁	2.06～4.3	珠光体+二次渗碳体+莱氏体	4%硝酸酒精溶液
	共晶白口铸铁	4.3	莱氏体	4%硝酸酒精溶液
	过共晶白口铸铁	4.3～6.67	莱氏体+一次渗碳体	4%硝酸酒精溶液

用浸蚀剂显露的碳钢和白口铸铁，在金相显微镜下具有下面几种基本组织组成物。

（1）铁素体（F）

铁素体是碳在 α-Fe 中的固溶体。铁素体为体心立方晶格，具有磁性和良好的塑性，硬度较低。用 3%～4%硝酸酒精溶液浸蚀后，在显微镜下呈现明亮的等轴晶粒；亚共析钢中铁素体呈块状分布；当含碳量接近于共析成分时，铁素体则呈断续的网状分布于珠光体周围。

（2）渗碳体（Fe$_3$C）

渗碳体是铁和碳形成的一种化合物，其中碳含量为 6.67%，质硬而脆，耐腐蚀性强，经 3%～4%硝酸酒精溶液浸蚀后，渗碳体成亮白色，若用苦味酸钠溶液浸蚀，则渗碳体能被染成暗黑色或棕红色，而铁素体仍为白色，由此可以区别铁素体和渗碳体。按照成分和形成条件的不同，渗碳体可以呈现不同的状态：一次渗碳体（初生相）是直接由液体中析出的，故在白口铸铁中呈粗大的条片状；二次渗碳体（次生相）是从奥氏体中析出的，往往成网络状沿奥氏体晶界分布；三次渗碳体是由铁素体析出的，通常呈不连续薄片状存在于铁素体晶界处，数量极微，可忽略不计。

（3）珠光体（P）

珠光体是铁素体和渗碳体的机械混合物，在一般退火处理情况下是由铁素体与渗碳体相互混合交替排列形成的层片状组织。经硝酸酒精溶液浸蚀后，在不同放大倍数的显微镜下可以看到具有不同特征的珠光体组织（图 13-11）。在高倍放大时能清楚地看到珠光体中平行相间的宽条铁素体和细条渗碳体；当放大倍数较低时，由于显微镜的鉴别能力小于渗碳体片层厚度，这时珠光体中的渗碳体就只能看到是一条黑线，当组织较细而放大倍数较低时，珠光体的片层就不能分辨,而呈黑色。

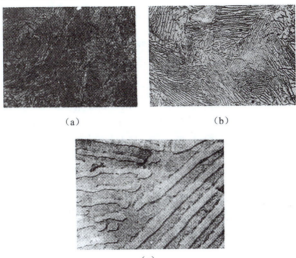

图 13-11 不同放大倍数下的珠光体显微组织

(a) 500×;(b) 1 500×;(c) 7 000×

高碳工具钢（过共析钢）经球化退火处理后还可获得球状珠光体。

上述各类组织组成物的机械性能见表 13-6。

表 13-6 各类组织组成物的机械性能

性能 组成物	硬度/HBW	抗拉强度 R_m/（N·mm^{-2}）	断面收缩率 Z/%	断后伸长率 A/%
铁素体	60～90	120～230	60～75	40～50
渗碳体	750～820	30～35	—	—
片状珠光体	190～230	860～900	10～15	9～12
球状珠光体	160～190	850～750	18～25	18～25

（4）莱氏体（L_d'）

莱氏体是指在室温时珠光体及二次渗碳体和渗碳体所组成的机械混合物。含碳量为 4.3% 的共晶白口铸铁在 1 146 ℃时形成由奥氏体和渗碳体组成的共晶体,其中奥氏体冷却时析出二次渗碳体,并在 723 ℃以下分解为珠光体。莱氏体的显微组织特征是在亮白色的渗碳体基底上相间地分布着暗黑色斑点及细条状的珠光体。二次渗碳体和共晶渗碳体连在一起,从形态上难以区分。

根据组织特点及碳含量的不同,铁碳合金可分为工业纯铁、钢和铸铁三大类。

3. 工业纯铁

纯铁在室温下具有单相铁素体组织。含碳量<0.02% 的铁碳合金通常称为工业纯铁,它为两相组织,即由铁素体和少量三次渗碳体组成。图 13-12 所示为工业纯铁的显微组织,其黑色线条是铁素体的晶界,而亮白色基底则是铁素体的不规则等轴晶粒,在某些晶界可处以看到不连续的薄片状三次渗碳体。

图 13-12 工业纯铁显微组织（100×）

浸蚀剂：4%硝酸酒精溶液

4. 钢

（1）亚共析钢

亚共析钢的含碳量为 0.02%~0.8%，其组织由铁素体和珠光体所组成。随着含碳量的增加，铁素体的数量逐渐减少，而珠光体的数量则相应地增多，两者的相对量可由杠杆定律求得。例如，含碳量为 0.45% 的钢（45 钢）珠光体的相对量为 $P(\%)=\dfrac{0.45}{0.8}\times100\%=56\%$，铁素体的相对量为 $F(\%)=\dfrac{0.8-0.45}{0.8}\times100\%=44\%$。

另外，也可通过直接在显微镜下观察珠光体和铁素体各自所占面积的百分数近似地计算出钢的碳含量，即碳含量 ≈ $P\times0.8\%$，其中 P 为珠光体所占面积百分数。例如，在显微镜下观察到此钢有 50% 的面积为珠光体，50% 的面积为铁素体，则其含碳量 $C\%=\dfrac{50\times0.8}{100}=0.4\%$（室温下铁素体含碳量极微，约为 0.008%，可忽略不计），即相当于 40 钢。

图 13-13 所示为亚共析钢（20 钢和 45 钢）的显微组织，其中亮白色为铁素体，黑色为珠光体。

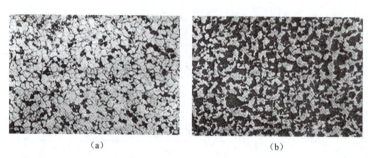

（a） （b）

图 13-13 亚共析钢显微组织

（a）20 钢（100×）浸蚀剂：4%硝酸酒精溶液；（b）45 钢（100×）浸蚀剂：4%硝酸酒精溶液

（2）共析钢

含碳量为 0.8% 的碳钢称为共析钢，它由单一的珠光体组成，组织如第三章图 3-5 所示。

（3）过共析钢

含碳量超过 0.8% 的碳钢称为过共析钢，它在室温下的组织由珠光体和二次渗碳体组成。钢中含碳量越多，二次渗碳体数量就越多。

图 13-14 表示含碳量为 1.2% 的过共析钢的显微组织。组织形态为层片相间的珠光体和细小的网络状渗碳体，经硝酸酒精溶液浸蚀后珠光体呈暗黑色，而二次渗碳体呈白色细网状，如图 13-14（a）所示；若采用苦味酸钠溶液浸蚀，渗碳体就会被染成黑色，而铁素体仍保留白色，如图 13-14（b）所示。

5. 实验方法指导

（1）实验内容及要求

1）在本实验中，学生应根据铁碳合金相图分析各类成分合金的组织形成过程，通过对

 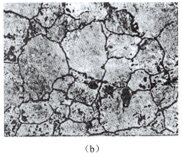

图 13-14 过共析钢（T12）显微组织（400×）

(a) 浸蚀剂：4%硝酸酒精溶液；(b) 浸蚀剂：碱性苦味酸钠溶液

铁碳合金平衡组织的观察和分析，熟悉钢和铸铁的金相组织和形态特征，以进一步建立成分与组织之间相互关系的概念。

2）实验前学生应复习课程相关内容，并阅读实验指导书，为实验做好理论方面的准备。

3）在显微镜下对各种试样进行观察和分析，并确定其所属类型。

4）绘出所观察到的显微组织图。

5）根据显微组织近似地确定亚共析钢（20钢或45钢）中的平均含碳量。

（2）实验设备及材料

金相显微镜、金相图谱及各种铁碳合金的显微样品。

（3）注意事项

1）在观察显微组织时，可先用显微镜低倍全面地进行观察，找出典型组织，然后再用高倍对部分地区进行详细的观察。

2）在移动金相试样时，不得用手指触摸试样表面或将试样重叠起来，以免引起显微组织模糊不清，影响观察。

3）画组织图时应抓住组织形态的特点，画出典型区域的组织，注意不要将磨痕或杂质画在图上。

（4）实验报告要求

1）绘制观察试样的组织示意图，指出试样组织的特征。

2）根据观察钢组织中铁素体块与珠光体块的面积比，判断钢的含碳量。

3）根据所观察的组织组成判断合金的性能。

第三节 钢的热处理

综合训练与实验目的：

1）加深学生对钢组织转变理论的理解。

2）具有选择常规热处理工艺的能力。

3）理解零件结构工艺性的概念。

一、综合性训练提纲

1. 钢的组织转变

钢的组织转变与铁的同素异晶转变密切相关；钢的组织转变温度与钢中碳含量密切相关。

（1）钢在加热时的转变

1）液态钢的结晶与固态钢的过冷相变、过热相变是否遵循一般结晶规律（如形核、晶核长大等）？

2）过冷奥氏体和过热的珠光体+铁素体、珠光体等都是不稳定的组织，具有向稳定组织自发转变的趋势。过冷度和过热度的本质是否相同？分析铁碳合金双重相图。

3）一般来说，钢加热的目的在于获得均匀一致的奥氏体组织，钢加热和保温的质量由奥氏体晶粒度来评定。钢的加热和保温质量与钢的使用状态成什么关系？

4）影响奥氏体晶粒度的本质因素是钢的晶粒长大的倾向、奥氏体的含碳量、奥氏体晶界上的残余渗碳体及钢的原始组织。影响奥氏体晶粒度的工艺因素是加热温度、加热速度和保温时间。分析影响奥氏体晶粒度的因素。

（2）钢在冷却时的转变

1）实际生产中的冷却方式、冷却速度对过冷奥氏体转变产物及组织性能会产生怎样的影响？

2）过冷奥氏体高温扩散型转变形成哪种类型组织？低温非扩散型转变形成哪种类型组织？中温半扩散型转变形成哪种类型组织？

3）珠光体的形态与过冷度有何关系？贝氏体的形态与碳原子的扩散能力有何关系？马氏体的形态与过冷奥氏体的含碳量有何关系？

4）影响 C 曲线形状的因素主要是钢中的含碳量。影响 C 曲线位置的因素主要是溶入奥氏体中的碳的量和未溶入奥氏体的渗碳体的量，试分析其原因。

5）过冷奥氏体的连续冷却转变图呈半个 C 曲线，并且相对等温转变滞后（偏右下方），为什么？

6）马氏体是过饱和的 α-Fe 的固溶体，具有体心立方晶格，密度较小。马氏体的晶格结构特点与淬火应力有何关系？

2. 工艺与性能

采用不同的热处理工艺可以使同一种钢获得不同的力学性能。

（1）正火与退火

1）正火是将钢加热到适当温度，保温一定时间，然后在空气中冷却的热处理工艺。其目的在于获得正常使用零件的组织性能或为进一步热处理（或加工）做组织准备。说明正火工艺对改善钢的工艺性能和使用性能的意义。

2）退火是将钢加热到适当温度，保温一定时间，然后缓慢冷却的热处理工艺。说明退火可以改善钢的加工工艺性能的原因。

（2）淬火与回火

1）淬火是将钢加热使之完全或不完全奥氏体化，然后再快速冷却实现马氏体转变的热处理工艺。淬火是最经济有效地强化钢铁材料的手段。试分析只用淬火能否改善钢的使用性能。

2）回火是调整钢的淬火状态的热处理工艺。经低温回火、中温回火和高温回火后可以分别使哪类零件获得使用性能？一般情况下，淬火钢为什么必须回火才能投入使用？

3）比较各种淬火方法的特点和应用。

4）什么是淬透性？什么是淬硬性？两者之间有无关系？

5）一般来说，碳钢与合金钢相比，哪一类钢的淬透性好？为什么？提高钢的淬透性的主要措施有哪些？

（3）表面热处理与化学热处理

1）感应加热表面淬火为什么能使中碳钢工件表面获得高硬度、高耐磨性？哪类零件常采用感应加热表面淬火工艺？这类零件的整体力学性能是采用哪种热处理工艺来保证的？

2）表面渗碳淬火为什么适用于低碳钢工件表面获得高硬度、高耐磨性？哪类零件常采用表面渗碳淬火工艺？这类零件的整体力学性能有何特点？是如何保证的？

3. 常用碳钢的热处理工艺

1）碳素结构钢在供应状态下使用，为什么？

2）优质碳素结构钢中的压力加工用钢和切削加工用钢有什么主要区别？切削加工用钢在切削加工过程中为什么常进行热处理？

3）碳素工具钢为何通常以退火状态供应？其使用性能应如何保证？

4）一般工程用铸造碳钢件在什么情况下采用退火、正火工艺？在什么情况下采用淬火和回火工艺？

4. 零件结构的热处理工艺性

1）零件结构应符合使用、工艺两方面的要求。工艺对结构的要求主要指什么？

2）说明忽视热处理工艺对零件结构的要求将造成什么样的后果？

二、小结

1）利用钢的组织转变规律可以使同一种材料获得不同的使用状态。

2）钢的 C 曲线是钢热处理理论的核心。

3）钢材基本上都是经热处理后投入使用的。

4）零件结构设计必须考虑工艺的要求。

三、钢的热处理实验

1. 实验目的

1）掌握碳钢的常用热处理工艺及其应用。

2）研究冷却条件与钢性能的关系。

3）分析淬火及回火温度对钢性能的影响。

4）培养学生独立分析问题和解决问题的能力。

2. 钢的热处理原理

钢的热处理就是利用钢在固态范围内的加热、保温和冷却，以改变其内部组织，从而获得所需要的物理、化学、机械和工艺性能的一种操作。一般热处理的基本操作有退火、正火、淬火和回火等。

进行热处理时，加热温度、保温时间和冷却方式是最重要的三个基本工艺因素。正确选择这三者的规范，是热处理成功的基本保证。

（1）加热温度的选择

1）退火加热温度。一般亚共析钢加热至 $A_{c3}+(20\sim30)$℃（完全退火）；共析钢和过共析钢加热至 $A_{c1}+(20\sim30)$℃（球化退火），目的是得到球状渗碳体、降低硬度、改善高碳钢的切削性能。

2）正火加热温度。一般亚共析钢加热至 $A_{c3}+(30\sim50)$℃；过共析钢加热至 $A_{ccm}+(30\sim50)$℃，即加热到奥氏体单相区。退火和正火的加热温度范围选择如图13-15所示。

3）淬火加热温度。一般亚共析钢加热至 $A_{c3}+(30\sim50)$℃；共析钢和过共析钢加热至 $A_{c1}+(30\sim50)$℃，如图13-16所示。

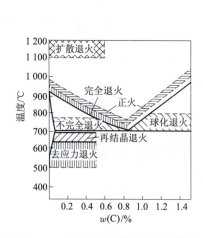

图13-15 退火和正火的加热温度范围

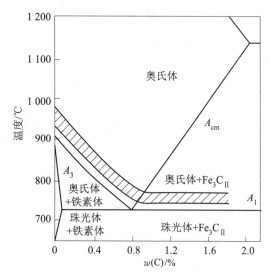

图13-16 淬火的加热温度范围

钢的成分、原始组织及加热速度等皆会影响到临界点 A_{c1}、A_{c3} 及 A_{ccm} 的位置。在各种热处理手册或材料手册中，都可以查到各种钢的热处理温度。热处理时不能任意提高加热温度，因为加热温度过高时，晶粒容易长大，氧化、脱碳和变形等都会变得比较严重。各种常用钢的工艺规范见表13-7。

表13-7 常用钢的工艺规范

钢号	临界点/℃			退火		正火		淬火	
	A_{c1}	A_{c3}	A_{ccm}	加热温度/℃	冷却方式	加热温度/℃	冷却方式	加热温度/℃	冷却方式
35	724	802		850～880	炉冷	850～890	空冷	850～890	水或盐水
45	724	780		820～840	炉冷	830～880	空冷	820～850	水或盐水
T7～T12				750～770	炉冷		空冷	780～800	水或油
T8A	730	730		740～760	炉冷	760～780	空冷	750～780	水、硝盐、碱浴
T10A	730	800	800	750～770	炉冷	800～850	空冷	760～790	水、硝盐、碱浴
T12A	730	820	820	750～770	炉冷	850～870	空冷	760～790	水、硝盐、碱浴

4）回火温度的选择。钢淬火后都要回火，回火温度决定于最终所要求的组织和性能（工厂中常常是根据硬度的要求）。按加热温度高低回火可分为三类：

① 低温回火。在150 ℃～250 ℃的回火称为低温回火，所得组织为回火马氏体，硬度约为60 HRC。其目的是降低淬火应力，减少钢的脆性并保持钢的高硬度。低温回火常用于高碳钢的切削刀具、量具和滚动轴承件。

② 中温回火。在250 ℃～500 ℃的回火称为中温回火，所得组织为回火屈氏体，硬度为40～48 HRC。其目的是获得高的弹性极限，同时有高的韧性，主要用于含碳0.5%～0.8%的弹簧钢热处理。

③ 高温回火。在500 ℃～650 ℃的回火称高温回火，所得组织为回火索氏体，硬度为25～35 HRC。其目的是获得既有一定强度、硬度，又有良好冲击韧性的综合机械性能。所以把淬火后经高温回火的处理称为调质处理，用于中碳结构钢。

（2）保温时间的确定

为了使工件内外各部分温度达到指定温度，并完成组织转变，使碳化物溶解和奥氏体成分均匀化，必须在淬火加热温度下保温一定的时间。通常将工件升温和保温所需时间算在一起，统称为加热时间。

热处理加热时间必须考虑许多因素，例如工件的尺寸和形状，使用的加热设备及装炉量，装炉时炉子温度、钢的成分和原始组织，热处理的要求和目的，等等。

1）退火、正火保温时间。实际工作中多根据经验大致估算加热时间。一般规定，在空气介质中，升到规定温度后的保温时间，对碳钢来说，按工件厚度或直径估算，为1～1.5 min/mm；合金钢按2 min/mm 估算。在盐浴炉中，保温时间则可缩短1～2倍。

2）淬火加热保温时间按下列经验公式估算：

$$t = \alpha \cdot K \cdot H$$

式中，t——保温时间（min）；

α——加热系数（min/mm）（见表13-8）；

K——工件装炉方式修正系数（一般$K=1～1.5$）；

H——工件有效厚度（mm）（尺寸最小部位）。

表13-8 加热系数 α （min·mm^{-1}）

材料	加热温度及炉型	<600 ℃ 箱式炉预热	>750 ℃～900 ℃ 盐浴加热或预热	800 ℃～900 ℃ 箱式或井式炉加热	1 100 ℃～1 300 ℃ 高温盐浴炉加热
碳钢	直径<500 mm		0.3～0.4	1.0～1.2	
	直径>500 mm		0.4～0.45	1.2～1.5	
合金钢	直径<50 mm		0.45～0.5	1.2～1.5	
	直径>50 mm		0.5～0.55	1.5～1.8	
高合金钢		1～1.5	0.35～0.5		0.17～0.25
高速钢			0.3～0.5		0.14～0.25

3）回火时间。回火时间一般从工件入炉后炉温升至回火温度时开始计算。回火时间一般为1～3 h，可参考经验公式加以确定：

$$t = \alpha D + b$$

式中 　t——回火保温时间（min）；
　　　　D——工件有效厚度（mm）；
　　　　b——附加时间，一般为 10～20 min；
　　　　α——加热系数（箱式电炉取 2～2.5 min/mm）。

（3）冷却方法

热处理时的冷却方式要适当，才能获得所要求的组织和性能。

退火一般采用随炉冷却。

正火（常化）采用空气冷却，大件可采用吹风冷却。

淬火冷却方法非常重要，一方面冷却速度要大于临界冷却速度，以保证全部得到马氏体组织；另一方面冷却应尽量缓慢，以减少内应力，避免变形和开裂。为了解决上述矛盾，可以采用不同的冷却介质和方法，使淬火工件在奥氏体最不稳定的温度范围内（550 ℃～650 ℃）快冷，超过临界冷却速度，而在 M_s（100 ℃～300 ℃）点以下温度时冷却较慢，理想的冷却速度如图 13-17 所示。

常用淬火方法有单液淬火、双液淬火（先水冷后油冷）、分级淬火和等温淬火，如图 13-18 所示。表 13-9 中列出了几种常用淬火介质的冷却能力。

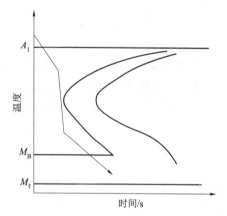

图 13-17　淬火时的理想冷却曲线示意图

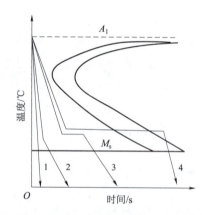

图 13-18　各种淬火冷却曲线示意图

表 13-9　几种常用淬火剂的冷却能力

冷却介质	冷却速度/（℃·s^{-1}）		冷却介质	冷却速度/（℃·s^{-1}）	
	650 ℃～550 ℃	300 ℃～200 ℃		650 ℃～550 ℃	300 ℃～200 ℃
水（18 ℃）	600	270	10% NaCl 水溶液	1 100	300
水（26 ℃）	500	270	10% NaOH 水溶液	1 200	300
水（50 ℃）	100	270	10% Na$_2$CO$_3$ 水溶液	800	270
水（74 ℃）	30	200	10% Na$_2$SO$_4$ 水溶液	750	300
肥皂水	30	200	矿物油	150	30
10% 油水乳化液	70	200	变压器油	120	25

3. 确定热处理工艺方案

（1）热处理工艺的组成

1）主要工序，指对工件性能起决定性作用的热处理工序，如退火、正火、淬火和回火等。

根据所起作用还可分为预备热处理、最终热处理和补充热处理。

2）辅助工序，指配合主要工序进一步提高工件性能，并可防止、消除某些缺陷和完成热处理工艺过程中必不可少的工序，如清洗、校直、喷丸等。

3）检验工序，指检验工件热处理质量的工序，如硬度检验、力学性能检验、变形及裂纹检验等。

（2）热处理工艺路线

工件在热处理过程中，经常由几个热处理工序组成整个加工过程，它们按照一定顺序合理排列，使工件获得所要求的各项性能，如渗碳—淬火—低温回火。

（3）热处理工艺方案

1）选择最终热处理。根据工件材料、性能要求，确定最终热处理。最终热处理必须保证满足工件的性能要求。如表面要求硬化的零件，可以用表面淬火，也可以用渗碳淬火或渗氮工艺，应结合具体情况比较确定。

2）选择预备热处理。根据工艺性能如切削加工性等要求或为最终热处理做好组织准备，以减少热处理变形等要求，选择预备热处理。选择预备热处理时，也要考虑工件的材料，还要注意工件毛坯的生产方法等。

3）选择补充热处理。根据最终热处理的要求和为进一步提高工件的使用性能，选择补充热处理或辅助工序。如轴承件的稳定化处理、高速钢刀具的蒸汽处理和弹簧的喷丸处理等。

（4）热处理工序的安排

1）退火及正火工序的安排。退火和正火处理的主要目的是消除前道工序产生的成分、组织及性能缺陷，为后续工序作准备。所以退火和正火一般作为预备热处理放在加工过程的前段位置。

经铸造、锻造或焊接以后的毛坯件，经常会造成成分不均匀、组织粗大或者由于冷却不当而使硬度偏高，这些将对后续加工及热处理产生不利影响。因此须经退火或正火使之成分均匀、组织细化、硬度得以调整，以改善加工性能及为最终热处理做好组织准备。

退火或正火工序主要是根据工件材料及加工方法来确定的。如工件选用低碳钢或低碳合金钢经铸造或锻造生产的毛坯，加工方法为切削加工，如果用退火处理，则处理后组织中有大量铁素体，硬度太低，切削时有粘刀现象，切削后表面质量差。可使用正火，以减少铁素体量，适当提高硬度，改善切削表面的质量。如工件材料为中碳或中碳低合金钢，用退火或正火皆可，均能获得良好的切削加工性。如工件所用材料为高碳钢或高碳合金钢，用正火处理则硬度较高，但切削时对刀具磨损严重，会降低刀具使用寿命。因此对这类钢应选择退火，最好用球化退火，以获得球状珠光体，从而获得较低硬度及良好的切削性能。

如果后续加工为冷变形加工，需要工件有较高的塑性，故不管何种材料都应选用退火处理，以提高塑性，降低变形抗力。

2）淬火和回火工序的安排。淬火和回火一般决定了工件最后的力学性能，所以常常将其作为最终热处理而安排在工件加工过程中靠后的位置。应根据工件的种类、所用材料及所需要的力学性能确定淬火和回火种类。根据淬火和不同温度的回火，确定其在加工过程中的位置。

淬火后须经低温回火的零件或工具，应安排在加工成型以后，淬火和回火后不需要也不可能再进行切削加工，只能用磨削的方法进行精整加工。

例如，用 GCr15 加工滚动轴承外圈，其加工过程如下：

下料→锻造→球化退火→切削加工→淬火及低温回火→精磨。

用 T12 钢制造锉刀，其加工过程如下：

下料→锻造→球化退火→切削加工→淬火及低温回火。

淬火后进行中温回火是为了使工件获得高强度及高弹性，故也都作为最终热处理工序。如用 60Si2Mn 制作热成型弹簧，其工艺路线如下：

下料→热锻成型→退火→切削加工→淬火及中温回火→喷丸。

最后的喷丸是在弹簧的表面生成压应力，以提高抗疲劳能力，延长寿命。

淬火后高温回火即调质处理，既可作为预备热处理，又可作为最终热处理。调质处理一般适用于中碳钢和中碳合金钢。调质后，其组织为回火索氏体，有较好的综合性能及良好的切削性能。作为预备热处理，调质可以改善切削性能，并为最终处理（如表面淬火）做组织准备。作为最终热处理，则是为了使工件获得综合性能，特别是较好的韧性。故调质处理一般安排在粗加工以后、精加工以前。如 45 钢机床主轴的加工过程如下：

下料→锻造→正火→粗加工→调质处理→精加工。

4. 实验内容

请按下列零件、工具的加工工艺路线，确定预先及最终热处理工艺（退火、正火、淬火、回火、调质等）。

1）机床齿轮（材料为 45 钢）的加工工艺路线：

下料→锻造→预备热处理→机械粗加工→最终热处理→机械精加工。

预备热处理要求硬度≤220 HBW；最终热处理要求硬度 220～250 HBW，并具有良好的综合性能。

2）手工丝锥（材料为 T12 钢）的加工工艺路线：

下料→锻造→预备热处理→粗加工→最终热处理→机械精加工→防锈处理。

预备热处理要求硬度≤220 HBW；最终热处理要求硬度 220～250 HBW，并具有良好的综合性能。

3）汽车半轴（材料为 35CrMo）的加工工艺路线：

下料→锻造→预备热处理→机械粗加工→中间热处理→半精加工、铣花键，最终热处理校正→探伤。

预备热处理要求硬度<220 HBW；中间热处理后硬度≤330 HBW，最终热处理后表面硬度为 48～55 HRC。

4）用 T12 钢制造锉刀的加工工艺路线：

下料→锻造→预备热处理→切削加工→最终热处理。

5）60Si$_2$Mn 制作热成型弹簧的加工工艺路线

下料→热锻成型→预备热处理→切削加工→最终热处理→喷丸。

6）45 钢机床主轴的加工工艺路线：

下料→锻造→预备热处理→粗加工→最终热处理→精加工。

要求具有较好的综合力学性能及好的切削性能。

5. 实验步骤

1）选题，选择某一工艺路线中的预备热处理或最终热处理，并确定热处理方法。

2) 设计热处理工艺，主要设计零件的加热温度、保温时间和冷却方法。
3) 热处理操作，写出实验操作步骤。
4) 硬度测定。
5) 数据分析。

根据实验数据分析实验数据是否达到题目的要求、设计的热处理工艺是否正确和热处理操作是否规范等。

6. 实验报告要求

1) 写出实验目的。
2) 写出实验仪器及材料。
3) 写出实验步骤（包括数据分析）。
4) 谈谈本次实验的心得体会。

第四节　合金钢、铸铁与非铁金属

综合性训练与实验目的：
1) 加深学生对金属材料成分与工艺设计基本理论的理解。
2) 初步具有选择合金钢、铸铁与非铁金属材料的能力。
3) 了解金相观察是分析各种材料组织性能的基本方法。

一、合金钢训练提纲

碳钢的使用性能、工艺性能常常不能满足要求，在碳钢的基础上添加不同的合金元素可以改善钢的性能。

1. 合金元素对钢的影响

1) 钢在常温下具有铁素体与渗碳体的组织，在高温下具有奥氏体组织。分析合金元素对铁素体、渗碳体和奥氏体的主要影响是什么？
2) 合金铁素体的硬度与合金元素的含量有何关系？比较重要的合金元素有哪些？
3) 大多数合金元素（钴除外）溶入奥氏体后，奥氏体的稳定性、钢的 C 曲线的位置、马氏体转变的临界冷却速度等有哪些变化？合金钢为何容易淬透？
4) 合金元素溶入渗碳体会造成什么影响？合金元素使钢的组织产生什么变化？从这一点考虑对钢的工艺性能和使用性能会产生什么影响？
5) 奥氏体钢和铁素体钢与合金元素有什么关系？两种钢的使用性能各有什么特点？
6) 莱氏体钢与合金元素有什么关系？莱氏体钢锻造成型时为何要反复锻打？
7) 合金元素使 S 点左移对钢的组织性能会产生什么影响？

2. 常用合金钢

1) 低合金高强度结构钢主要用于制造大型金属结构件，其钢中低碳加锰的原因何在？
2) 合金渗碳钢主要用于制造汽车齿轮、轴等零件，其钢中低碳加锰、铬的原因何在？
3) 合金调质钢主要用于制造机床齿轮等零件，分析该钢低碳加锰、铬等成分和进行调质处理的原因。

4) 合金弹簧钢主要用于制造各类弹簧，分析该钢中高碳加锰、铬成分和淬火后进行中温回火的原因。

5) 滚动轴承钢主要用于制造滚动轴承等零件，分析该钢高碳加铬成分和淬火后进行低温回火的原因。

6) 量具刃具钢主要用于制造量具、丝锥、板牙等，分析该钢高碳加锰、铬成分和淬火后进行低温回火的原因。量具刃具钢在制造量具时需深冷处理的原因何在？

7) 高速工具钢主要用于制造麻花钻等，分析该钢高碳加钨、铬、钒等成分和淬火后进行三次回火的原因。高速工具钢的组织有什么特点？成型方法有何特点？

8) 不锈钢中的铬、硅、铝等合金元素起什么作用？奥氏体不锈钢为何进行固溶处理？

二、铸铁训练提纲

1. 铸铁的石墨化

1) 灰铸铁应用最广泛。分析白口铸铁、灰口铸铁和麻口铸铁的石墨化程度有何不同。

2) 三种基体灰铸铁的石墨化程度有什么区别？基体对灰铸铁的力学性能有何影响？

3) 影响铸铁石墨化的本质因素和工艺因素有哪些？如何保证薄壁铸铁件的石墨化？如何保证厚壁铸铁件的力学性能？

2. 铸铁件

1) 正常铸造条件下获得何种形态的石墨？说明灰铸铁件的性能及应用。

2) 经球化处理能获得球状石墨的球墨铸铁件，说明其力学性能及应用。

3) 经石墨化退火能获得团絮状石墨的可锻铸铁，说明其力学性能及应用。

三、非铁金属训练提纲

1) 变形铝合金固溶时效强化与钢的淬火强化有无本质区别？

2) 加工铜合金能否固溶时效强化？铜合金的强化途径是什么？

3) 变形铝合金、加工黄铜和加工青铜等为何适于塑性加工？

4) 从相图上看，铸造铝合金和铸造铜合金为什么适于铸造成型？

5) 粉末冶金材料为什么适于制作刀具？

四、小结

1) 从成分方面考虑，在碳钢的基础上添加合金元素，可以强化铁素体相，稳定奥氏体相和渗碳体相，形成特殊碳化物相，形成室温下的单相钢，使共析成分下降，有利于提高钢的力学性能；工艺方面，在投入使用前，必须进行热处理工艺，如渗碳、调质、表面淬火等，来保证材料的组织性能。

2) 提高铸铁性能的途径是通过变质处理、球化退火、石墨化退火处理来改善石墨的形态，从而尽可能发挥其钢基体的潜力。

3) 铝和铜具有面心立方晶格结构，塑性好。单相铝合金、铜合金保留了铝、铜的结构性能，适用于形变加工；结晶温度范围比较窄的铝合金、铜合金适于铸造成型。

4) 粉末冶金工艺是一种崭新的金属材料的冶金工艺，解决了刀具材料的高硬度、高耐磨性和耐热性等问题。

五、合金钢、铸铁与非铁金属的金相组织观察实验

1. 实验目的

1）观察和研究各种不同类型合金材料的显微组织特征。
2）了解这些合金材料的成分、显微组织对性能的影响。

2. 观察下列合金试样的组织

各合金试样的组织见表 13-10。

表 13-10　各合金试样的组织

编号	钢　　号	处理过程	显微组织	腐蚀剂
1	W18Cr4V	铸造	屈氏体+莱氏体	4%硝酸酒精
2	W18Cr4V	退火	碳化物+索氏体	//
3	W18Cr4V	1 280 ℃油淬	马氏体+初生碳化物+A′	//
4	W18Cr4V	1 280 ℃油淬 560 ℃回火	回火马氏体+碳化物	//
5	1Cr18Ni9Ti	1 100 ℃固溶处理	奥氏体（内有孪晶）	王水
6	灰口铸铁（基 P）	铸造	珠光体+片状石墨	4%硝酸酒精
7	可锻铸铁（F 基）	可锻化退火	铁素体+团絮石墨	4%硝酸酒精
8	球墨铸铁（F+P 基）	铸造	牛眼睛	4%硝酸酒精
9	硅铝明（ZL102）	铸造未变质	（Si+α）共晶	0.5HF 水溶液
10	硅铝明（ZL102）	铸造变质	α+（Si+α）	0.5HF 水溶液
11	单相黄铜（H70）	冷加工退火	单相 α（孪晶）	3%$FeCl_3$+10%HC 水溶液
12	两相黄铜（H63）	铸造退火	α+β′	3%$FeCl_3$+10%HC 水溶液
13	锡基巴氏合金 ZChSnSb11—6	铸造	α（黑基体）+β′（方块）+Cu_3Sn 星状	4%硝酸酒精

3. 实验内容讨论

（1）合金钢

合金钢的显微组织比碳钢复杂，在合金钢中存在的基本相有合金铁素体、合金奥氏体、合金碳化物（包括合金渗碳体、特殊碳化物）及金属间化合物等。其中合金铁素体与合金渗碳体及大部分合金碳化物的组织特征与碳钢中的铁素体和渗碳体无明显区别，而金属间化合物的组织形态则随种类不同而各异，合金奥氏体在晶粒内常常存在滑移线和孪晶特征。

1）高速钢。

高速钢是高合金工具钢，具有良好的红硬性，即使工作温度达到 600 ℃时，仍保持高的硬度和切削性能，经常用它来制造各种刀具。这里以典型的 W18Cr4V（简称 18-4-1）钢为例加以分析研究。

W18Cr4V 的化学成分为：0.7%～0.8% C，17.5%～19% W，3.8%～4.4% Cr，1.0%～1.4% V，<0.3% Mo。由于钢中存在大量合金元素（大于 20%），因此除了形成合金铁素体与

合金渗碳体外,还会形成各种合金碳化物(如 Fe_4W_2C、VC 等),这些组织特点决定了高速钢具有优良的切削性能。

① 高速钢的铸态组织:高速钢属莱氏体钢,在一般铸造条件下存在以具有鱼骨状碳化物为特征的共晶莱氏体组织。图 13-19 所示为 W18Cr4V 钢的铸态组织。在显微镜下观察时,除共晶莱氏体外还有部分呈暗黑色的 δ 共析体组织和少量马氏体(呈亮白色部分)。

② 高速钢的退火组织:高速钢铸态组织极不均匀,特别是共晶组织中粗大碳化物的存在,使钢的性能显著降低,因此,高速钢铸造后必须经过锻造、退火,以改善碳化物的分布状况。图 13-20 所示为 W18Cr4V 钢经锻造及退火后的显微组织,组织中呈亮白色的较大块状为一次碳化物,较细小块状为二次碳化物,基体组织是索氏体。

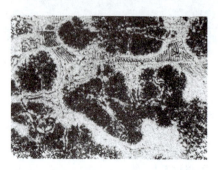

图 13-19　W18Cr4V 钢铸造状态的
显微组织(800×)

浸蚀剂:4%硝酸酒精溶液

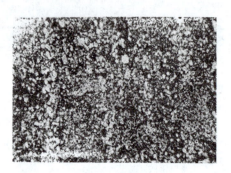

图 13-20　W18Cr4V 钢经锻造及退火后的
显微组织(500×)

浸蚀剂:4%硝酸酒精溶液

③ 高速钢淬火组织:高速钢优良的热硬性及高的耐磨性只有经淬火及回火后才能获得。W18Cr4V 钢通常采用较高的淬火温度(1 270 ℃~1 280 ℃),以保证奥氏体充分合金化,淬火时可在油中或空气中冷却,图 13-21 所示为 W18Cr4V 钢经 1 270 ℃~1 280 ℃淬火后的显微组织,其组织为在马氏体及残余奥氏体的基体上分布有一次碳化物的颗粒。在金相显微镜下观察时,马氏体不易显示。

④ 高速钢回火组织:经淬火后高速钢组织中存在相当数量(30%~40%)的残余奥氏体,需经 560 ℃回火(一般 2~3 次)加以消除。回火时,从马氏体和部分残余奥氏体中析出高度分散的碳化物,降低了残余奥氏体中碳和合金元素的含量,使其稳定性降低,在冷却过程中这些奥氏体就会转变成马氏体。图 13-22 所示为 W18Cr4V 钢经淬火及 560 ℃回火后的显微组织,其中呈白色块状的为合金碳化物(W_2C、V_4C_3),暗黑色基底是回火马氏体和少量残余奥氏体。

2)不锈钢。

不锈钢在大气、海水及化学介质中具有良好的抗腐蚀能力。以 1Cr18Ni9Ti 为例,其成分为:≤0.12% C,17%~19% Cr,8%~11% Ni,0.6%~0.9%Ti。铬在钢中的主要作用是产生钝化作用,提高电极电位而使钢的抗腐蚀性加强。镍的加入在于扩大 γ 区及降低 M_s 点,以保证室温下具有奥氏体组织。

1Cr18Ni9Ti 钢的热处理方法是进行固溶处理(1 050 ℃~1 100 ℃迅速水淬),使其组织上得到全奥氏体组织(内有孪晶),才能使其具有良好的耐腐蚀性能。但若固溶处理的温度

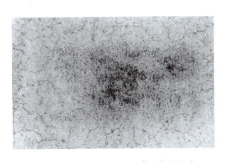

图 13-21　W18Cr4V 钢（500×）
处理状态：1 270 ℃～1 280 ℃淬火
浸蚀剂：4%硝酸酒精溶液

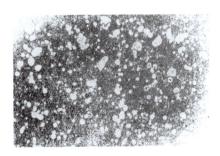

图 13-22　W18Cr4V 钢（500×）
处理状态：淬火及 560 ℃三次回火
浸蚀剂：4%硝酸酒精溶液

较高（450 ℃～850 ℃）时，从奥氏体晶界处又会有碳化铬（$Cr_{23}C_6$）析出，引起晶间腐蚀。为防止晶界腐蚀的产生，钢中的含碳量应降低至 0.06% 以下或是加入少量的钛或铌，经加热到 1 100 ℃～1 150 ℃后水冷，获得全奥氏体组织，才能具有良好的抗腐蚀性能。其组织会呈现出单一奥氏体晶粒，并有明显的孪晶。

（2）铸铁

1）普通灰口铸铁。

普通灰口铸铁中碳全部或部分以自由碳—片状石墨形式存在，断口呈现灰色。其显微组织根据石墨化程度的不同为铁素体或珠光体或铁素体+珠光体基体上分布片状石墨。灰口铸铁的基体在未经腐蚀的试片上呈白亮色，经过硝酸酒精腐蚀后和碳钢一样。在铁素体基体的灰口铸铁中可看到晶界清晰的等轴铁素体晶粒。在珠光体基体的灰口铸铁中，珠光体片的大小随冷却速度而异。

由于石墨的强度和塑性几乎为零，可以把铸铁看成是布满裂纹和空洞的钢，因此，铸铁的抗拉强度与塑性远比钢低。其中，石墨数量越多，尺寸越大，石墨对基体的削弱作用也越大。

2）可锻铸铁。

可锻铸铁又叫马铁或展性铸铁，它是由白口铸铁经退火处理后得到的一种铸铁，其中石墨呈团絮状，大大减弱了可锻铸铁对基体的割裂作用，与普通灰铸铁相比，其具有较高的机械性能，尤其具有较高的塑性和韧性。根据基体不同，可锻铸铁可分为铁素体可锻铸铁及珠光体可锻铸铁，如图 13-23 所示。

3）球墨铸铁。

球墨铸铁是用镁、钙及稀土元素（铈族元素）球化剂进行球化处理，使石墨变为球状的一种铸铁。由于石墨呈球状对基体的削弱作用最小，使球墨铸铁的金属基体强度利用率高达 70%～90%（灰铸铁只达到 30% 左右），因而其机械性能远远优于普通灰铸铁和可锻铸铁。球墨铸铁的基体也有铁素体、珠光体和铁素体+珠光体三种，在后一种基体中球状石墨的周围总是铁素体，其外层才是珠光体，犹如牛眼形状。这是由于共晶转变中形成的石墨是优良的石墨化中心，所以铁素体总是包围着石墨球。目前应用最广泛的球墨铸铁基体主要为前面两种，如图 13-24 所示。

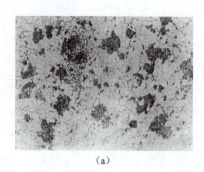

图 13-23　可锻铸铁显微组织

（a）铁素体基体可锻铸铁（100×）　　浸蚀剂：4%硝酸酒精溶液；
（b）珠光体基体可锻铸铁（320×）　　浸蚀剂：4%硝酸酒精溶液

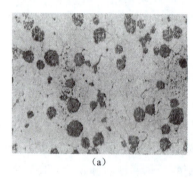
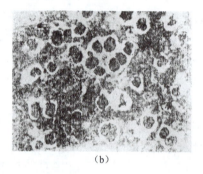

图 13-24　球墨铸铁显微组织

（a）铁素体基体球墨铸铁（100×）　　浸蚀剂：4%硝酸酒精溶液；
（b）铁素体+珠光体基体球墨铸铁（320×）　　浸蚀剂：4%硝酸酒精溶液

（3）有色金属

1）铝合金。

① 铸造铝合金：应用最广泛的铸造铝合金为含有大量硅的铝合金，即所谓的硅铝明。典型的硅铝明牌号为 ZL102。其含硅 11%～13%，成分在共晶成分附近，因而具有优良的铸造性能；其流动性好，铸件致密，不容易产生铸造裂纹。铸造后几乎全部得到共晶组织即灰色的粗大针状的共晶硅，并分布在发亮的铝的 α 固溶体的基体上，如图 13-25（a）所示。这种粗大的针状硅晶体会严重降低合金的塑性。

为提高硅铝明的力学性能，通常进行变质处理，即在浇注前向合金溶液中加入占合金重量 2%～3% 的变质剂（常用 2/3NaF+1/3NaCl），处理后使共晶点从 11.6%Si 右移，故使原来的合金变为了亚共晶组织，其组织为初生 α 固溶体枝晶（亮底）及细的共晶体（α+Si）（黑底），由于共晶中的硅呈细小圆形颗粒，因而使合金的强度与塑性提高，如图 13-25（b）所示。

② 变形铝合金：硬铝 Al—Cu—Mg 是时效合金，是重要的变形铝合金。由于它的强度大、硬度高，故称为硬铝，在国外又称为杜拉铝，近代在机器制造和飞机制造业中得到了广泛应用。在合金中形成了 $CuAl_2$（θ 相）和 $CuMgAl_2$（S 相）。这两个相在加热时均能溶入合金的固溶体内，并在随后的时效热处理过程中通过形成"富集区""过渡相"而使合金达到强化，而后者（S 相）在合金强化过程中的作用更大，因之，常把它称为强化相。

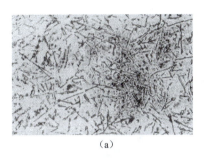
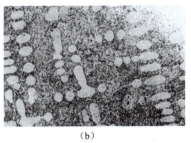

图 13-25 铸造铝合金显微组织

(a) 未经变质处理（100×）　浸蚀剂：0.5%HF 溶液；
(b) 已变质处理（100×）　浸蚀剂：0.5%HF 溶液

硬铝的自然时效组织与淬火组织毫无区别，均由不同方位的固溶体晶粒组成（在光学显微镜下 G、P 区是无法辨认的），只能通过 X 光线结构分析及电子衍射来证实。

2）黄铜。

① α 单相黄铜：含锌在 36% 以下的黄铜属单相 α 固溶体，典型牌号有 H70（即三七黄铜）。铸态组织中 α 固溶体呈树枝状（用氯化铁溶液腐蚀后，枝晶主轴富铜，呈亮色，而枝间富锌呈暗色），经变形和再结晶退火后，其组织为多边形晶粒，有退火变晶。由于各种晶粒方位不同，所以具有不同的颜色。退火处理后的 α 黄铜能承受极大的塑性变形，可以进行冷加工。其显微组织如图 13-26（a）所示。

② α+β′ 两相黄铜：含锌为 36%～45% 的黄铜为 α+β′ 两相黄铜，典型牌号有 H62。在室温下 β′ 相较 α 相硬得多，因而只能承受微量的冷态变形，但 β′ 相在 600 ℃ 以上即迅速软化，因此可以进行热加工。其显微组织如图 13-26（b）所示。

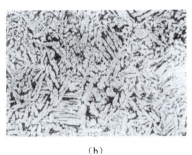

图 13-26 黄铜显微组织

(a) 单相黄铜（H70）（100×）　浸蚀剂：3%FC_2+10%HC 溶液；
(b) 两相黄铜（H62）（100×）　浸蚀剂：3%FC_2+10%HC 溶液

3）巴氏合金。

① 锡基巴氏合金：主要有 ZChSnSb11-6，含 11%Sb、6%Cu。合金含 11%Sb 可以形成软的 α 固溶体（锑在锡中的 α 固溶体）基体及少量镶嵌在基体上的 β′（以合物 SnSb 为基的 β′ 固溶体）两相组织，铜加入可形成 Cu_3Sn，避免比重偏析产生。黑色基体 α（软基）与具有方形和三角形的白色粗晶为 β′ 固溶体（硬质点），白色针状和星状的是化合物 Cu_3Sn 晶体，也是硬质夹杂。这种轴承合金摩擦系数小，硬度适中，疲劳抗力高，是一种优良的轴承

合金。但其价格较贵，只用于最重要的轴承上。其显微组织如图 13-27（a）所示。

② 铅基巴氏合金：ZChPbSn16-16-2 是最常用的铅基轴承合金，属于过共晶合金，其组织中白色方块为初生相 β 相（SnSb），花纹状软基体是 α（Pb）+β 共晶体，白色针状晶体是化合物 Cu_2Sb 与化合物 Cu_2Sb 和 SnSb 是合金中的硬质点。这种轴承合金含锡量少，成本较低，铸造性能及耐磨性较好，一般用于中、低载荷的轴瓦。其显微组织如图 13-27（b）所示。

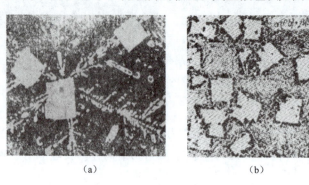

图 13-27　巴氏合金显微组织

（a）ZChSnSb11-6 轴承合金的显微组织　浸蚀剂：4%硝酸酒精溶液；
（b）ZChPbSn16-16-2 的显微组织　浸蚀剂：4%硝酸酒精溶液

4. 实验要求

（1）实验材料及设备
金相显微镜，合金钢、铸铁和有色金属金属样品，相应金相图册。
（2）实验步骤
1）观察几种合金钢组织的特征，分析其成分、组织和性能的关系。
2）观察几种铸铁组织的特征，分析其组织的形成。
3）比较变质处理与未变质处理的硅铝明的显微组织。
4）了解铜合金和轴承合金的组织的特征。
5）将所观察到的金相组织，用示意图画出。

5. 实验报告要求

1）明确实验目的。
2）根据组织观察，分析合金的显微组织特征以及组织对性能的影响。

第十四章

毛坯成型综合性训练与实验

第一节 铸造成型

综合训练与实验的目的：
1) 加深学生对铸造成型本质、基本工序及主要特点的认识。
2) 深入了解铸造工艺设计和铸件结构设计的基本问题。

一、综合性训练提纲

1. 铸件工艺设计综合性训练提纲

1) 成型方便是铸造成型的主要优点。分析结构形状比较复杂，如具有内腔、法兰等结构的零件时，选用铸造成型方法是否合理。

2) 流动性是金属铸造性能优劣的主要指标之一。灰铸铁流动性好，铸钢流动性差。分析采用铸钢材料铸造零件时，铸件的哪些部位将产生哪种缺陷。

3) 收缩性是金属铸造性能优劣的主要指标之一。灰铸铁收缩率小，铸钢收缩率大。分析采用铸钢材料铸造零件，铸件的哪些部位将产生哪种缺陷。

4) 砂型铸造是最基本的铸造方法。分析若型砂的透气性、强度、韧性、耐火度较差，铸件将可能相应地产生哪种缺陷。

5) 手工造型是最基本的造型方法，共有哪几种方法？分别适用于哪种类型的零件？

6) 确定浇注位置和选择分型面是铸造工艺设计的基本问题。分析浇注位置的确定原则，分析分型面的确定原则。

2. 铸件结构设计综合性训练提纲

1) 铸件结构应与铸造方法相适应。分析砂型铸造、金属型铸造、压力铸造、熔模铸造和离心铸造的特点和应用。

2) 铸件结构应与铸件材料相适应。从这方面来考虑，分析下列问题。

① 灰铸铁件产生缩孔、浇不到的倾向小。铸件壁间过渡及壁厚均匀性要求不太严格。但必须考虑到当壁厚增加时，铸件的力学性能会明显降低。分析灰铸铁件的结构设计应注意什么，为了保证壁厚灰铸铁件的力学性能，采取的工艺措施有哪些。

② 铸钢件产生缩孔、浇不到的倾向大。铸件结构要求比较严格。分析铸钢件的结构设计应注意哪些问题；为了保证铸钢件不产生缩孔，采取的工艺措施是什么。

③ 铸件结构不合理是产生铸件缺陷的重要原因。分析在铸件结构的哪些部位会产生哪

种类型的铸件缺陷,结构上应如何改进。

④ 合理的铸件结构应尽可能考虑到简化铸造工艺。从造型方便、造芯方便及铸型装配方便等方面考虑,分析铸件结构设计时应注意哪些问题。

二、小结

1. 铸造成型的本质、基本工序和主要特点

铸造成型本质上是利用熔融金属的流动性能成型。流动的原因是熔融金属受重力或压力的作用。成型的原因为铸型的控制和常温下金属呈固态的特性。

铸造成型的基本工序为熔炼金属和铸造铸型。熔炼的目的是获得具有流动性的熔融金属;造型的目的是获得一定形状、尺寸及性能的铸件。

铸造成型的主要特点是成型方便,但铸件的组织性能较差。

2. 铸造工艺设计的基本问题

确定浇注位置和选择分型面是铸造工艺设计的基本问题。确定浇注位置的原则是保证铸件的质量;选择分型面的原则是简化铸造工艺。对于质量要求高的铸件应优先考虑浇注位置;对于一般铸件优先考虑简化铸造工艺。

3. 铸件结构设计的基本问题

铸件的结构是指铸件的外形、内腔、最小允许壁厚、壁的连接与过渡、加强肋、法兰、起模斜度、结构斜度、铸造圆角和结构圆角等。设计铸件结构时,在保证其使用性能要求的前提下,应考虑铸造方法和材料的铸造性能,尽可能简化铸造工艺和避免铸造缺陷。

三、铸造成型实验

1. 金属液的充型能力及流动性测定实验

(1)实验目的

了解合金的化学成分和浇注温度对金属液充型能力和流动性的影响;熟悉采用螺旋形试样测定铸造金属液的流动性和评定其充型能力的方法。

(2)实验内容

利用电阻坩埚炉熔化合金;使用螺旋形试样的模样造型;完成浇注;冷凝后得到试样。通过测量试样长度来判断合金在不同条件下的流动性和充型能力。

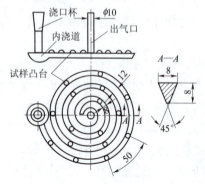

图 14-1 螺旋形试样

(3)实验设备和工具

电阻坩埚炉(5 kW)、螺旋形试样模样(图 14-1)、热电偶测温仪、型砂、砂箱、造型工具和浇注工具等。

(4)实验原理

充型能力是金属液充满铸型型腔、获得轮廓清晰、形状准确的铸件的能力。充型能力主要取决于液态金属的流动性,同时又受相关工艺因素的影响。

金属液的流动性是金属液本身的流动能力,通常用规定铸造工艺条件下流动性试样的长度来衡量。流

动性与金属的成分、杂质含量及物理性能等有关。

影响金属液充型能力的工艺因素主要有浇注温度、充型压力等，提高浇注温度或充型压力，均有利于提高充型能力。

（5）实验方法和步骤

1）合金的熔化、保温。

方案一：将某一成分的铝硅合金放入坩埚炉中，加热熔化并过热到一定的温度保温。

方案二：将同一成分的铝硅合金（适量）分别置于两个坩埚炉中，加热熔化并过热到不同的温度保温。

2）造型。

方案一：采用同一个螺旋形试样的模样分别制作两个直浇道高度不同的砂型。

方案二：采用同一个螺旋形试样的模样分别制作两个直浇道高度相同的砂型。

3）浇注。

方案一：将熔化并保温的铝硅合金液分别浇注到两个直浇道高度不同的砂型中。

方案二：将两个坩埚炉中加热熔化并保温的铝硅合金液分别浇注到两个直浇道高度相同的砂型中。

4）开型、落砂。待试样凝固后即可开型并落砂。

5）测定流动性。分别测出不同试样螺旋形部分的长度（凸点间距 $L_0 = 50$ mm，设凸点数为 n，不足 L_0 的长度 A_0 估出，$L = L_0 \times n + A_0$）。

6）填写实验记录，并整理好工具、模样、砂箱，清扫造型场地。

（6）实验报告主要内容及要求

1）填写实验记录。

在表 14-1 中填写实验记录。

表 14-1　实验记录

合金成分	出炉温度℃	直浇道高度	试样螺旋形部分长度

2）实验分析。

① 分析浇注温度对合金流动性及充型能力的影响。

② 分析充型压力（直浇道高度）及铸型导热能力对充型能力的影响。

③ 分析浇注时如何提高金属液的充型能力。

3）思考题。

① 合金流动性和充型能力有何区别？

② 铁碳合金的流动性和铁碳平衡图之间有何关系？

③ 可采用哪些措施提高合金的充型能力？

（7）实验注意事项

1）舂砂时不得将手放在砂型上，以免砸伤。

2）清除型内散砂时，不得用嘴吹，以防迷眼。

3）不得用手、脚触摸刚落砂的铸件和浇注系统，以免烫伤。

4）浇注时需对准外浇口，防止金属液飞溅。

2. 铸造合金收缩率的测定

（1）实验目的

通过测定不同成分铸造铝合金的线收缩率和冷却曲线，掌握测定铸造合金线收缩的方法。

（2）实验原理

合金从浇注、凝固直至冷却到室温，其体积或尺寸产生的缩减的现象，称为收缩。收缩是合金的物理特性。收缩会给铸造工艺带来许多困难，是多种铸造缺陷产生的根源，因此必须研究合金的收缩规律。合金的收缩经历如下三个阶段：

液态收缩：从浇注到凝固开始温度间的收缩。

凝固收缩：从凝固开始温度到凝固终了温度间的收缩。

固态收缩：从凝固终了温度到室温间的收缩。

合金的液态收缩和凝固收缩表现为合金体积的收缩，常用单位体积收缩量来表示。合金的固态收缩不仅会引起合金体积上的缩减，同时，更明显地表现在铸件尺寸上的缩减，因此，固态收缩常用单位长度上的收缩量来表示，即称为线收缩。线收缩量与铸型型腔长度之比称为合金的线收缩率。

图 14-2 所示为测定合金线收缩的装置。将被试验的合金浇入砂型 2 内，砂型左端有一个固定杆 1，合金凝固后此杆为固定端。砂型右端有一个金属杆 3 浇合在试样内，此端可随试样自由收缩，自由端杆 3 与滑杆 4 相连接。滑杆在导轮 5 上移动，以减小摩擦阻力，滑杆与千分表 6 接触。试样伸缩时，可以从千分表上读出伸缩的数值。所测得数据可以看成合金的自由线收缩，从而就可算出其自由线收缩率。

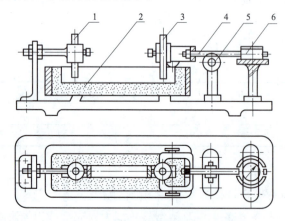

图 14-2 合金线收缩装测定装置简图

1—固定端金属杆；2—砂型；3—自由端金属杆；4—滑杆；5—导轮；6—千分表

合金线收缩率的表达式：

$$\varepsilon_L = \frac{L_0 - L_1}{L_0} \times 100\% = a_L(t_0 - t_1) \times 100\%$$

式中，a_L——合金的收缩系数，1/℃；

t_0——金属线收缩开始温度，℃；

t_1——室温，℃；

L_0——铸型型腔长度，mm；

L_1——铸件长度，mm。

收缩是铸造合金本身的物理性质，铸件产生裂纹、应力、变形等缺陷与固态收缩有关，且合金的线收缩率是正确制定铸造工艺方法、控制铸件质量的重要依据。

（3）实验设备及材料

坩埚电阻炉1台、铸铁坩埚1套、浇注工具1套、自由线收缩仪1台、XWT-264台式自动平衡记录仪1套、热电偶1套、ZL102和ZL203若干。

（4）实验方法与步骤

1）熔化合金至760 ℃保温。

2）造型。将砂型置于线收缩仪机座上，将石英管穿过石墨套塞安于砂型两侧预留孔内适当位置，保证型腔长度200 mm，同时紧固石墨套塞。

3）连接记录仪与收缩仪导线，调整仪表，位移量转换为电信号后由XWT-264蓝色记录，量程用0.5 V挡；温度用红色记录，量程用50 mV挡，记录速度为1 200 mm/h。

4）准备就绪后，先开动仪表记录，然后浇注金属液，仪表自动记录温度和位移量—时间关系曲线，注意观察记录曲线变化。

5）每隔10 s读出千分表上收缩量（从收缩开始计时）。

6）温度降至200 ℃，实验结束，关闭仪表，拆下试样，测量长度。

7）比较记录纸上所记录收缩量与千分表读数，分析实验结果，填写实验报告。

（5）实验注意事项

1）开动仪器前，注意记录仪与位移传感器调零。

2）安装热电偶接线时注意极性，热电偶从砂型中间预留孔插入。

3）浇注前测铝液温度不得低于750 ℃。

（6）实验报告要求

1）简述实验原理及实验过程。

2）整理实验数据，撰写实验报告。

3）分析实验结果，写出实验体会。

第二节　锻　造　成　型

综合性训练与实验的目的：

1）加深学生对锻造成型的本质、基本工序及主要特点的认识。

2）深入了解锻造工艺设计和锻件结构设计的基本问题。

一、锻造工艺设计综合性训练提纲

1. 自由锻件的锻造工艺

1）组织性能好是锻造成型的主要优点，从这点考虑承受较大载荷的零件采用锻造成型的原因。

2）成型困难是锻造成型的主要缺点，但并不是说锻件的形状都是很简单的。依靠工人的技能，借助一些简单的工具，也可以锻造出较复杂的锻件。对于复杂锻件，一般可采用哪些自由锻变形工序？

3）具有良好的塑性是锻造工艺对锻件材料的基本要求。考虑锻件材料的化学成分和组织结构应具有哪些特点？

4）采用室式煤炉加热和手工自由锻成型是最简单、最古老的锻造方法。从优质、高效、低耗和安全等方面考虑，这种锻造方法有哪些缺点？

5）合理利用锻造流线是设计锻造成型工艺的一条原则。锻件中的流线应如何分布？

2. 模锻件的锻造工艺

1）模锻、自由锻都是在锻击力作用下迫使坯料流动而成型的方法。从成型方式（整体或局部）和成型精度考虑，模锻成型的主要特点是什么？

2）模锻件可大幅度提高生产率。但是，自由锻为什么仍然是不可缺少的成型方法？

3）模锻、自由锻都能获得再结晶组织的锻件。通常情况下，模锻件的使用性能为什么比自由锻件好？

4）造型工序保证铸件的形状，制模工序保证锻件的形状。铸件、锻件的尺寸在工艺设计中是如何保证的？

5）绘制模锻件图是模锻工艺设计的首要问题。确定分模面时需要考虑哪些问题？绘制锻件图时为什么要设计连皮？绘制模锻件图时应考虑哪些问题？

二、锻件结构设计综合性训练提纲

1. 锻件结构与锻造方法

1）自由锻成型方法常用于锻造形状简单、精度较低、表面质量较差的锻件；模锻成型方法常用于锻造形状复杂、精度较高、表面质量较好的锻件。两种锻件的结构形状及质量不同的根本原因是什么？

2）以自由锻锻件为毛坯的零件精度是怎样保证的？

2. 锻件结构与锻件材料

1）w（C）$\leq 0.65\%$的碳素钢塑性较好，变形抗力较小，锻造温度范围较宽，可锻出形状较复杂、肋较高、腹板较薄、圆角较小的锻件。若采用高合金钢，锻造时会产生哪些问题？

2）高合金钢的塑性较差，变形抗力较大，锻造温度范围较窄。采用哪些锻造方法能够提高其锻造形成能力？（提示：挤压、多向模锻等。）

3. 锻件结构与锻件缺陷

锻件结构不合理是产生锻件缺陷的主要原因。常见的锻件缺陷有以下几种。

（1）折叠

折叠是金属变形过程中已氧化过的表层金属汇合到一起而形成的。折叠与原材料和坯料的形状、模具的设计、成型工序的安排、润滑情况及锻造的实际操作等有关。折叠不仅减少了零件的承载面积，而且工作时由于此处的应力集中往往成为疲劳源。

(2) 缺肉

缺肉即锻件实际尺寸小于锻件图的相应尺寸。产生缺肉的原因主要是金属流动激烈且流速不均匀。为防止缺肉，结构上应如何改进？

（提示：在凹缩处增设凸起肋，以保证变形时补给金属。）

(3) 裂纹

裂纹通常是锻造时存在较大的拉应力、切应力或附加拉应力引起的。裂纹发生的部位通常是在坯料应力最大、厚度最薄的部位。为避免产生裂纹缺陷，锻件结构应如何改进？（提示：加大过渡部分圆角半径。）

(4) 龟裂

龟裂是在锻件表面呈现较浅的龟状裂纹。在锻件成型中受拉应力的表面（例如，未充满的凸出部分或受弯曲的部分）最容易产生这种缺陷。为防止龟裂，结构上应如何改进？

(5) 锻不透

锻件的心部力学性能远不如表层，这种现象称为锻不透。考虑从锻件结构上如何改进可以减小这种缺陷？（提示：尽量接近零件的形状。）

4. 锻件结构与锻造工艺

合理的锻件结构应尽可能考虑简化锻造工艺。

(1) 自由锻锻件的设计原则

锻件结构形状应尽量简单，避免曲面交接，避免肋、凸台等结构。试举例说明。

(2) 模锻件的设计原则

锻件结构应便于金属充满模腔、锻件出模、便于制模及有利于锻模寿命；锻件的结构应尽可能对称，以便锻造时锻模及设备受力均匀。试举例说明。

三、小结

1. 锻造成型的本质、基本工序和主要特点

锻造成型本质上是利用固态金属的塑性流动能力成型。流动的原因在于金属受外力作用；成型原因在于工人的技能或锻模的控制，以及金属在常温下能保持一定形状尺寸的特性。

锻造成型的基本工序是加热和锻打。加热的目的是为了提高金属的锻造性能；锻打的目的是获得一定形状、尺寸和性能的锻件。

锻造成型的主要特点是锻件的组织性能好，但成型比较困难。

2. 锻造工艺设计

自由锻工艺设计主要内容为确定变形工序，其依据是锻件的结构形状及力学性能要求。

模锻工艺设计主要内容为确定分模面和变形工序。选择分模面的原则是便于金属充满模腔、便于锻件出模、便于制模及有利于延长锻模寿命；确定变形工序主要考虑锻件的结构形状和力学性能的要求。

3. 锻件结构设计

设计锻件结构时，在保证使用性能要求的前提下，应考虑锻造方法和锻件材料的性能，尽可能简化锻造工艺和避免锻件缺陷。

四、锻造实验

1. 拔长变形实验

(1) 实验目的

使学生深入理解自由锻造基本变形工序;研究送进量与压缩量对锻透深度的影响;讨论引起裂纹的因素。

(2) 实验原理

使坯料横断面积减小、长度增加的变形工序称为拔长,它是锻造工艺中最基本的变形工序之一。拔长时,最好使金属多往前后流动(伸长)而很少向左右流动(展宽)。但金属在拔长时的流动情况是与当时的摩擦条件、坯料截面尺寸($b_0 \times h_0$)的大小、送进量 l_0 及压缩量 Δh 的大小等多种因素有关。因此,研究这些因素对拔长时金属的流动影响非常重要。

1) 研究在一定的送进量 $\left(\dfrac{l_0}{b_0}\right)$ 条件下,压缩 $\left(\dfrac{\Delta h}{h_0}\right)$ 对伸长 $\left(\dfrac{\Delta l}{l_0}\right)$ 的影响,即 $\dfrac{l_0}{b_0}=C$(常数)时,$\dfrac{\Delta l}{l_0}=f\left(\dfrac{\Delta h}{h_0}\right)$。

2) 研究在一定的压缩 $\left(\dfrac{\Delta h}{h_0}\right)$ 条件下,送进量 $\left(\dfrac{l_0}{b_0}\right)$ 对伸长 $\left(\dfrac{\Delta l}{l_0}\right)$ 的影响,即 $\dfrac{\Delta h}{h_0}=C$(常数)时,$\dfrac{\Delta l}{l_0}=f\left(\dfrac{l_0}{b_0}\right)$。

为了满足锻造的两个基本要求,即能够得到一定的尺寸、形状的锻件与提高锻件的内在质量,尤其对后者,在制定热力规范时需要加以慎重考虑。正确的热力规范使变形均匀而深入(锻透),反之,变形分布就不均匀,有时甚至会引起坯料内部裂纹。

(3) 实验设备及条件

1) 实验设备:JB23—80 型冲床 1 台。

2) 实验条件:

① 拔长模 1 副;

② 游标卡尺 2 把,高度游标尺 1 把;

③ 钢皮尺、角尺、钢针各 2 件;

④ 夹钳 2 把;

⑤ 扳手 2 把,冲床专用扳手 1 把;

⑥ 试件材料为铅;试件尺寸为 $L' \times b_0 \times h_0 = 200 \text{ mm} \times 40 \text{ mm} \times 40 \text{ mm}$;数量为 3 根/组。

(4) 实验分组

要较完善地得到本实验目的所述两种函数的图形,需要有较多的实验数据。而每个实验小组的实验时间是有限的,为解决这个矛盾,各小组分工合作,只做部分实验,然后汇总其他组实验数据完成实验报告。分组实验试件划线尺寸与实验参数见表 14-2。

表 14-2　试件划线尺寸与分组实验参数

实验分组	I				II				III				IV			
试件数量	l_0/b_0	l_0	ε	Δh	l_0/b_0	l_0	ε	Δh	l_0/b_0	l_0	ε	Δh	l_0/b_0	l_0	ε	Δh
	0.25	10			0.25	10			0.25	10			0.25	10		
	0.5	20	20	8	0.5	20	30	12	0.5	20	40	16	0.5	20	50	20
	0.75	30			0.75	30			0.75	30			0.75	30		
	1.0	40			1.0	40			1.0	40			1.0	40		

注：l_0——试件每次送进量（mm）；
　　b_0——试件宽度（mm）；
　　h_0——试件高度（mm）；
　　ε——压下变形量（%），即 $\varepsilon = \Delta h/h$；
　　Δh——压下高度（压缩量，mm），$\Delta h = h_0 - h$。

（5）实验步骤

1）在试件侧面及俯视面划送进定位线。

将 $l_0/b_0 = 0.25$ 和 $l_0/b_0 = 0.5$ 划在第一根的两端（参见图 14-3，其余类推），$l_0/b_0 = 0.75$ 划在第二根上，$l_0/b_0 = 1.0$ 划在第三根上，并在侧面高度方向中间划一纵线，作为测量标识。

2）安装模具。检查并试运行设备，确认正常后，停车。先安装好上模，再调正对中下模，并用压板、螺钉将下模固定在工作台上。

3）拔长。按表 14-2 规定调好压下量（每组只做一种压下量），开动压力机，进行拔长，每根试件送进 4～5 次。拔长操作时务必注意安全，拔长完成后及时停车。

4）数据测量。

分别测量 $l_0/b_0 = 0.25$，0.5，0.75，1.0 情况下 4～5 次送进量中间几次有关尺寸（图 14-4），取平均值记入表 14-3 中。

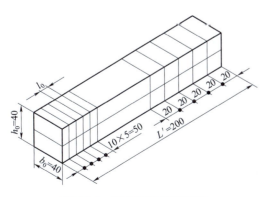

图 14-3　送进定位线的划法

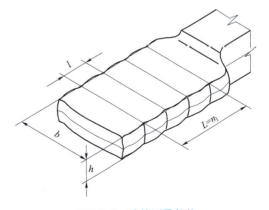

图 14-4　试件测量部位

5)整理实验报告

与其他各组交换实验数据,填入表 14-3 相应栏内,整理实验报告。

表 14-3 实验数据表

组别	送进量 l_0 /mm	有效送进次数 n	试件有效尺寸/mm					相对送进 l_0/b_0 /mm	总伸长 $\Delta L =$ $L-L_0$ /mm	一次送进伸长 $\Delta l =$ $\Delta L/n$ /mm	相对伸长量 $\Delta l / l_0$	绝对压下量 $\Delta h =$ h_0-h /mm	相对压下量 $\varepsilon =$ $\Delta h/h_0$ /%
			压缩前			压缩后							
			$L_0=nl_0$	b_0	h_0	$L=nl$	b	h						
Ⅰ	10													
	20													
	30													
	40													
Ⅱ	10													
	20													
	30													
	40													
Ⅲ	10													
	20													
	30													
	40													
Ⅳ	10													
	20													
	30													
	40													

(6)实验报告要求

1)将实验数据填入相应表中。

2)据表 14-3 数据,作出 $\dfrac{\Delta l}{l_0}=f\left(\dfrac{\Delta h}{h_0}\right)$ 及 $\dfrac{\Delta l}{l_0}=f\left(\dfrac{l_0}{b_0}\right)$ 的曲线。

3)分析实验结果并讨论。

① 分析坯料大送进、小压缩以及小送进、大压缩变形后产生缺陷的原因。

② 讨论归纳拔长时金属流动的特点。

第三节 焊接成型

综合性训练与实验的目的:

1)加深学生对焊接成型的本质、基本工序和主要特点的认识。

2)深入了解焊接工艺设计和焊接结构设计的基本问题。

一、焊接成型生产过程

1. 备料

根据焊接结构图分析结构构成,确定每个焊件的形状及尺寸,并画出简图。对于形状复杂的焊件,要画出其工作图。然后根据使用要求(或图样要求)选择合适的原材料(板材、型材、棒材等),并在原材料上划线,根据划线尺寸下料,制成焊件。

2. 开坡口

对于较厚的焊件应开坡口。直坡口通常采用刨床、刨边机加工。管材及棒材上的坡口可以在车床上进行加工。板材焊件上的V形、双V形坡口常采用气割的方法加工。

3. 清理

开坡口的焊件表面应仔细清理。可用钢丝刷去除表面上的氧化皮及油垢,也可用砂轮、火焰、喷砂和酸洗等方法清理。

4. 装夹

简单的焊接结构常采用焊点或短焊缝先连接装夹再施焊,较复杂的焊接结构采用定位板或焊接夹具装夹后再施焊。定位板是指为保持焊件间的相对位置、防止变形和便于装夹而临时焊上的金属板。

5. 施焊

将焊件按焊接结构图装夹后,根据焊接工艺规定的焊接方法、焊接顺序和焊接参数等施焊。

6. 焊后处理

焊接结构成型后,应进行焊后处理,如锤击焊缝、去应力退火和矫正等,经检验合格后方可使用。

二、焊接工艺设计综合性训练提纲

1. 焊接工艺基础

1)成型方便是焊接成型的主要优点。如果某一零件在单件小批量生产时最佳的成型方法是焊接成型,则分析该零件在大批量生产时最佳的成型方法。

2)接头组织性能不均匀是焊接成型的主要缺点。分析熔焊焊接接头的组织和性能特点,并指出在焊接接头中性能最差的是那一部分。

3)比较焊条电弧焊、埋弧焊、CO_2气体保护焊、氩弧焊、气焊、电阻焊、电渣焊和钎焊的特点和应用。

4)坡口形式主要取决于板厚、对焊缝有效厚度的要求和焊接工艺及坡口加工条件等。分析坡口的形式主要有哪些,各应用在何种条件下。

5)焊后的焊缝或焊接结构应进行消除焊接应力的处理。说明焊接成型后采用哪些工艺措施来消除焊接应力。

2. 焊接工艺的制定

1)选择焊接方法。焊接方法选择时,需要考虑哪些方面的因素?

2）确定接头形式。焊接接头形式有哪些？各适合于何种焊接结构件？

3）确定坡口形式。确定坡口形式时，需要考虑哪些方面的因素？

4）确定焊接位置。焊接位置有哪几种？各适合于何种焊接结构件？

5）确定焊接工艺参数。焊接工艺参数都有哪些？如何来确定？

6）绘制焊接结构图。用焊缝符号把焊件的焊接方法、焊缝形式、焊缝尺寸及数量等标注在结构图上。标注时应注意哪些问题？

7）填写焊接工艺卡片。说明焊接工艺卡片上需要填写哪些内容。

三、焊接结构设计综合性训练提纲

1. 焊接结构材料的选择

1）碳素结构钢、低合金高强度结构钢的焊接性能好，应优先选用。其焊接工艺有什么特点？焊接接头和焊接结构有什么特点？

2）高碳钢、高合金钢的焊接性能较差，一般不用于制造焊接结构。若必须选用，则应如何保证焊接质量？铸铁的焊接性更差，对铸铁件通常进行什么性质的焊接？

3）重要的焊接结构，如锅炉、压力容器等，应如何选用焊接材料？

2. 焊缝布置

1）举例说明焊缝布置应便于操作的原则。

2）举例说明焊缝布置应避开应力最大部位和应力集中部位的原则。

3）举例说明焊缝布置尽可能对称的原则。

4）举例说明避免焊缝汇交或密集的原则。

5）举例说明尽量减少焊缝数量及长度的原则。

6）举例说明尽量使主要焊缝连续的原则。（提示：主要焊缝连续便于使主要焊缝实现机械化焊接及有利于保证主要焊缝的质量。有时需要以次要焊缝中断来保证主要焊缝连续。）

四、小结

1. 焊接成型的本质、基本工序和主要特点

焊接成型的本质是利用液态金属的结晶、固态金属的塑性变形、金属原子间的相互扩散等使焊件之间达到原子结合的连接成型方法。

焊接成型的基本工序是开坡口和施焊。开坡口的目的是保证焊接质量；施焊的目的是使焊接结构成型。

焊接成型的主要特点是成型方便，但焊接接头的组织性能不均匀。

2. 焊条电弧焊工艺设计的基本问题

选择焊条和确定接头形式及坡口形式是焊条电弧焊工艺设计的基本问题。选择焊条的主要原则是使熔融金属与母材同成分、等强度；确定焊接接头及坡口形式的主要依据是焊接结构的特点、焊接接头的性质及实际焊接条件。

3. 焊接结构设计的基本问题

合理布置焊缝是焊接结构设计的基本问题。焊缝布置的原则是使焊接操作方便和尽可能

减少焊接应力、变形及产生裂纹的倾向。

五、焊接成型实验

1. 焊条电弧焊工艺实验

（1）实验目的与任务

比较不同类型焊条的焊接工艺性及对焊缝成型的影响；观察、分析低碳钢熔化焊接头金相组织的变化情况；分析焊接接头组织变化对机械性能的影响。

（2）实验原理

焊条电弧焊采用的焊条药皮类型有酸性、碱性、纤维素型和金红石型等。不同药皮的焊条在焊接时表现出不同的工艺性。

酸性药皮中含有较多的稳弧物质和脱渣物质，易于引弧，电弧稳定，飞溅小，脱渣能力强，焊缝成型美观。但焊缝中氢的含量不易控制，焊缝金属的冲击韧性一般。碱性药皮焊条稳弧物质较少，不易引弧，电弧不稳，易于断弧，飞溅较大，脱渣能力差，焊缝成型也稍差。但焊缝金属中氢含量低，属低氢型焊缝，冲击韧性高。

低碳钢电弧焊焊接接头包括焊缝金属、熔合区（熔合线）和热影响区三个主要区域。其中，焊缝金属为液态熔池结晶而成，位于接头断面的中心，其显微组织是典型的柱状晶。熔合区为半熔化的母材结晶和冷却而成，位于焊缝金属两侧，与之紧密相连，焊缝金属的柱状晶"镶嵌"于此。热影响区是母材受到焊接热输入影响产生了组织形态变化的固态区，紧邻熔合区，向着远离焊缝中心的方向分别是过热区、正火区、部分相变区和再结晶区。过热区是母材在焊接时温度处于奥氏体区的高温区，奥氏体严重长大，冷却后得到的组织为粗大的铁素体+珠光体等轴晶，其间夹杂着针状的魏氏组织；正火区是母材在焊接时温度处于奥氏体均匀化的温度区间，在空冷条件下发生相变，相当于进行了一次正火热处理，为均匀细小的铁素体+珠光体等轴晶；部分相变区是母材在焊接时温度处于奥氏体—铁素体两相区的温度区间，一部分铁素体发生了奥氏体相变，冷却后得到组织不均匀的铁素体+珠光体组织；再结晶区是母材在焊接时温度处于再结晶温度区，轧制的带状组织发生了回复和再结晶，成为均匀细小的等轴晶。

由于接头各部分组织形态的不同，其力学性能也存在差异，从焊缝中心向两侧测量其硬度，硬度曲线将出现一个峰值，峰值位置位于正火区，说明该区域的力学性能指标较高。

（3）实验仪器、设备及材料

仪器、设备及工具：火焰切割机、刨床、交（直）流电弧焊机、电火花线切割机、光学金相显微镜、金相试样抛光机、吹风机、显微硬度计。

材料：8～10 mm 厚 Q235 钢板、直径 4.0 mm 的 J422 和 J507 焊条、4%硝酸酒精溶液、无水酒精、Cr_2O_3 粉末、水、0～5 号金相砂纸、呢子布。

（4）实验步骤

1）取厚 8～10 mm、宽 50 mm 的 Q235 钢带，用火焰切割机切割成 200 mm×50 mm 的板条，简单清理熔渣和氧化皮。

2）用刨床在板条中心加工出纵向 V 形槽，代替 V 形坡口，开口角 60°，深度 6～8 mm。

3）分别选用直径 4.0 mm 的 J422 焊条和 J507 焊条，采取如表 14-4 所示的焊接工艺在

V 形槽处进行连续焊接，观察并记录电弧稳定性和飞溅情况，清理药皮。

表 14-4　焊接工艺参数

焊条牌号	电流极性	电流/A	电压/V	焊接速度/（mm·min^{-1}）
J422	交流/直流反接	170	24	150
J507	直流反接	150	22	150

4）观察焊缝成型波纹，测量焊缝成型参数（熔宽和余高），分析产生区别的原因。

5）用电火花线切割机横向切取金相试样，将引弧端和收弧端各 25 mm 舍弃，余下部分切成 50 mm×10 mm 长条。

6）磨制金相试样：依次采用 0~5 号金相砂纸打磨，用 Cr_2O_3 粉与水的混合物作为抛光剂抛光，用 4% 硝酸酒精溶液浸蚀，用无水酒精冲洗，用吹风机吹干。

7）在光学金相显微镜下观察接头各区域的显微组织形貌，绘制其示意图，标注于温度—组织坐标系中。

8）用显微硬度计从焊缝中心开始，每 1.5 mm 测量一个硬度值，记录在距离—硬度坐标系中。分析硬度变化的规律及其原因。

（5）实验报告要求

1）得出不同类型焊条工艺性、焊缝成型的区别及其原因。

2）手工绘制焊接接头各区域的距离—温度—组织图。

3）绘制距离—硬度曲线，分析硬度变化的原因。

2. 焊接变形测量实验

（1）实验目的

了解不同焊接接头焊接变形的形式和特点；了解焊接方法和焊接工艺对焊接变形大小的影响；掌握测量接头变形量的方法。

（2）实验原理

若焊接收缩应力超过了材料的屈服强度就会导致焊件（结构）变形。焊接变形是焊接应力释放的一种表现。焊缝加热膨胀及焊后的冷却都是连续且局部进行的。焊接变形分为瞬时变形和残余变形。瞬时变形在焊接过程中出现，在焊接结束后消除，对焊接制造过程产生影响。焊接残余变形是焊接结束后永久残留在结构中的变形，对结构质量产生影响。

不同结构（接头）形式、不同板厚、不同的焊接方法和工艺参数对焊接变形影响很大，会导致焊接变形的形式、大小均不相同。比如，平板对接接头最容易发生的变形是尺寸缩短、角变形和弯曲变形；T 形接头最容易产生角变形和弯曲变形。薄板接头除了上述变形外，还会产生波浪翘曲变形。

焊接热输入越大，焊接时的热膨胀越大，随之焊接收缩变形也越大。电渣焊、埋弧焊、熔化极气体保护焊和焊条电弧焊等焊接方法，其热输入较大，焊接的热膨胀与冷收缩较大，导致其变形也较大。等离子弧焊、激光焊和电子束焊等焊接方法，热源能量集中，焊接速度快，热输入小，变形也较小，甚至可以忽略不计。

拘束度对焊接变形也有很大影响。拘束来自结构本身，也可能来自工装卡具。拘束越大，变形量越小，但是残余应力值增加，会提高结构在使用过程中产生变形乃至破坏的风险。

各种焊接变形的大小通过测量获得数据。可以比较不同接头形式、板厚、焊接方法、焊接工艺参数产生变形的大小，为制定合理的焊接工艺提供参考。长度方向的变形和波浪变形可以用直尺测量，角变形用角度尺测量。

（3）实验仪器、设备及材料

仪器、设备及工具：剪板机、火焰切割机、砂轮机、弧焊机、直尺、角度尺。

材料：4 mm 及 10 mmQ235 钢板、3.2 mm 及 4.0 mm 的 J422 焊条。

（4）实验步骤

1）接头准备：按照表 14-5 中的尺寸，分别采用剪板机和火焰切割机进行下料。磨去切口处的毛刺、熔渣和氧化皮。

2）定位焊接：4 mm 接头预留间隙 1～1.5 mm，10 mm 接头预留间隙 2.5～3 mm。按照表 14-5 中的工艺参数焊接。4 mm 钢板单侧均布 3 个焊点，每个焊点 5 mm；10 mm 钢板单侧均布 4 个焊点，每个焊点 8～10 mm。

3）焊接：按照表 14-5 的工艺参数焊接，每个接头双面焊接。

表 14-5 焊接工艺参数

序号	板厚/mm	接头形式	下料尺寸/mm	焊条牌号及规格	电流/A	电压/V	焊接速度/(mm·min^{-1})
1	4	对接	100×50	J422，3.2 mm	85	24	150
2	4	T形	100×50	J422，3.2 mm	85		
3	10	对接	150×80	J422，4.0 mm	170		
4	10	T形	150×80	J422，4.0 mm	170		

4）测量变形量：焊缝完全冷却至室温，用直尺测量长度变形量，用角度尺测量角变形量。数据填入表 14-6。

表 14-6 焊接变形量

序号	板厚/mm	接头形式	纵向收缩量/mm	横向收缩量/mm	角变形量/(°)	纵向挠度/mm
1	4	对接				
2	4	T形				
3	10	对接				
4	10	T形				

（5）实验报告要求

1）得出各种接头的变形量数据，并填入表 14-6 中。

2）分析变形差异及其影响因素。

第四节　毛坯分析与选择

综合性训练与实验的目的：

1) 加深学生对铸造、锻造、焊接三种毛坯成型方法的认识。
2) 初步掌握零件毛坯的选择方法。

一、毛坯分析综合性训练提纲

1. 毛坯成型原理对比分析

1) 举例说明铸造、锻造、焊接三种成型方法的本质区别。
2) 举例说明铸造、锻造、焊接的形状控制方法的不同点与相同点。
3) 举例说明铸造、锻造、焊接的尺寸控制方法的不同点与相同点。
4) 举例说明铸造、锻造、焊接三种毛坯成型的难易程度与其结构复杂程度的联系。

2. 毛坯内在质量对比分析

1) 说明铸件、锻件和焊接结构接头的组织性能有何不同。
2) 说明铸件组织性能特点及其改善方法,为何不允许大量切除铸件的表层组织。
3) 说明锻件的组织性能特点及其应用,为何锻件切削加工余量过大是不合理的。
4) 说明熔焊焊接接头的组织性能特点及改善方法,并说明熔焊、压焊、钎焊的接头组织与焊接原理之间的联系。

3. 毛坯成型工艺对比分析

1) 说明铸件、锻件和焊接结构件成型的基本工艺过程。
2) 铸件工艺设计中分型面选择和浇注位置的确定应遵循哪些基本原则?
3) 锻件工艺设计中变形工序的确定和分模面的选择应遵循哪些基本原则?
4) 焊接工艺设计中焊条的选择、接头和坡口的确定应遵循怎样的原则?
5) 各种成型方法都要求在良好的工艺位置进行。铸件的工艺位置如何确定?模锻件的工艺位置如何确定?若锻制一个带孔件,孔的轴线与锻击方向应垂直还是平行?锻件轮廓与锻造流线应成什么关系?焊接结构焊缝的工艺位置如何确定?为了简化焊接工艺和保证焊接质量,工艺上应如何调整焊接位置?

4. 毛坯材料工艺性对比分析

1) 铸件材料工艺性主要是指流动性和收缩性。流动性和收缩性与铸件缺陷有何关系?减少和消除铸件缺陷的工艺措施是什么?
2) 锻件材料工艺性主要是指变形能力和变形抗力。变形能力和变形抗力与锻件缺陷有何关系?减少和消除锻件缺陷的工艺措施是什么?
3) 焊件材料的焊接性主要是指接合性能和使用性能。接合性能和使用性能与焊接结构缺陷有何关系?减少和消除焊接结构缺陷的工艺措施有哪些?

5. 毛坯结构形状工艺性对比分析

1) 铸件毛坯结构形状工艺性设计的原则有哪些?
2) 锻件毛坯结构形状工艺性设计的原则有哪些?
3) 焊件毛坯结构形状工艺性设计的原则有哪些?

6. 毛坯结构形状及应用对比分析

1) 常用机械零件按其结构形状和功能,可以分为轴杆类、盘套类、支架类和箱体类等。比较几类零件的结构特点和功能特点。

2）说明支架箱体类零件的毛坯宜采用铸造成型的原因。

3）说明轴杆类、盘套类零件的毛坯宜采用锻造成型的原因。

4）说明各种金属结构件宜采用焊接成型的原因。

5）在满足使用性能要求的前提下，某些具有异形截面或弯曲轴线的轴，如凸轮轴、曲轴等常以球墨铸铁代替钢，为什么？结构比较复杂的大型齿轮常以铸钢件代替锻钢件，为什么？

6）焊接结构的尺寸、形状一般不受限制。铸—焊复合工艺和锻—焊复合工艺在机械制造中有何特殊的意义？

二、毛坯选择综合性训练提纲

毛坯选择的内容包括选择毛坯材料、毛坯类别和毛坯成型方法。

1）满足使用要求是选择毛坯时首要考虑的因素。使用要求是指哪些要求？

2）机床齿轮的受力情况复杂，要求齿轮具有良好的综合力学性能，齿面具有高硬度、高耐磨性。试分析机床齿轮应选用何种成分（主要指碳含量）的金属材料及何种成型方法和热处理工艺。

3）汽车齿轮主要承受冲击载荷，要求具有比机床齿轮更好的韧性。分析汽车齿轮应选用何种成分的金属材料及何种成型方法和热处理工艺。

4）农业机械、建筑机械用齿轮低速运转，在开式传动中使用。分析这类齿轮应选用何种成分的金属材料及何种成型方法和热处理工艺。

5）重型机械大齿轮的工作条件与低速机械齿轮类似，但尺寸要大得多。分析重型机械大齿轮应选用何种成分的金属材料及何种成型方法和热处理工艺。

6）降低生产成本是毛坯选择的另一个需要考虑的因素。说明一般情况下，单件小批生产和大批量生产时分别选用何种金属材料、何种类型的设备和工装、何种精度及生产率的毛坯成型方法。

7）选择毛坯时还需要考虑企业的实际生产条件。只有与生产条件相适应的生产方案才是合理的方案。若短期内不能实现毛坯制造计划，应该怎么办？（提示：考虑协作生产）。

三、小结

1. 毛坯成型原理

铸造成型本质上是利用熔融金属的流动性能充满型腔的性能成型的；锻造成型本质上是利用固态金属的塑性流动性能充满模膛成型；焊接成型可以看成是利用铸、锻成型原理使焊件建立起原子之间的联系，从而实现连接的锻件或铸件成型。

2. 毛坯工艺设计和结构设计

毛坯应根据其成型原理进行工艺和结构设计。结构设计是为了保证使用要求并尽可能简化工艺；工艺设计是为了保证使用要求并尽可能降低成本。

3. 毛坯的选择原则

毛坯选择的首要原则是保证使用要求；其次是降低成本；再次是考虑实际生产条件。

四、毛坯观察实验

1. 实验目的

目测或通过放大镜、金相显微镜观察毛坯，学会判断毛坯是否合格，进行质量等级评定的基本方法；分析毛坯缺陷与毛坯材料的工艺性能、毛坯结构形状的工艺性、毛坯制造的工艺性之间的关系；分析毛坯的结构形状和使用性能与其成型工艺之间的关系。

2. 设备及试样

金相显微镜和放大镜若干台，各种类型的带有缺陷的毛坯试样。

3. 铸件观察

（1）观察铸件的各类缺陷（见表 14-7）

表 14-7　常见铸造缺陷

砂眼 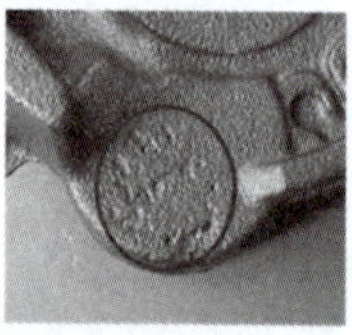	气孔 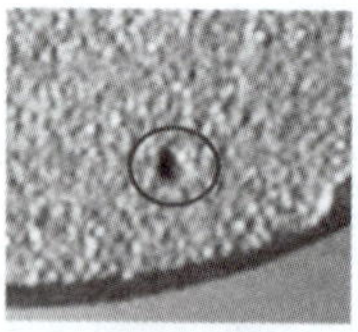	缩孔 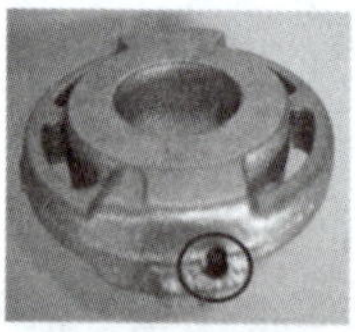	粘砂 
披缝 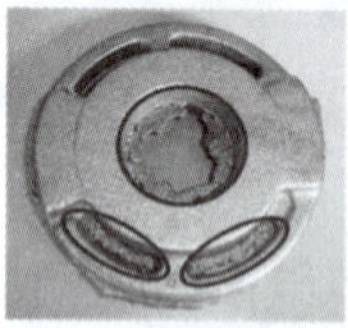	毛刺 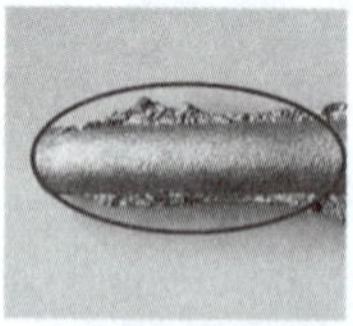	浇不到 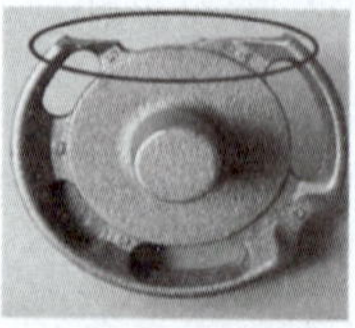	冷隔 
冲砂 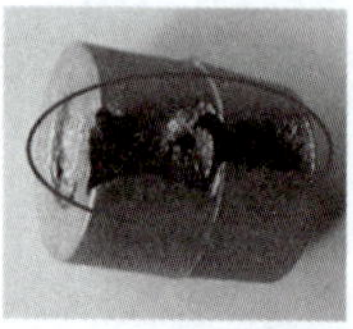	掉砂 	缺损 	变形 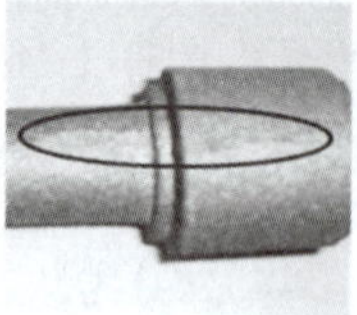

1）多肉类缺陷。常见的多肉类缺陷有飞翅、毛刺、冲砂、掉砂等。

飞翅：又称飞边或披缝，是指垂直于铸件表面的厚度不均匀的薄片状金属凸起物。常产生在分型面、分芯面、芯头、活块及型与芯结合面等处，解释其原因。

毛刺：铸件表面的刺状金属突起物，呈网状或脉状分布的毛刺称为脉纹。常出现在型和芯的裂缝处，形状极不规则，解释其原因。

冲砂：砂型或砂芯表面局部砂芯被充型金属液流冲刷掉，在铸件表面相应部位形成粗糙不规则金属瘤状物，常位于浇面附近，解释其原因。被冲刷掉的砂子常在铸件内形成砂眼。

掉砂：砂型或砂芯的局部砂块在外力作用下掉落，使铸件表面对应部位形成块状金属凸起物。其外形与掉落的砂块相似，在铸件其他部位或冒口中往往伴有砂眼或残缺

2) 孔洞类缺陷。常见的孔洞类缺陷有气孔、缩孔、缩松等。

气孔常不在铸件表面露出。大孔多孤立存在，小孔则成群出现，解释其原因。

缩孔和缩松是如何形成的？有什么区别？

铸件的孔洞类缺陷与熔融金属的溶气、排气能力有无必然联系？

3) 裂纹、冷隔类缺陷。常见的裂纹有冷裂纹和热裂纹。

热裂纹：铸件在凝固末期或终凝后不久，铸件尚处于强度和塑性很低状态下，因铸件固态收缩受阻而引起的裂纹。热裂纹断口有哪些特点？形成原因是什么？

冷裂纹：容易发现的长条形而且宽度均匀的裂纹。冷裂纹断口有哪些特点？形成原因是什么？

冷隔：铸件上穿透或不穿透的缝隙，边缘呈圆角状，由充型金属流股汇合时熔合不良造成。多出现在远离浇道的铸件宽大上表面或薄壁处、金属流汇合处、激冷部位以及芯撑、内冷铁或镶嵌件表面，为什么？

4) 残缺类缺陷。常见的残缺类缺陷有浇不到、未浇满、跑火、型漏等。

浇不到：铸件一部分残缺或轮廓不完整或轮廓虽完整，但边、棱、角圆钝。常出现在上型面或远离浇道的部位及薄壁处，缺陷周缘光亮。分析其产生的原因。

未浇满：铸件上部残缺，残缺部分边角呈圆形，直浇道和冒口顶面与铸件上表面齐平。分析浇不到与未浇满的区别。

跑火：铸件分型面以上部分严重残缺，残缺表面凹陷。有时沿型腔壁形成类似飞翅的残片，在铸型分型面上有时有飞翅。分析该缺陷产生的原因。

型漏（漏箱）：铸件内有严重的空壳状残缺。有时铸件铸件外形虽较完整，但内部金属已漏空，铸件完全呈壳状，铸型底部有残留的多余金属。分析该缺陷产生的原因。

5) 形状差错类缺陷。常见的主要有变形、错型、错芯、偏芯等。

变形：铸件由于模样、铸型形状发生变化或在铸造或热处理过程中因冷却和收缩不均等原因而引起的几何形状和尺寸与图样不符。分析变形缺陷与固态收缩及型或芯的损伤有无必然联系。

错型是指铸件的一部分与另一部分在分型面处相互错开。错芯是由于砂芯在分芯面处错位，使铸件内腔沿分芯面错开，一侧多肉，另一侧缺肉。偏芯是指砂芯在金属液热作用和充型压力及浮力作用下，发生上抬、位移、漂浮甚至断裂，使铸件内孔位置偏错，形状和尺寸不符合要求。分析错型、错芯、偏芯等缺陷与铸型装配有无必然联系。

6) 夹杂物类缺陷。主要有夹杂物和砂眼等。

夹杂物是指铸件内或表面上存在的与基体金属成分不同的质点，包括渣、砂、涂料层、氧化物、硫化物、硅酸盐等。

砂眼是指铸件内部或表面带有砂粒的孔洞。分析夹杂物类缺陷与型砂、芯砂质量及熔融金属黏度等有无必然联系。

7) 性能、成分、组织不合格缺陷。此类缺陷主要指组织粗大、硬点、脱碳、偏析等。

组织粗大是指铸件内部晶粒粗大。加工后表面硬度偏低；密封性试验时易渗漏。其产生与哪些铸造工艺参数有关？

硬点是指出现在铸件断面上的细小分散的高硬度的夹杂物颗粒，有时颗粒也可能很大。通常在机械加工、抛光或表面处理时发现。其产生与哪些铸造工艺参数有关？

偏析是指铸件或铸锭因凝固过程中非平衡结晶，使溶质以不同方式重新分布，造成化学成分和金相组织的不均匀分布和不一致。其产生与哪些铸造工艺参数有关？

（2）实验报告要求

1）概括铸件的结构特点。

2）说明所观察的各类铸件缺陷产生的原因。

3）指出提高铸件质量的基本途径。

4. 锻件观察

（1）观察锻件的宏观组织

1）试样制备。将锻件待观察表面加工，使表面粗糙度 Ra 值为 $0.6 \sim 1.6 \mu m$，放入 $65 ℃ \sim 80 ℃$ 的盐酸水溶液（1∶1）中浸蚀 $10 \sim 30 min$。

2）观察。对于小型锻件一般取横向试样，以检查整个截面的质量；若取纵向试样可检查锻造流线的分布情况。借助不大于 10 倍的放大镜或肉眼观察，能看到清晰的锻造流线。

（2）观察锻件的微观组织

1）用金相显微镜观察锻件切片试样的组织状态。

2）用金相显微镜观察锻前坯料切片的组织状态，比较锻造前后晶粒度的变化。

（3）观察锻件的各类缺陷

1）模锻不足。模锻不足主要表现为哪一类尺寸偏大？造成模锻不足的主要原因是什么？

2）缺肉。缺肉主要表现为哪一类尺寸偏小？造成模锻件缺肉的主要原因是什么？

3）折叠。折叠主要表现为已氧化的表层金属贴合在一起，在折叠部位锻件的两部分之间失去正常的联系。锻件折叠与铸件冷隔有无类似之处？

4）角裂与龟裂。角裂是指矩形断面坯料在平砧下拔长时由于变形及温度不均，在棱角处产生的裂纹。低塑性锭料在锤上锻打为什么易产生角裂？

龟裂是指表面出现的较浅的龟纹状裂纹。分析锻件裂纹与哪些因素有关？锻件裂纹与铸件裂纹的产生原因有何不同？

5）非金属夹杂。非金属夹杂是指存在于金属基体上不是作为强化相用的非金属物质，如钢中的氧化物及硫化物。钢中的氧化物硬脆，锻造时被压碎并沿主伸长方向呈链状分布；硫化物可变形，锻造时沿主伸长方向被拉长。钢中存在非金属夹杂与锻造时形成流线有何关系？锻件中非金属夹杂对锻件性能产生哪些影响？

6）差错。模锻件沿分模面的上半部相对于下半部产生了位移的现象。模锻件的差错与铸件的错型缺陷有什么区别和联系？

（4）实验报告要求

1）概括锻件的结构特点。

2）以观察到的宏观组织和微观组织为依据，分析锻件力学性能好的根本原因。

3）说明所观察的各种锻件缺陷产生的原因。

4）指出提高锻件质量的根本途径。

5. 焊接接头观察

（1）观察焊接接头的各种缺陷

1）未焊透。未焊透是指焊接时接头根部未完全熔透的现象，如图 14-5 所示。未焊透与哪些焊接工艺参数有关?

2) 未熔合。未熔合是指熔焊时焊道与母材之间未完全熔化结合的部分,如图 14-6 所示。分析未熔合与哪些焊接工艺参数有关。

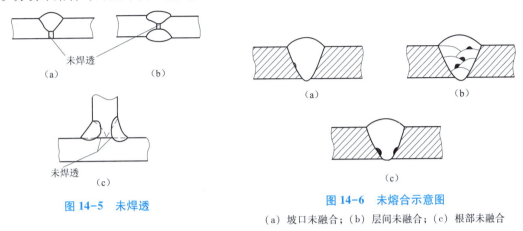

图 14-5　未焊透

图 14-6　未熔合示意图
(a) 坡口未融合；(b) 层间未融合；(c) 根部未融合

3) 夹渣。夹渣是指焊后残留在焊缝中的熔渣,如图 14-7 所示。夹渣与哪些焊接工艺参数有关?

4) 气孔。气孔是指焊接时,熔池中的气泡在凝固时未能逸出而残留下来形成的空穴,如图 14-8 所示。气孔与焊缝金属在不同状态的溶气能力有何关系?

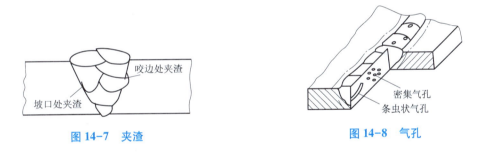

图 14-7　夹渣

图 14-8　气孔

5) 咬边。咬边是指由于焊接工艺参数选择不当,或操作工艺不正确,在焊缝表面与母材交界处的母材一边产生的沟槽或凹陷,如图 14-9 所示。咬边与哪些焊接工艺参数有关?

6) 夹杂物。夹杂物是指由于焊接冶金反应产生的,焊后残留在焊缝金属中的非金属杂质,如氧化物、硫化物等。焊缝中的夹杂物与铸件中的夹杂物类缺陷有何区别和联系?

7) 焊瘤。焊瘤是指在焊接过程中,熔化金属流淌到焊缝之外未熔化的母材上所形成的金属瘤。在何种焊接位置焊接时容易形成焊瘤?

8) 烧穿。烧穿是指在焊接过程中,熔化金属自坡口背面流出形成穿孔的缺陷,如图 14-10 所示。哪类焊件容易被烧穿? 焊条电弧焊为什么比气焊更容易烧穿?

9) 焊接裂纹。焊接裂纹是指在焊接应力及其他致脆因素的共同作用下,焊接接头中局部区域的金属原子结合力遭到破坏而产生的缝隙,裂纹的分类及特征见表 14-8,焊接裂纹的形态如图 14-11 所示。具有尖锐的缺口和较大的长宽比等特征。焊接裂纹与铸件裂纹有哪些区别和联系? 焊缝和热影响区金属冷却到什么温度范围会产生热裂纹? 焊接接头冷却到什么温度时会产生冷裂纹?

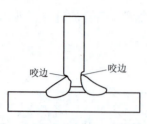

图 14-9　咬边

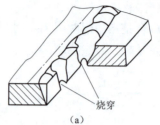

图 14-10　烧穿

表 14-8　裂纹的分类与特征

裂纹分类		形成原因	敏感温区	对应材料	出现位置	裂纹走向
热裂纹	结晶裂纹	在焊缝结晶后期，由于低熔共晶形成的液态薄膜削弱了晶粒间的连接，在拉应力作用下产生裂纹	在固相线以上稍高的温度	杂质较多的碳钢、低中合金钢、奥氏体钢、镍基合金及铝	焊缝	沿奥氏体晶界
	高温液化裂纹	在焊接热循环峰值温度的作用下，在热影响区和多层焊的层间发生重熔，在拉应力作用下产生裂纹	在固相线以下稍低的温度	含 S、P、C 较多的镍铬高强度钢、奥氏体钢、镍基合金	热影响区或多层焊的层间	沿晶
	多边化裂纹	已凝固的结晶前沿，在高温和应力的作用下，晶格缺陷发生移动和聚集，形成二次边界而呈现低塑性状态，在拉应力作用下产生裂纹	在固相线以下再结晶温度	纯金属及单相奥氏体合金	焊缝，少量在热影响区	沿奥氏体晶界
冷裂纹	延迟裂纹	在淬硬组织、氢和拘束应力的共同作用下而产生的具有延迟特征的裂纹	在 M_s 点以下	中、高碳钢，低中合金钢、钛合金等	热影响区，少量在焊缝	沿晶或穿晶
	淬硬脆化裂纹	淬硬组织在焊接拉应力作用下产生的裂纹	在 M_s 点附近	含碳的 Ni-Cr-Mo 钢、马氏体不锈钢、工具钢	热影响区，少量在焊缝	沿晶或穿晶
	低塑性脆化裂纹	在较低温度下，由于被焊材料的收缩应变超过了材料本身的塑性储备而产生的裂纹	在 400 ℃ 以下	铸铁、堆焊硬质合金	热影响区或焊缝	沿晶或穿晶
再热裂纹		焊后对接头再次加热，在粗晶区由于应力松弛产生的附加变形大于该部位的塑性储备所引起的裂纹	一般在 600 ℃～700 ℃	含有沉淀强化元素的高强度钢、珠光体钢、奥氏体钢、镍基合金等	热影响区的粗晶区	沿晶

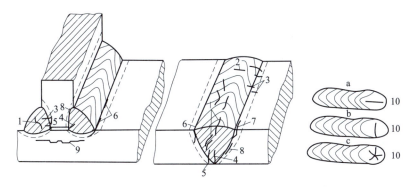

图 14-11　焊接裂纹的宏观形态及其分布

1—焊缝中的纵向裂纹；2—焊缝中的横向裂纹；3—熔合区裂纹；4—焊缝根部裂纹；5—HAZ 根部裂纹；
6—焊趾纵向裂纹（延迟裂纹）；7—焊趾纵向裂纹（液化裂纹、再热裂纹）；8—焊道下裂纹
（延迟裂纹、液化裂纹、多边化裂纹）；9—层状撕裂；10—弧坑裂纹（火口裂纹）；
a—纵向裂纹；b—横向裂纹；c—星形裂纹

（2）实验报告要求

1）概括焊接结构的特点。

2）说明所观察的各种焊接缺陷产生的原因。

3）指出提高焊接质量的途径。

参 考 文 献

[1] 谷春瑞，王桂新. 热加工工艺基础［M］. 天津：天津大学出版社，2009.
[2] 李军. 金属工艺学实习［M］. 北京：北京理工大学出版社，2009.
[3] 崔振铎. 金属材料及热处理［M］. 长沙：中南大学出版社，2010.
[4] 刘会霞. 金属工艺学［M］. 北京：机械工业出版社，2011.
[5] 丁德全. 金属工艺学［M］. 北京：机械工业出版社，2011.
[6] 徐福林，王德发. 机械制造基础［M］. 北京：北京理工大学出版社，2011.
[7] 王英杰. 金属工艺学［M］. 北京：机械工业出版社，2011.
[8] 沈莲. 机械工程材料［M］. 北京：机械工业出版社，2012.
[9] 魏华胜. 铸造工程基础［M］. 北京：机械工业出版社，2013.
[10] 房世荣. 工程材料与金属工艺学［M］. 北京：机械工业出版社，2013.
[11] 王瑞芳. 金工实习［M］. 北京：机械工业出版社，2013.
[12] 徐宁. 机械制造基础［M］. 北京：机械工业出版社，2014.
[13] 李荣德. 铸造工艺学［M］. 北京：机械工业出版社，2014.
[14] 李凤银. 金属熔焊基础与材料焊接［M］. 北京：机械工业出版社，2014.
[15] 王章忠. 机械工程材料（第2版）［M］. 北京：机械工业出版社，2014.
[16] 张至丰. 机械工程材料及成形工艺基础［M］. 北京：机械工业出版社，2014.